高等院校"十二五"规划教材

现代工程制图基础

（下 册）

主　编　陈　素　刘　彩　李长虹
副主编　阳明庆　姚丽华

南京大学出版社

内容简介

本教材是参照教育部新修订的“普通高等院校工程图学课程教学基本要求”，结合多年的教学经验并吸收了多本同类教材精华而编写的。

针对学生在学习工程制图时普遍存在的“理论知识易懂，实践起来困难”的这一实际情况，本教材尝试性地将理论知识、实践性习题及习题解答融汇在一起，以便能实现知识传授、学生练习、习题解答的一体化，从而引导学生有的放矢地把握学习内容，同时也能够让学生在解题之后，得到及时的正误判定并及时订正，达到事半功倍的效果。

教材由理论知识、实践性习题及习题解答三大部分组成。上册内容包括：制图的基本知识，投影基础，立体上的点、线、面的投影，立体的投影，组合体，轴测图；下册内容包括：机械图样的画法，连接件及常用件的表达，零件图，装配图，计算机绘图。

本教材可供高等工科院校 48～70 学时非机类各专业工程制图课程使用，也可供其他类型学校相关专业选用。

图书在版编目(CIP)数据

现代工程制图基础. 下册/陈素，刘彩，李长虹主编. —南京：南京大学出版社，2015.7(2024.7 重印)
高等院校“十二五”规划教材
ISBN 978-7-305-15488-1

Ⅰ. ①现… Ⅱ. ①陈… ②刘… ③李… Ⅲ. ①工程制图—高等学校—教材 Ⅳ. ①TB23

中国版本图书馆 CIP 数据核字(2015)第 148740 号

出版发行 南京大学出版社
社　　址 南京市汉口路 22 号　　邮　编 210093

丛 书 名 高等院校“十二五”规划教材
书　　名 **现代工程制图基础(下册)**
XIANDAI GONGCHENG ZHITU JICHU (XIA CE)
主　　编 陈 素 刘 彩 李长虹
责任编辑 吴 华　　编辑热线 025-83596997

照　　排 南京开卷文化传媒有限公司
印　　刷 广东虎彩云印刷有限公司
开　　本 787 mm×1092 mm 1/16 印张 13 字数 333 千
版　　次 2015 年 7 月第 1 版 2024 年 7 月第 8 次印刷
ISBN 978-7-305-15488-1
定　　价 39.00 元

网　　址：http://www.njupco.com
官方微博：http://weibo.com/njupco
官方微信号：njupress
销售咨询热线：(025)83594756

前 言

本教材是参照教育部新修订的“普通高等院校工程图学课程教学基本要求”,结合多年的教学经验和吸收了多本同类教材精华而编写的,适用于高等工科院校48～70学时非机类各专业使用,也可供其他类型学校相关专业选用。

本教材的特点:

(1) 继承与创新并重,理论与实践统一。本教材针对学生在学习工程制图时普遍存在的理论知识易懂,实践起来困难的现象,尝试性地将理论知识、实践性习题及习题解答融汇在一起,以便能实现知识传授、学生练习、习题解答的一体化,从而引导学生有的放矢地把握学习内容,同时也能够让学生在解题之后得到及时的正误判定并及时订正,逐步培养学生正确的解题思路,提高教学效果。

(2) 以投影制图作为重点,以体为核心和主线,通过形体将投影分析和空间想象结合起来,使点、线、面的投影与体的投影紧密结合,达到学以致用的目的,建立起平面图形与空间形体的对应关系。

(3) 教材中的实践性习题,选题由浅入深、覆盖面广、重点突出,每个习题都含有学生应该掌握的知识点,符合学生的认识规律。在题目的数量和难度上有一定的选择余地,以满足不同学生的需要,便于发挥学生的潜能和因材施教。

(4) 教材中贯彻了最新颁布的“机械制图”国家标准。

上册由贵州大学机械工程学院李长虹、刘彩主编,王玥、陈素担任副主编;下册由贵州大学机械工程学院陈素、刘彩、李长虹主编,阳明庆、姚丽华担任副主编。

本教材编写过程中,参阅了大量的文献专著,在此向这些编著者表示感谢。

由于编者水平有限,书中难免存在缺点和错误,真诚地希望广大读者予以批评指正。

编 者

2015年4月

目　　录

第一部分　理论知识

第二部分　实践性习题

第三部分　习题解答

第一部分　理论知识

工程制图的主要任务是使用投影的方法用二维平面图形表达空间形体，因此，本部分的编写以体为核心和主线，将投影分析和空间想象结合起来，介绍常用二维图形表达方法的特点和应用。

下册知识点包含：视图、剖视图、剖面等二维图形表达方法的特点及应用场合；连接件及常用件的表达方法及注意事项；零件图及装配图的作用、内容以及它们的绘制和阅读方法；最后，介绍用计算机绘图软件绘制工程图样的方法和步骤。

第 7 章

机械图样的画法

内容提要

本章主要介绍视图、剖视图、断面图等工程形体常用表达方法的画法、标注规则和适用范围，对常用规定和简化画法的基本规则和基本要求也作了介绍。

学习重点

1. 视图、剖视图、断面图的概念。
2. 各种视图、剖视图、断面图的画法、标注规则和适用范围。
3. 常用的规定画法和简化画法的基本规则和基本要求。

目的和要求

掌握各种视图、剖视图、断面图的画法和常用的规定画法及简化画法的基本规则，做到视图选择和配置恰当。

7.1 视 图

根据国家标准规定，用正投影法将机件向投影面投影所得的图形称为视图，它主要用以表达机件的外部形状和结构。一般只画出机件的可见部分，必要时才用虚线表达其不可见部分。视图分为基本视图、向视图、斜视图和局部视图。

7.1.1 基本视图和向视图

为了清晰地表达机件前、后、左、右、上、下等方面的形状，在原有水平投影面、正投影面、侧投影面三投影面体系的基础上，再增加三个投影面，如图 7-1 所示，组成一个由六个投影面组成的正六面体，六个投影面称为基本投影面，将机件运用正投影的方法向六个基本投影面投影所得到的视图称为基本视图。除了已经介绍的主视图、俯视图和左视图以外，还有后视图、仰视图和右视图。

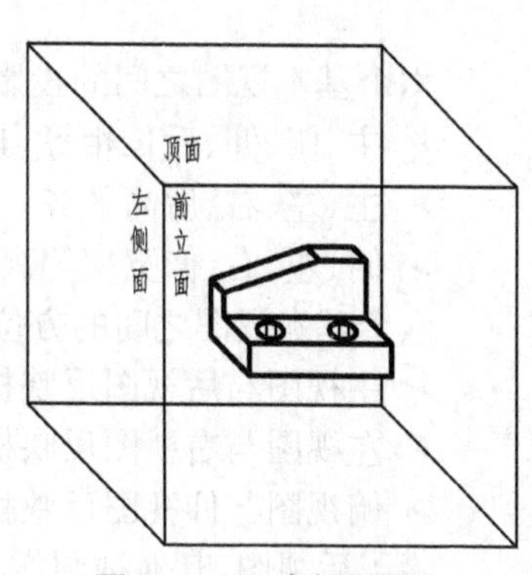

图 7-1 六个投影面

六个基本视图的名称及投射方向规定如下：

➢ 主视图：由前向后投影所得的视图；

➢ 后视图:从后向前投影所得的视图;
➢ 俯视图:由上向下投影所得的视图;
➢ 仰视图:由下向上投影所得的视图;
➢ 左视图:由左向右投影所得的视图;
➢ 右视图:由右向左投影所得的视图。

六个基本投影面的展开方法是:正投影面保持不动,其他投影面按图 7-2 中箭头所示方向展开到与正投影面成同一平面,展开后基本视图的配置关系如图 7-3 所示。

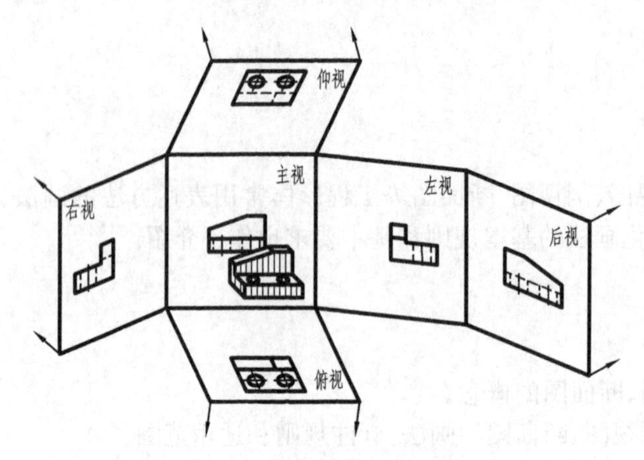

图 7-2 六个基本视图的展开

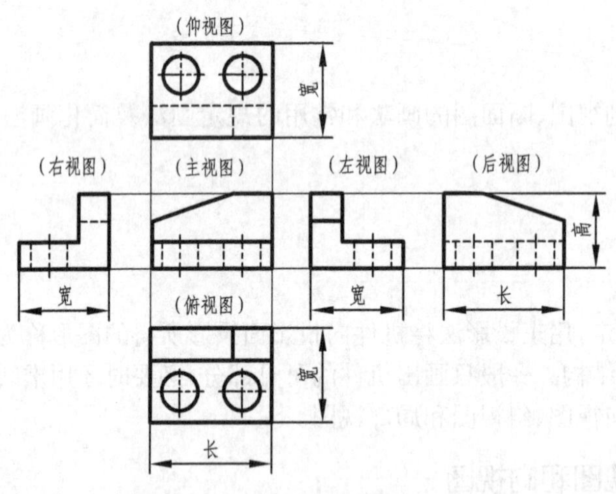

图 7-3 六个基本视图的配置

六个基本视图之间的投影规律:
➢ 主、俯、仰、后长相等,其中主、俯、仰长对正;
➢ 主、左、右、后高平齐;
➢ 俯、左、右、仰宽相等。

六个基本视图之间的方位关系:
➢ 主视图与后视图反映机件的上、下和左、右方位;
➢ 左视图与右视图反映机件的上、下和前、后方位;
➢ 俯视图与仰视图反映机件的前、后和左、右方位。

除了后视图,其他视图靠近主视图是后面,远离主视图是前面。

在同一张图样上，六个基本视图按图7-3所示的位置关系配置视图时，可不标视图名称。当基本视图不能按规定的位置配置时，则可采用向视图的表达方式。在视图的上方标注“×”（“×”为大写拉丁字母），在相应视图附近用箭头指明投射方向，并标注相同的字母。图7-4将图7-3中的右视图、仰视图和后视图画成A、B、C三个向视图，并自由配置在图纸的适当位置。这种位置可以自由配置的视图称为向视图。

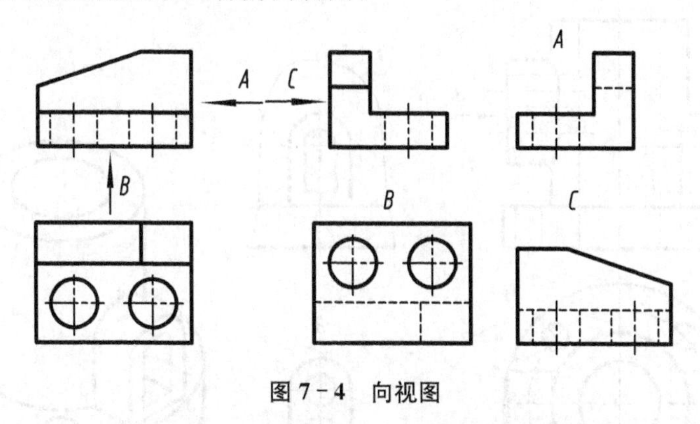

图7-4 向视图

应该强调的是并不是每一个机件都需要画出六个基本视图，视图的多少应该根据机件具体的结构来选择，比如当机件后面的外形需要表达时才采用后视图。总的原则是确保机件图样的表达正确、清晰、完整、简便。

对于不可见部分的表达，当某一基本视图已将其他基本视图中不可见部分表达清楚，基本视图中表示这些不可见部分的虚线是可以省略的，这样可以使图样更清晰，避免了表达的重复性。例如，图7-5中的左右视图中就省略了零件内孔的虚线。

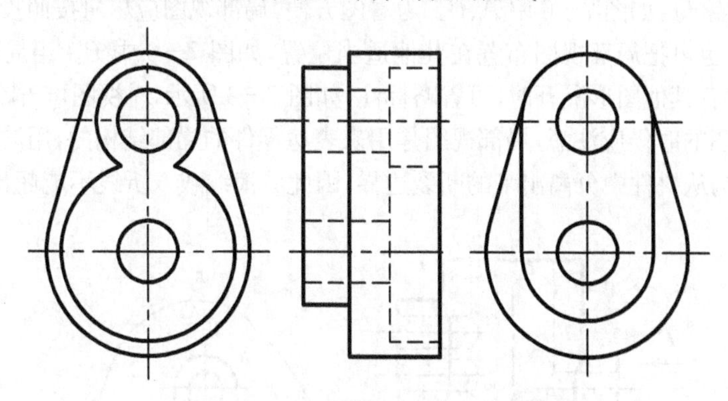

图7-5 省略了内孔虚线的左、右视图

7.1.2 局部视图

1. 局部视图的概念

局部视图是将机件的某一部分向基本投影面投影所得到的视图。局部视图常用于表达机件上局部结构的形状，因而可减少基本视图的数目，视图表达重点突出，使作图简化，避免了结构的重复表达。如图7-6所示，当画出主、俯两个基本视图后，只有两侧的凸台没有表达清楚，因此可以分别采用两个局部视图来表达。

由图7-6可以看出，采用主视图和俯视图两个基本视图，并配合A、B局部视图表达，比采用主视图、俯视图、左视图和右视图四个基本视图表达要简洁清晰得多。有兴趣的同学可以自己画出来比较一下。

2. 局部视图的画法和标注方法

局部视图的断裂边界通常用双折线或者波浪线画出,如图 7－6 中 A;当所表达的局部结构完整,且外形轮廓线又成封闭时,双折线或波浪线可省略不画,如图 7－6 中 B。

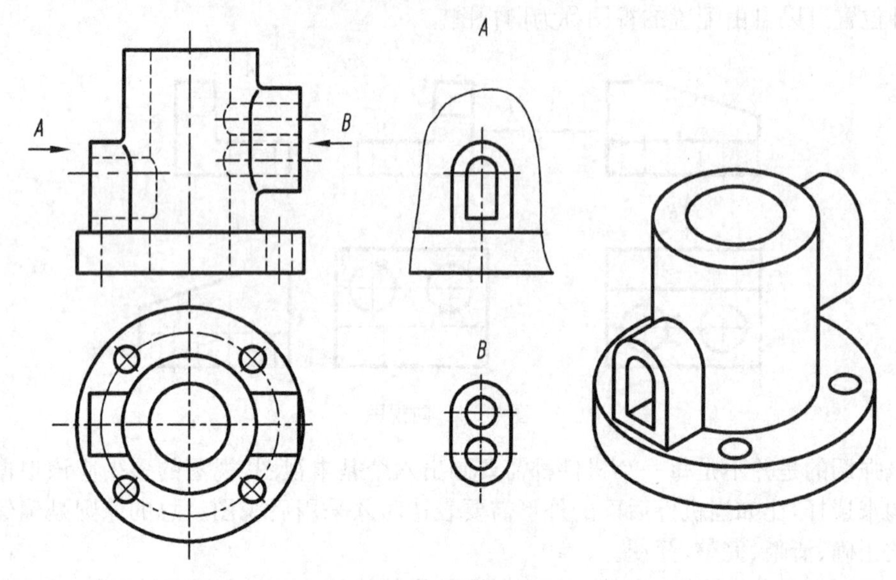

图 7－6　局部视图

画局部视图时,一般在局部视图上方标出视图的名称“×”,在相应视图附近用箭头标明投射方向,并注上同样字母,如图 7－6 中 A、B。为看图方便,局部视图应尽量按照投影关系配置。有时为了合理布图,也可把局部视图布置在其他适当位置,如图 7－6 中 B。当局部视图按投影关系配置,中间又没有其他图形隔开时,可省略标注,如图 7－6 所示,A 视图可省略标注。

绘制局部视图的时候应注意,局部视图是用来表达零件的局部结构的,用波浪线或双折线来表达的该局部结构从机件中分离出来的断裂边界,因此波浪线或双折线不能超出机件的边界,如图 7－7 所示。

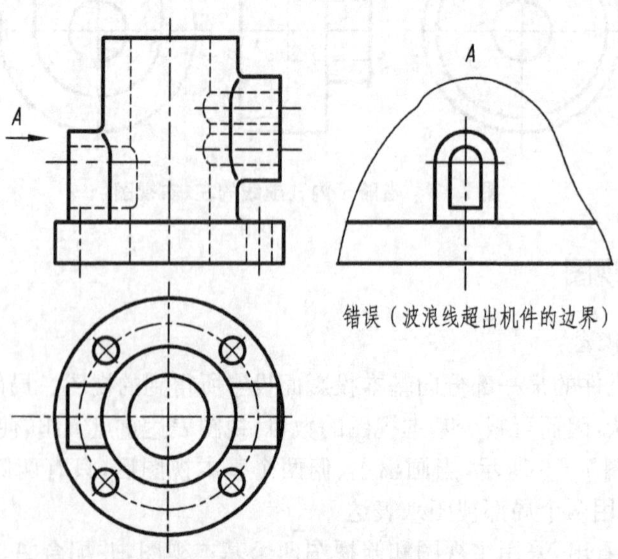

图 7－7　局部视图的错误画法

7.1.3 斜视图

1. 斜视图的概念

将机件向不平行于任何基本投影面的平面投射所得的视图,称为斜视图。

如图 7-8(a)所示的机件,其右上方具有倾斜结构,将该结构向投影面投影,其俯视图和左视图上均不反映实形,给画图、看图以及标注尺寸均带来不便。这时,可选用一个平行于倾斜部分的投影面,按箭头所示投影方向在投影面上作出该倾斜部分的投影,即为斜视图。由于斜视图常用于表达机件上倾斜结构的实形,因此,机件的其余部分不必全部画出,而可用波浪线或双折线断开,成为局部的斜视图。

斜视图主要用来表达机件中与倾斜部分的实形,而不需要表达的部分,可以省略不画,用波浪线或双折线断开,如图 7-8 所示。

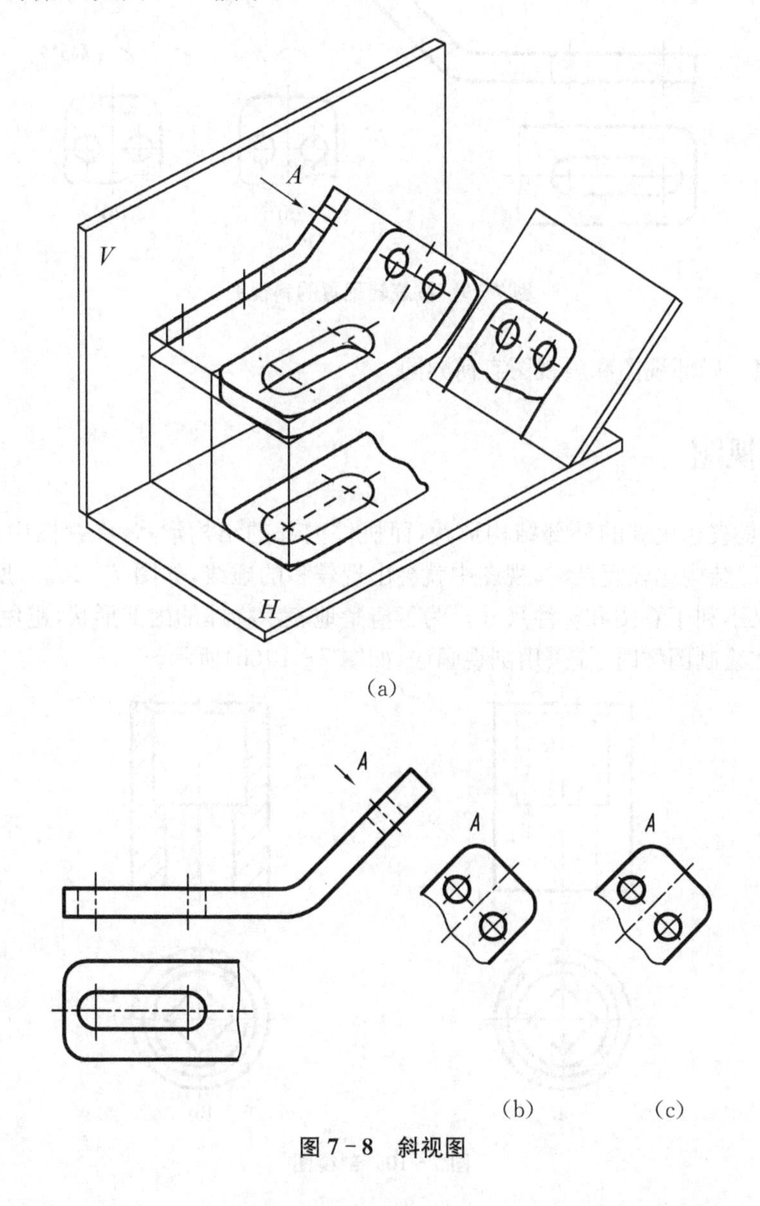

(a)

(b) (c)

图 7-8 斜视图

2. 斜视图的画法和标注方法

① 画斜视图时必须在视图上方注出视图的名称“×”,并在相应的视图附近用箭头指明表达部位和投影方向,并注上同样字母,如图 7-8(b)所示。

② 斜视图通常按向视图的配置并标注,必要时,考虑到图纸的合理布局,也可以配置在其他适当的位置,如图 7-8(c)所示。

③ 在不至于引起误会时还可将图形旋转,使图形的主要轮廓线(或中心线)成水平或铅直位置。若将斜视图旋转配置时,应加注旋转符号,表示斜视图名称的大写拉丁字母应靠近旋转符号的箭头端,如图 7-9(a)所示。必要时,也允许将旋转角度注在字母之后,如图 7-9(b)所示。

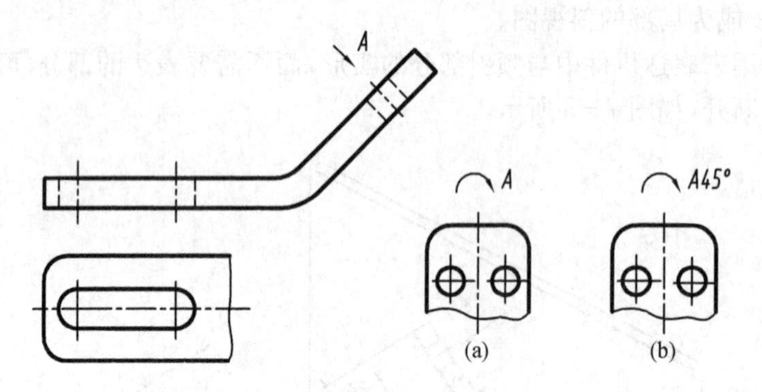

图 7-9 按旋转配置的斜视图

◇ **想一想** 局部视图和斜视图有何异同。

7.2 剖视图

视图主要是表达机件的外部结构形状,而机件内部的结构形状,在视图中是用虚线表示的。当机件内部结构比较复杂时,视图中就会出现较多的虚线,如图 7-10(a)所示,它既影响图形的清晰,又不利于看图和标注尺寸。为了清楚地表示物体的内部形状,避免在视图中出现过多的虚线,在绘制图样时,应采用剖视画法,如图 7-10(b)所示。

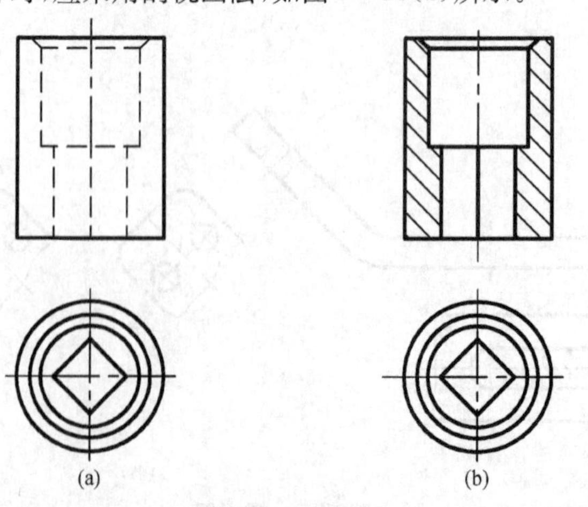

图 7-10 剖视图

7.2.1 剖视图的概念

假想用剖切面剖开机件，将处于观察者和剖切面之间的部分移去，而将其余部分向投影面投射，所得的图形称为剖视图，简称剖视，如图 7-11 所示。剖视图主要用来表达机件内部的结构。

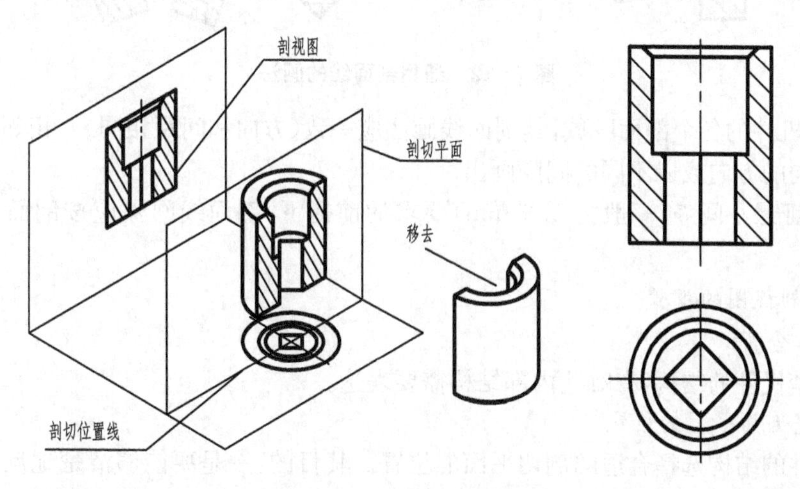

图 7-11 剖视图的形成

7.2.2 剖视图的画法

1. 剖面符号

假想用剖切面剖开物体时，剖切面与机件的接触部分称为剖面区域，简称剖面。画剖视图时，为了使机件被剖切到与未被剖切到的部分能明显地区分开来，在剖面区域中要画出剖面符号。机件的材料不同，其剖面符号也不同，常见的剖面符号见表 7-1 所示。

表 7-1 剖面符号

材料	符号	材料		符号
金属材料		木质胶合板		
线圈绕组元件		木材	横剖面	
转子、电枢、变压器和电抗器等的叠钢片			纵剖面	
非金属材料		型砂、填沙、粉末冶金、砂轮、陶瓷刀片、硬质合金刀片等		
玻璃及其他供观察用的透明材料		格网(筛网、过滤网等)		
混凝土		固体材料		
钢筋混凝土		液体材料		

当不需在剖面区域中表示材料的类别时，可采用通用剖面线表示。通用剖面线的画法有以下几点规定：

① 通用剖面线应以适当角度的细实线绘制，最好与主要轮廓或剖面区域的对称线成 45°

角。必要时也可以采用30°或60°绘制,如图7-12所示。

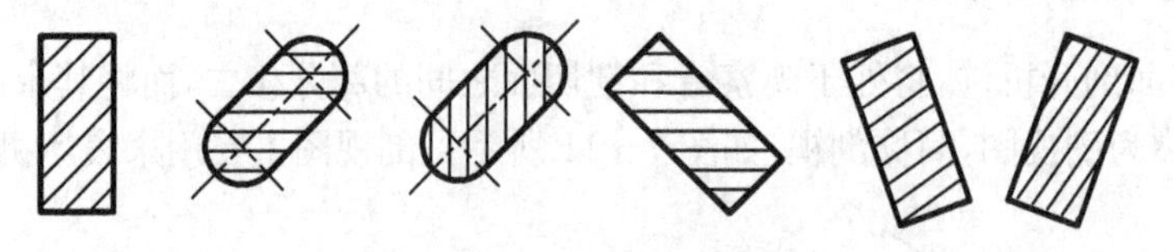

图7-12　通用剖面线的画法

② 同一机件的各个剖面区域,其剖面线画法应一致(方向和间距相同)。相邻机件的剖面线必须以不同的方向或以不同的间隔画出。

③ 在保证最小间隔(一般为0.9 mm)要求的前提下,剖面线间隔应按剖面区域的大小选择。

2. 绘制剖视图的步骤

(1) 形体分析

分析清楚机件的结构,有哪些内部结构需要表达。

(2) 确定剖切平面的位置

根据机件的结构选择合适的剖切平面的位置。其目的:一是要能够清楚地反映机件的内部形状,二是要便于看图。因此,剖切平面一般应通过机件的对称面或孔、槽轴线或中心线,避免剖切出不完整要素或不反映实形的截面,所以剖切平面应选择平行于投影面的位置,以反映剖面的实形,如图7-11、图7-13(a)所示的机件为反映通孔的实形,选择通过孔轴线的正平面进行剖切。

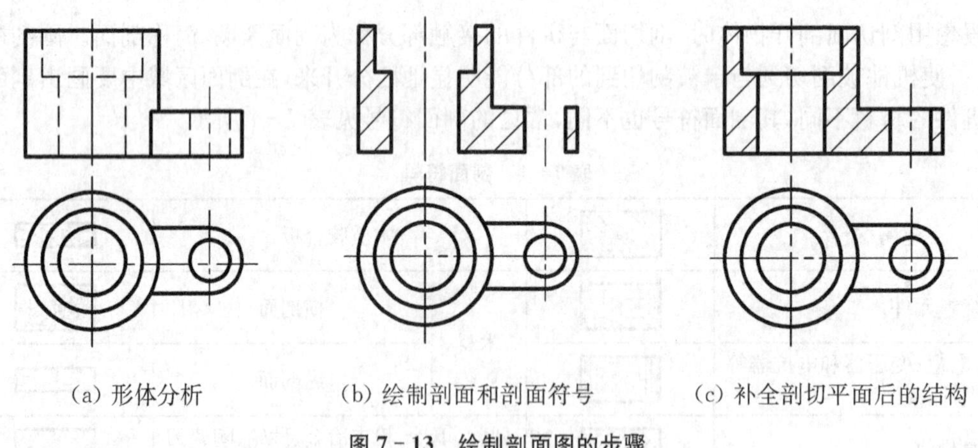

(a) 形体分析　(b) 绘制剖面和剖面符号　(c) 补全剖切平面后的结构

图7-13　绘制剖面图的步骤

(3) 画图

① 画出剖面,在断面上画上剖面符号,如图7-13(b)所示;

② 补全剖切平面后的可见轮廓线,如图7-13(c)所示。

(4) 检查

7.2.3　剖视图的标注

剖视图一般应进行标注,以指明剖切位置及视图间的投影关系。标注的内容包括:

1. 剖切线

剖切线用以指示剖切面位置的线,即剖切面与投影面的交线,用细点划线表示,也可以省略,如图7－14(a)、(b)所示。

2. 剖切符号

剖切符号用以指示剖切面起讫和转折位置及投射方向的符号。剖切位置用短粗实线绘制,画时尽量不要与轮廓线相交,在剖切位置的两外端用与之垂直的箭头表示投影方向,如图7－14(b)、(c)所示。

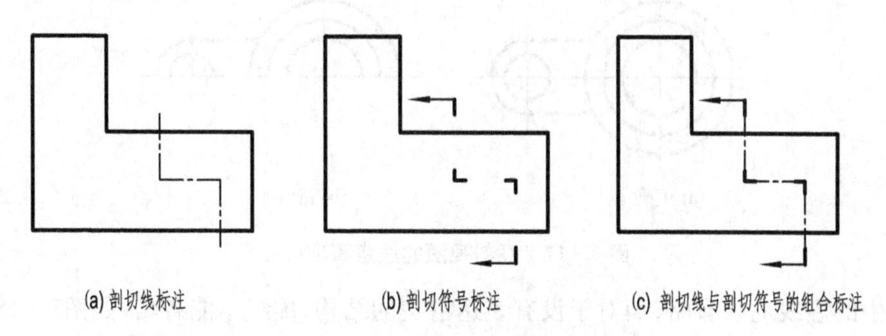

图 7－14　剖切符号和剖切线的标注

3. 剖视图名称

一般应在剖视图的上方标注剖视图的名称“×—×”(×为大写拉丁字母),且在箭头外侧注写相同的大写字母,字母都必须水平书写,如图 7－15 所示。

在下列情况下,剖视图可简化或省略标注:

① 当剖视图按投影关系配置,中间又没有其他图形隔开时,可省略箭头,如图 7－16 所示。

② 当单一剖切平面通过机件的对称对面,且剖视图按投影关系配置,中间又没有其他图形隔开时,可省略标注,如图 7－13(c)所示。

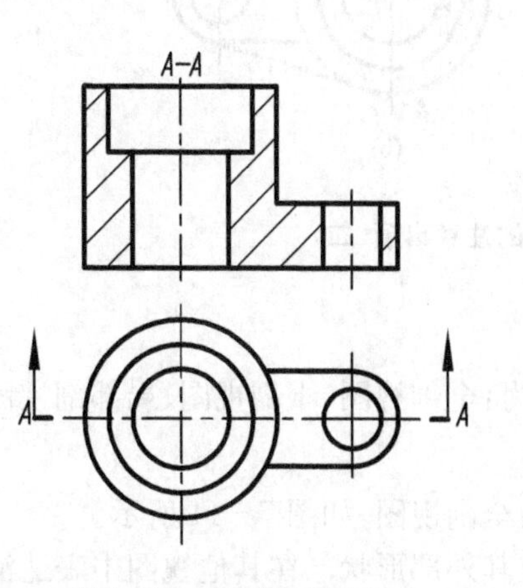

图 7－15　剖视图标注(一)

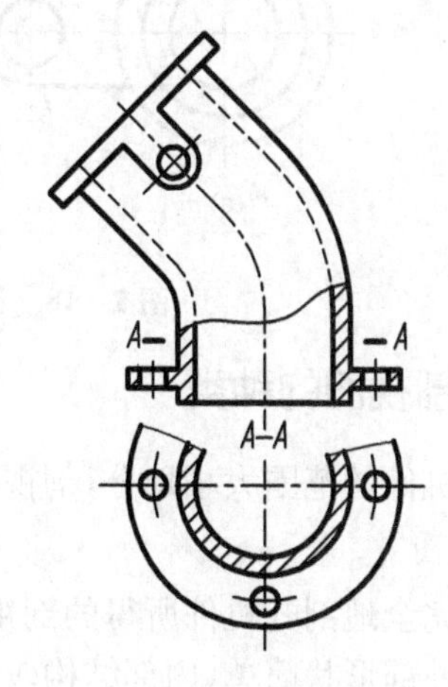

图 7－16　剖视图标注(二)

7.2.4　画剖视图的注意事项

由于剖切是假想的,当机件的某个视图画成剖视图后,其他视图仍应按完整机件画出,如图 7－17(a)所示。

为了剖视图清晰,凡剖视图中已经表达清楚的结构形状,其虚线应省略不画。如图

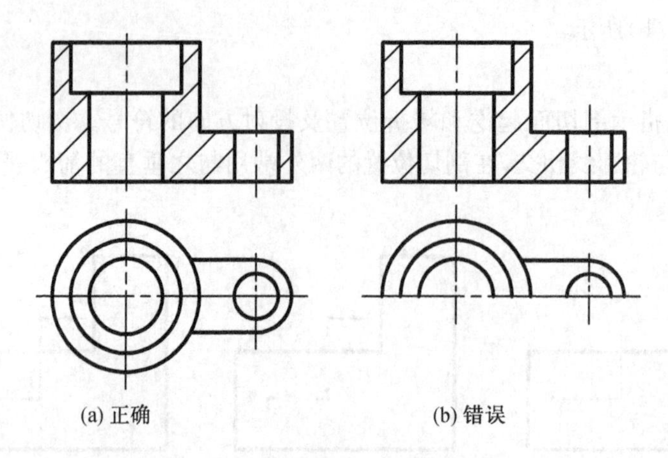

图 7-17　画剖视图的注意事项(一)

7-18(a)中的虚线应该省略;而对于没有表达清楚的结构,虚线不能省略,如图7-18(b)主视图中表示底板高度的虚线不能省略。

画剖视图时,剖切平面后的可见轮廓线必须全部画出,不得遗漏,不能省略,如图7-18(b)主视图中槽的轮廓线。

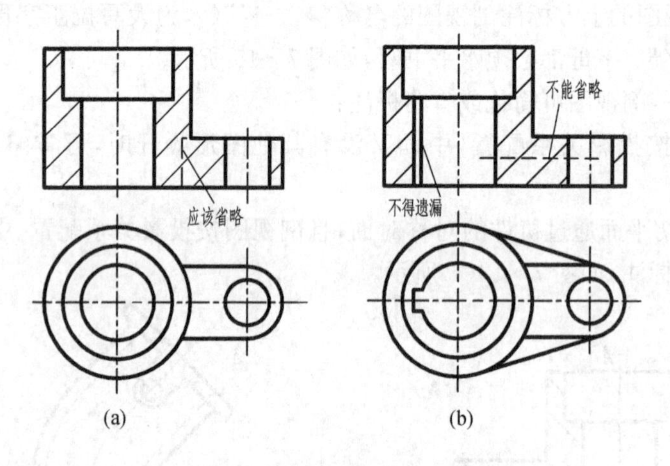

图 7-18　画剖视图的注意事项(二)

7.2.5　剖视图的种类

按被剖切机件的范围大小划分,剖视图可分为:全剖视图、半剖视图、局部剖视图三种。

1. 全剖视图

用剖切面完全地剖开机件所得的剖视图称为全剖视图,如图 7-11 所示。

当机件的外部形状简单,内部结构较复杂,或其外部形状已在其他视图中表达清楚时可采用全剖视图来表达其内部结构。

2. 半剖视图

当机件具有对称平面时,在垂直于对称平面的投影面上的投影,可以对称中心线为界,一半画成视图,另一半画成剖视图,如图 7-19 所示,这种剖视图称为半剖视图。

半剖视图能同时反映出机件的内外结构形状,因此,对于内外形状都需要表达的对称机件,一般常采用半剖视图表达。

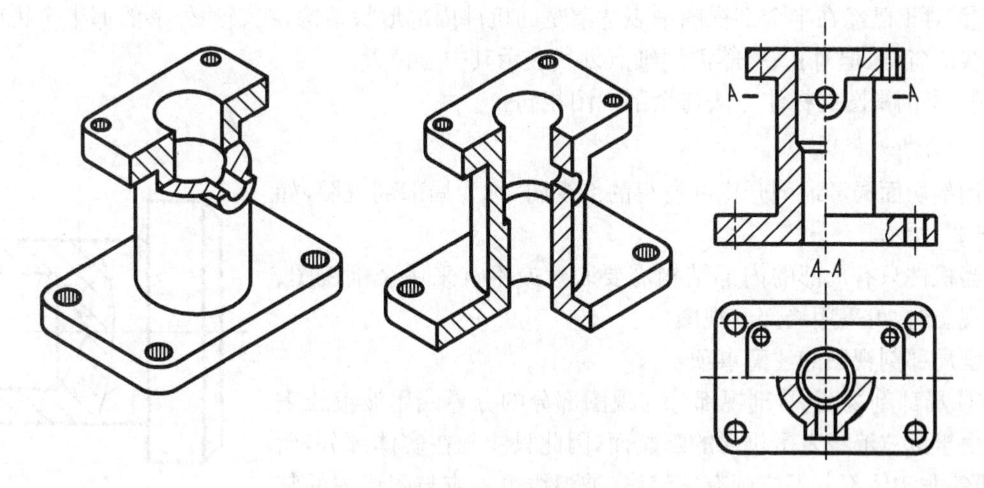

图 7－19 半剖视图

当机件的结构接近于对称，而且不对称的部分另有图形表达清楚时，也可画成半剖视，如图 7－20。

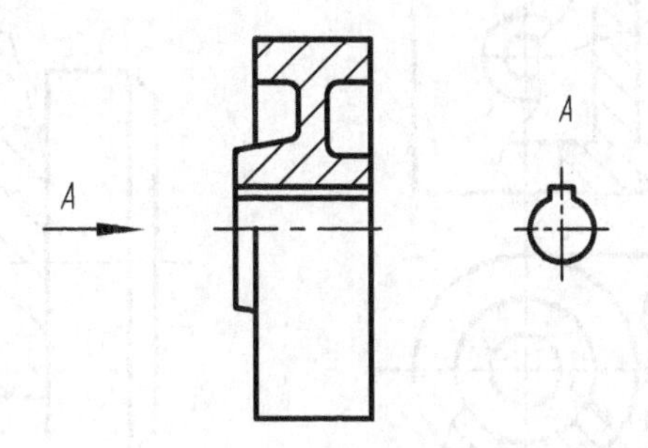

图 7－20 形状接近于对称机件的半剖视图

画半剖视图的注意事项：

① 半个剖视图与半个视图的分界线(图形的对称中心线)为细点划线，如图 7－19 所示。当轮廓线与图形对称线重合时，应避免使用半剖，如图 7－21 所示。

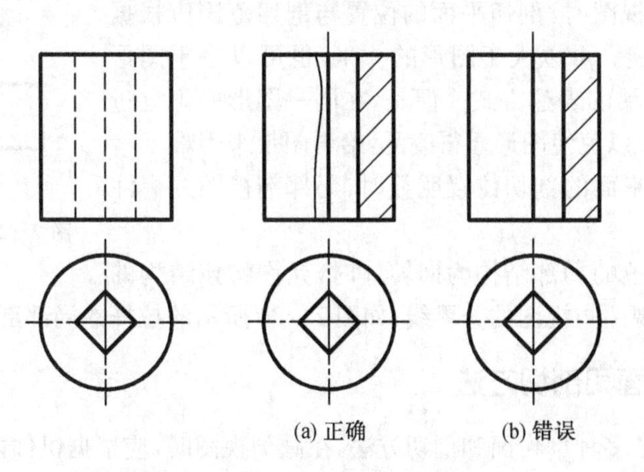

(a) 正确 (b) 错误

图 7－21 画半剖视图的注意事项

② 对于已经在半个剖视图中表达清楚的机件内部形状结构,在表达外形的那半个视图中其虚线应省略,但对孔、槽等需用细点划线表示其中心位置。

③ 半剖视图的标注方法与全剖视图相同。

3. 局部剖视图

用剖切面局部地剖开机件所得的剖视图,称为局部剖视图,如图 7-22 所示。

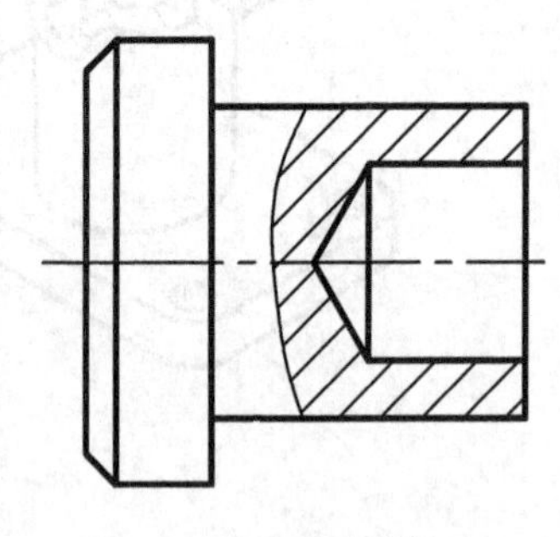
图 7-22 局部剖视图

当机件只有局部的内部结构需要表达或不宜采用全剖视图、半剖视图时,可采用局部剖视图。

画局部剖视图的注意事项:

① 局部剖视图中,剖视部分与视图部分的分界线用波浪线表示。由于该波浪线表示机件的断裂面,因此只能画在实体部分,而孔、槽等非实体部分不应画有波浪线,波浪线也不应与图形中的其他图线重合或在其延长线上,如图 7-23 所示。

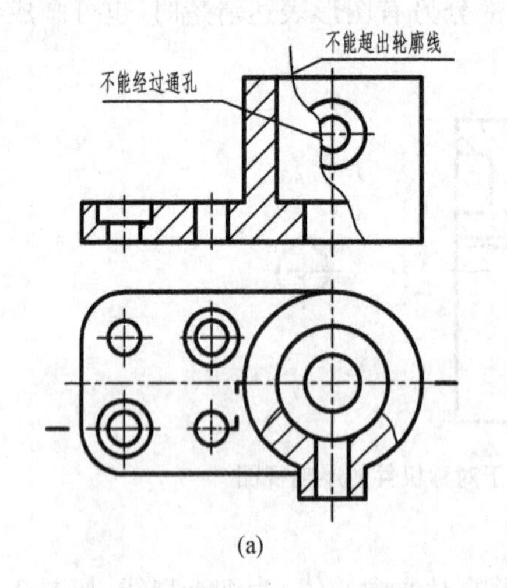

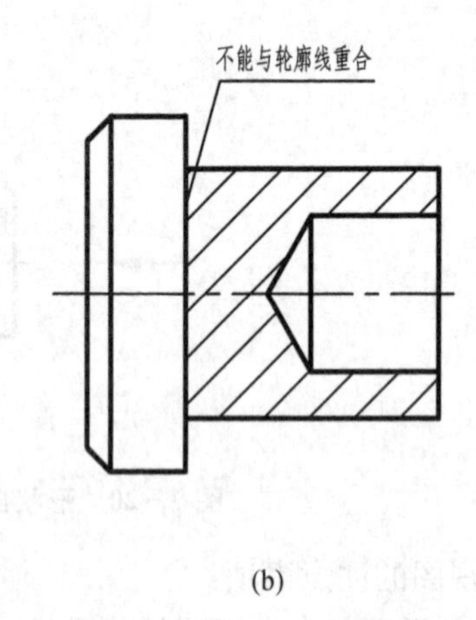

图 7-23 波浪线的画法

② 采用局部剖视图时,剖切平面的位置与剖切范围应根据机件表达的需要确定。可以大于图形的一半,也可以小于图形的一半,它是较为灵活的表达方式。但是,在同一图形中不宜过多使用局部剖视图,以免使图形显得凌乱,给看图带来困难。

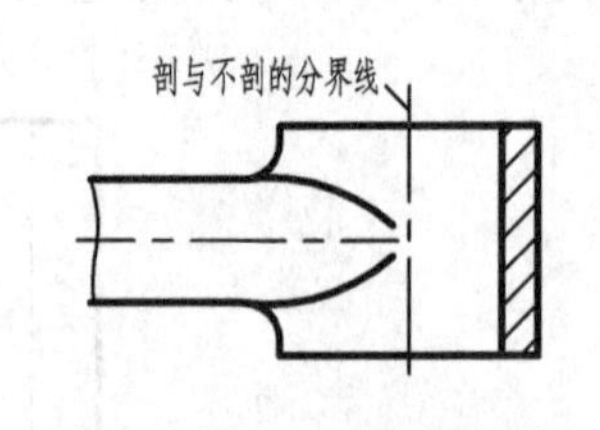

图 7-24 拉杆的局部视图

③ 当单一剖切平面的剖切位置明显时,局部剖视图的标注可以省略。

④ 当被剖切部位的局部结构为回转体时,允许将该结构的中心线作为局部剖视图与视图的分界线,如图 7-24 所示的拉杆的局部剖视图。

7.2.6 剖切面和剖切方法

国家标准规定了多种剖切面和剖切方法,在画剖视图时,应根据机件内部结构形状的特点和表达的需要选用不同的剖切面和剖切方法。

1. 单一剖切面

用单一剖切面(可以是平面也可以是柱面)剖开机件的方法,称为单一剖,如图 7-11、7-15、7-19 所示,其中又分为两种情况:

① 平行于基本投影面的剖切平面,如图 7-11、7-19 所示。

② 不平行于任何基本投影面的剖切平面。

用不平行于任何基本投影面的剖切平面,但垂直于某一基本投影面的方法来剖开机件的方法称为斜剖,如图 7-25(a)所示。

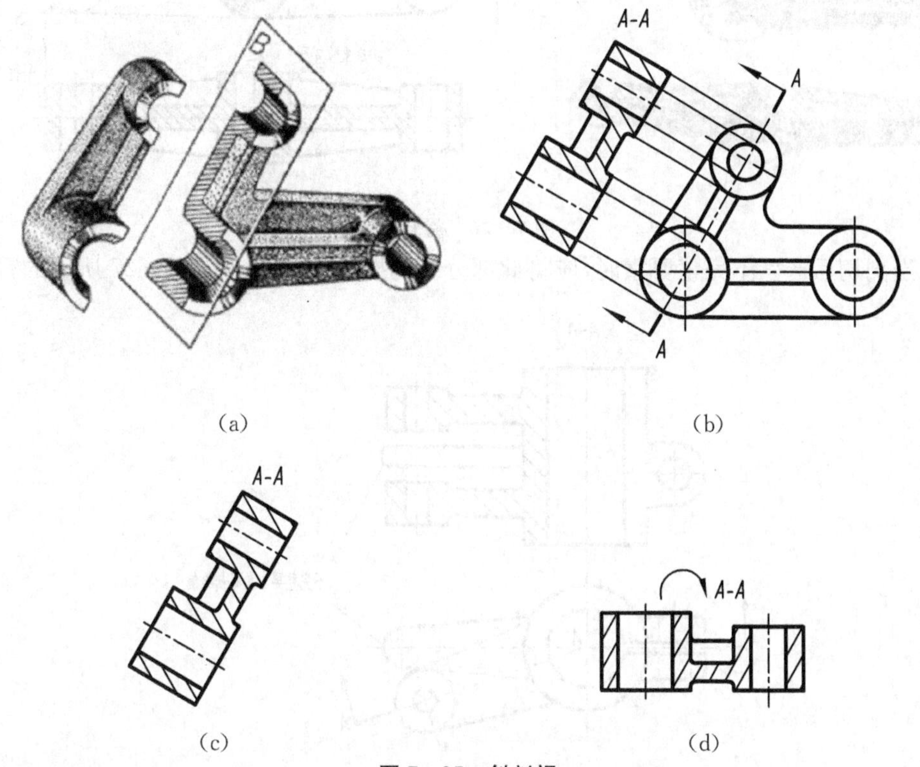

图 7-25 斜剖视

斜剖主要用来表达倾斜部分的内部结构形状。斜剖视图必须标注,不得省略。为了便于看图,斜剖得到的剖视图最好放在箭头所指方向的位置,与原视图保持直接的投影关系,如图 7-25(b)所示。考虑到图面的布局,斜剖视图也可以放置在其他位置,如图 7-25(c)所示,在不至于引起误会的时候,也可以将图形旋转布置,但是要在剖视图的上方应该注明名称和旋转方向,如图 7-25(d)所示。

2. 两相交的剖切平面

用两相交的剖切平面(交线垂直于某一基本投影面)剖开机件的方法,称为旋转剖。

当机件内部的结构形状仅用一个剖切面不能表达完全,而且该机件又具有较明显的主体回转轴时,可采用旋转剖,如图 7-26 所示。

采用旋转剖画剖视图时,先假想地按剖切位置剖开机件,然后把被剖切平面剖开的结构及其有关部分旋转到与选定的基本投影面平行后再进行投射。

画旋转剖视图的注意事项:

① 画旋转剖视图时,在剖切平面后的其他结构一般仍按原来位置投射,如图 7-26 中的

小油孔的投影。

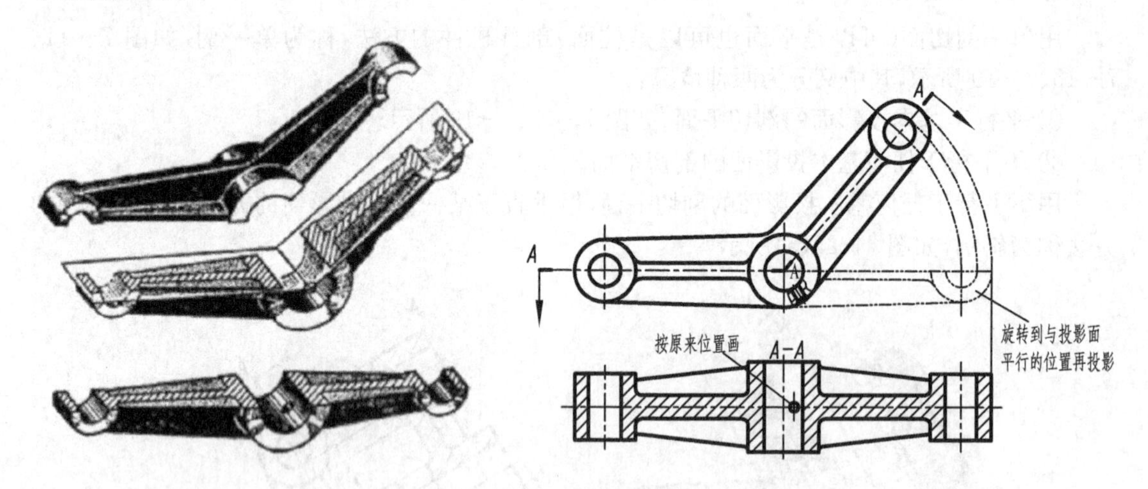

图 7-26　旋转剖

② 当剖切后产生不完整要素时,应将此部分结构按不剖绘制,如图 7-27 所示的臂。

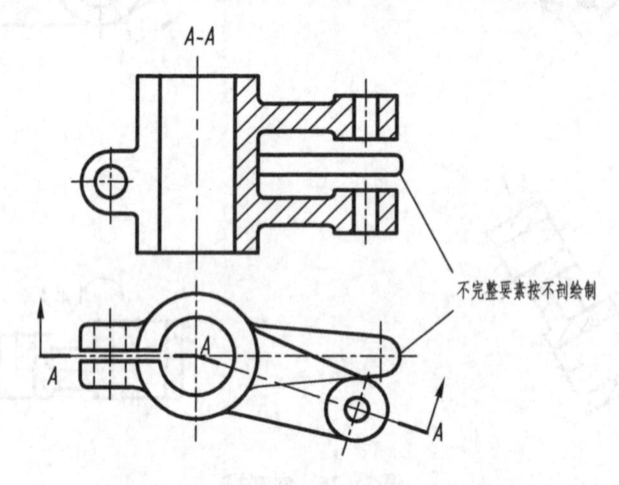

图 7-27　剖切产生不完整要素按不剖绘制

③ 用旋转剖画出的剖视图必须标注剖切位置、投射方向和名称,如图 7-26、7-27 所示。

3. 几个平行的剖切平面

用几个平行的剖切平面剖开机件的方法,称为阶梯剖,如图 7-28 所示。

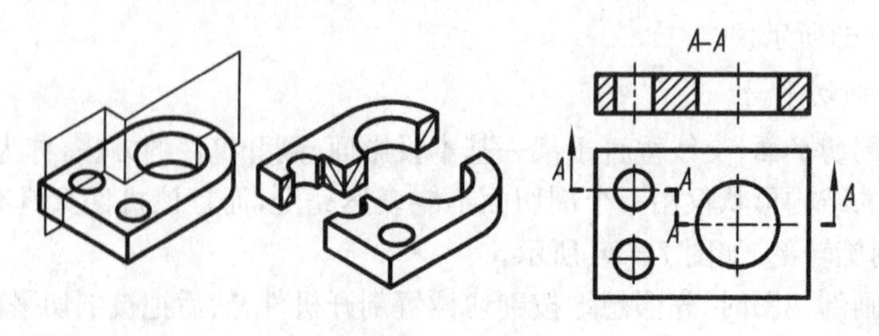

图 7-28　阶梯剖

机件内部有较多的内部结构,且它们的中心线排列在两个或多个互相平行的平面内时,用一个剖切平面不可能把机件的内部形状完全表达清楚时，常采用阶梯剖。

画剖视图应该注意以下几点：

① 采用阶梯剖画剖视图时，在图形内不应画出各剖切平面转折处的界线，如图 7－29 所示。

② 剖切符号不得与图形中的任何轮廓线重合，如图 7－30(a)所示。

③ 剖视图中也不应出现不完整的结构要素，如图 7－30(b)所示，有公共对称中心线或轴线时，可以各画一半，如图 7－31 所示。

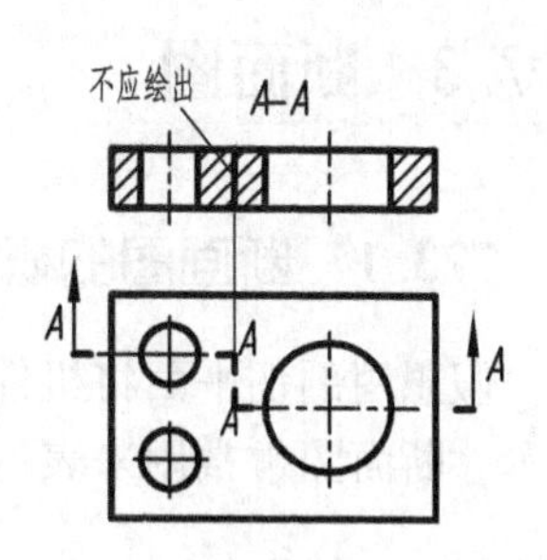

图 7－29　剖切平面与转折处的界线不应画出

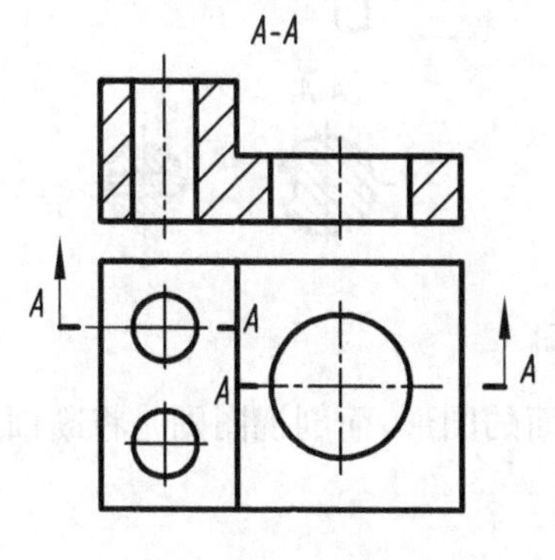

(a) 剖切面与轮廓线重合

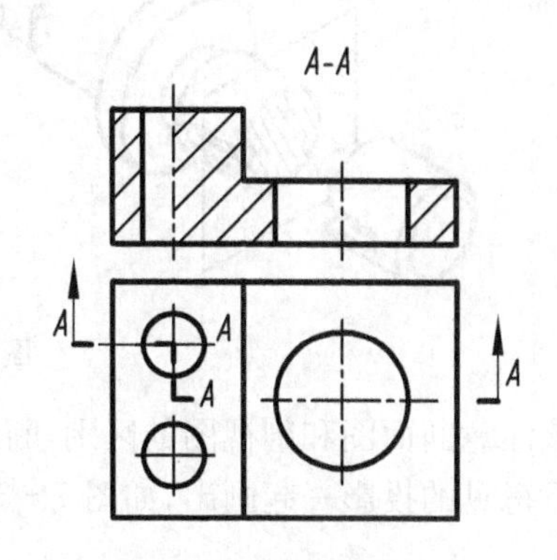

(b) 出现不完整要素

图 7－30　阶梯剖中容易出现的错误

4. 用组合的剖切平面

除阶梯剖、旋转剖之外，用组合平面剖开机件的方法称为复合剖，当机件的内部结构较为复杂，用单一剖切平面、旋转剖和阶梯剖均不能表达完全时，可以采用复合剖，如图 7－32 所示。

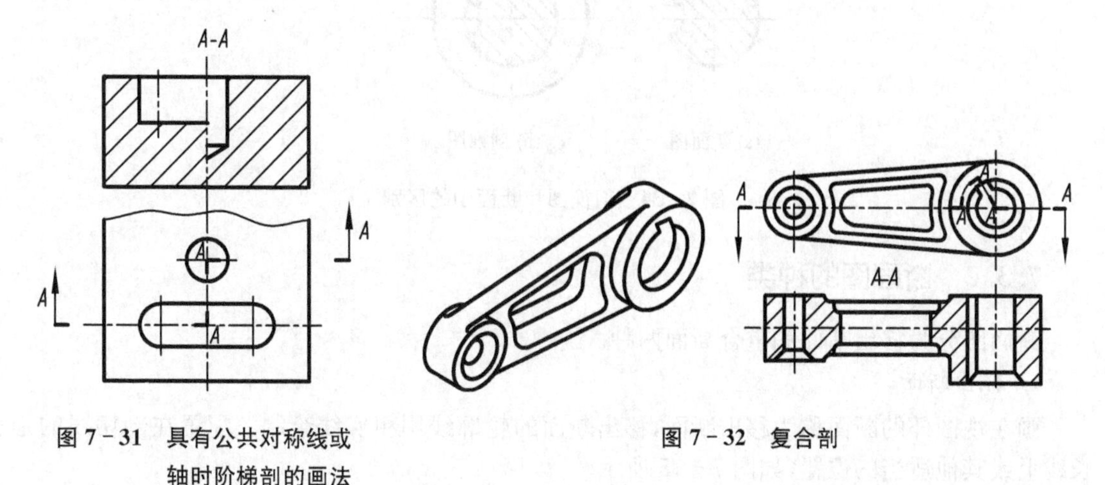

图 7－31　具有公共对称线或轴时阶梯剖的画法

图 7－32　复合剖

7.3 断面图

7.3.1 断面图的概念

假想用剖切平面将机件的某处切断,仅画出断面的图形称为断面图,简称断面,如图7-33所示。断面图常常用来表达零件上某处断面的形状或轴上孔、槽等结构。

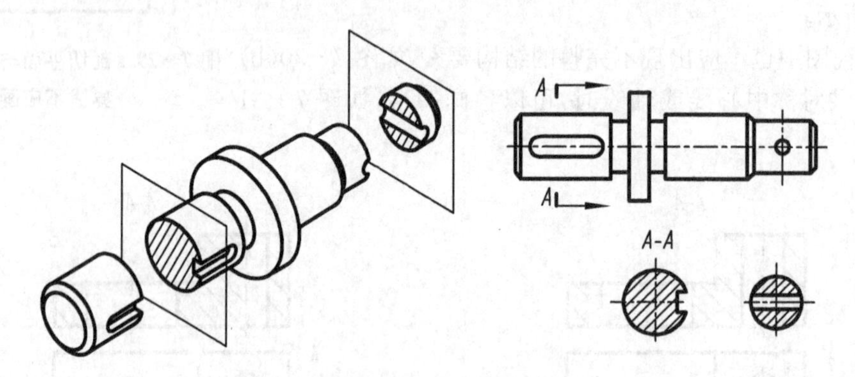

图 7-33 断面图

应该注意断面图和剖视图的区别,断面图只画断面的图形,而剖视图则是将断面连同它后面结构看得见的投影一起画出,如图 7-34 所示。

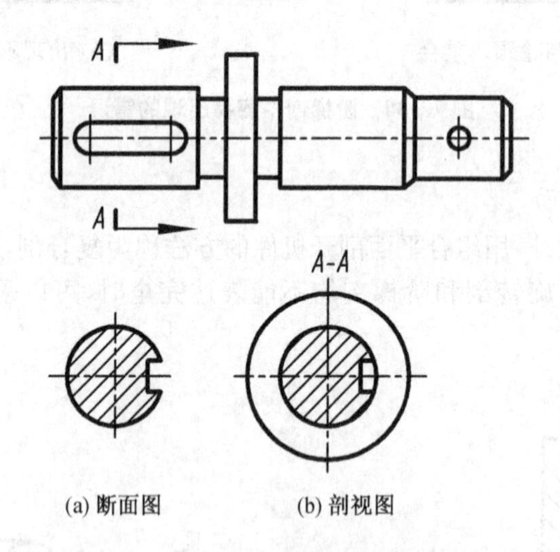

(a) 断面图 (b) 剖视图

图 7-34 剖视图和断面图的区别

7.3.2 断面图的种类

断面图分为移出断面和重合断面两种。

1. 移出断面

画在视图外的断面称为移出断面,移出断面的轮廓线用粗实线绘制。配置在剖切线的延长线上或其他适当的位置,如图 7-35 所示。

移出断面的标注:

① 移出断面一般应用剖切符号表示剖切位置,用箭头表示投影方向,并注上字母(一律水

平书写)，在断面图的上方用相同字母标出名称“×—×”，如图 7－36 中的“A－A”所示。

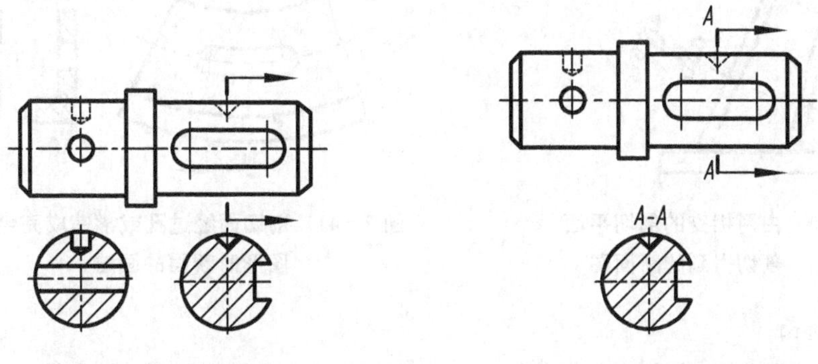

图 7－35 移出断面　　图 7－36 移出断面的标注

② 配置在剖切线或剖切符号延长线上的对称移出断面可以省略标注，配置在剖切线或剖切符号延长线上的非对称移出断面可以不标注字母，如图 7－35 所示。

③ 按投影关系配置的不对称移出断面和配置在其他位置的对称移出断面可以不标注箭头，如图 7－37 所示。

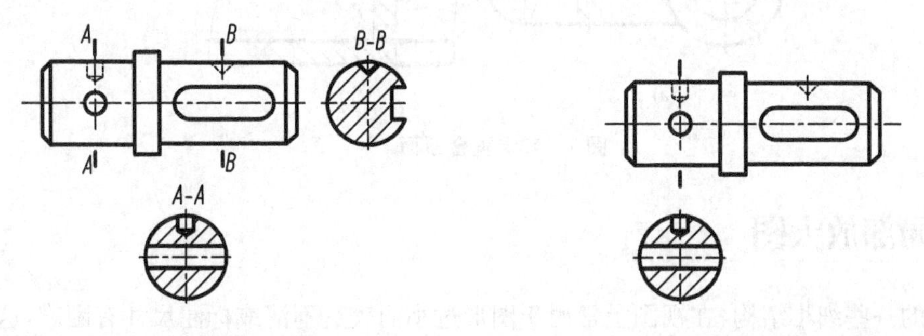

图 7－37 对称断面　　图 7－38 移出断面画在剖切线的延长线上

④ 配置在剖切线延长线上的对称的移出断面和配置在视图中断处的移出断面图可以不标注，如图 7－38、7－39 所示。

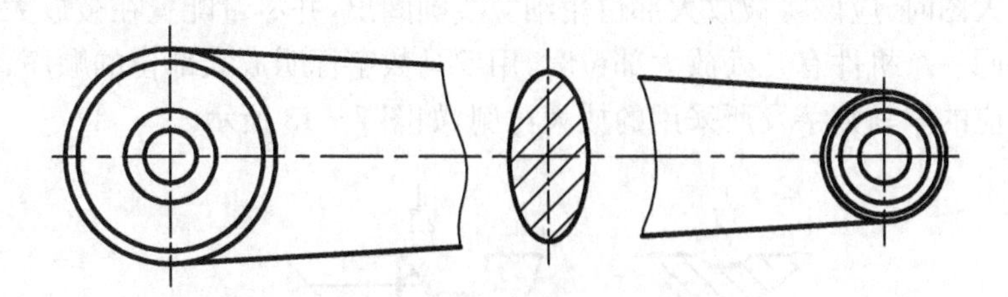

图 7－39 画在视图中断处的断面图

说明 ① 由两个或多个相交的剖切平面剖切得到的移出断面，断面图绘制在一侧，图形的中间一般应断开，如图 7－40 所示。

② 当剖切平面通过回转面形成的孔、凹坑的轴线或通过非圆孔(槽)时，会导致出现完全分离的图形，这些结构按照剖视绘制，如图 7－35、7－36、7－37、7－38、7－41 所示。

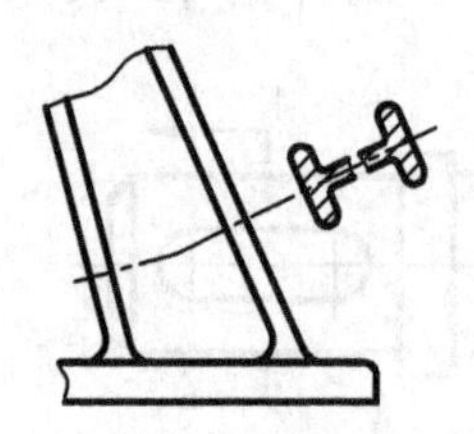

图 7-40　由两相交的剖切平面剖切得到的断面图

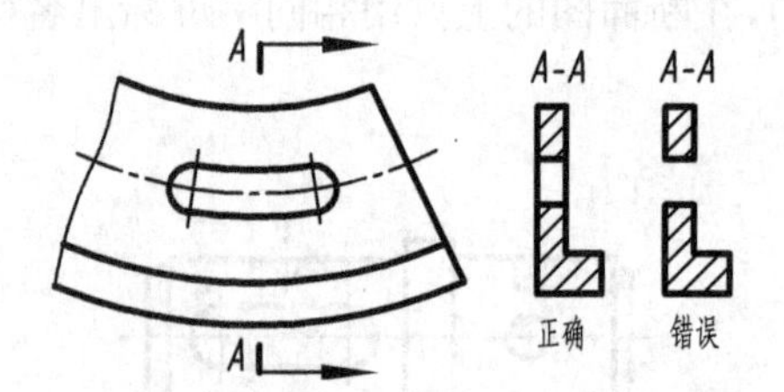

图 7-41　剖切面经过孔或槽造成完全分离的图形时断面的画法

2. 重合断面

画在视图内的断面称为重合剖面,重合断面的轮廓线用细实线绘制,如图 7-42(a)所示;当重合断面图形和视图的轮廓线重叠时,视图中的轮廓线仍然连续画出,如图 7-42(b)所示。

重合剖面可以省略标注。

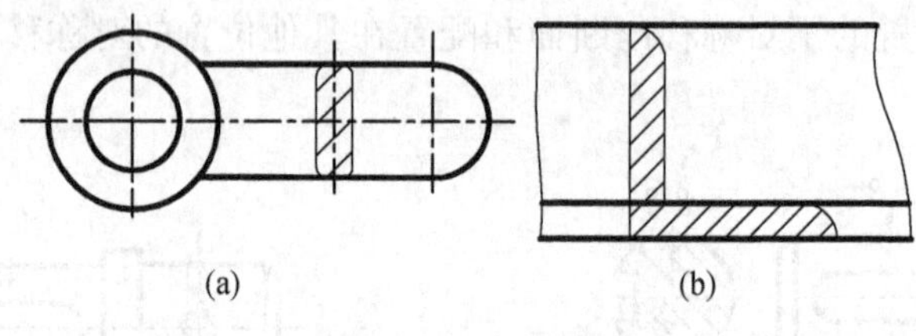

图 7-42　重合断面

7.4　局部放大图

机件上的一些细小结构,在视图上常由于图形过小而表达不清或标注尺寸有困难,这时可将过小部分的图形放大,如图 7-43 所示。将机件局部结构用大于原来图形所采用的比例单独绘出的图形,称为局部放大图。局部放大图可以画成视图、剖视或断面图,它与被放大部分的表达方式无关。

画局部放大图时,应该将被放大部位用细实线圆圈出,并尽量配置在被放大部位附近以方便看图。如果同一个机件有几处放大部位时,用罗马数字标明放大部位的顺序,并在相应放大图上方标注相应的罗马数字及所采用的放大比例,如图 7-43 所示。

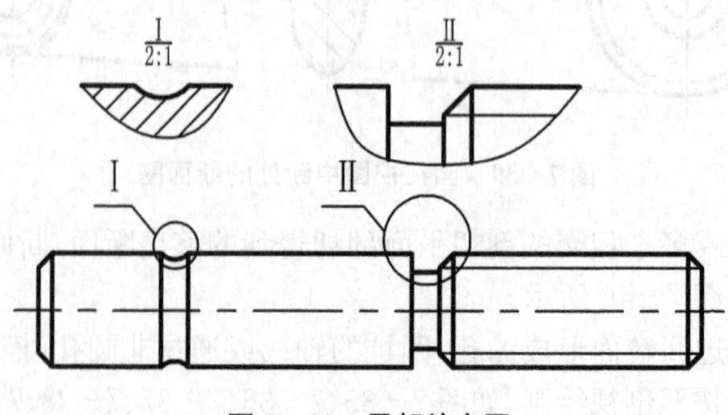

图 7-43　局部放大图

7.5 简化画法和规定画法

为了简化画图与提高绘图效率，国家标准规定了一些图形的简化画法，现将常用的几种常用的简化画法介绍如下：

1. 机件上的肋、轮辐及薄壁的画法

回转机件上均匀分布的肋、孔、轮辐等结构，剖切平面没有剖切到的，可以将这些结构旋转到剖切面上画出，如图7-44(a)所示。

零件上的肋、轮辐及薄壁等，如果纵向剖切(即剖切面通过板厚的对称平面或轮辐的轴线时)，这些结构按照不剖来画，即都不画剖面符号，而用粗实线将它与其邻接部分分开，如图7-44(b)所示。

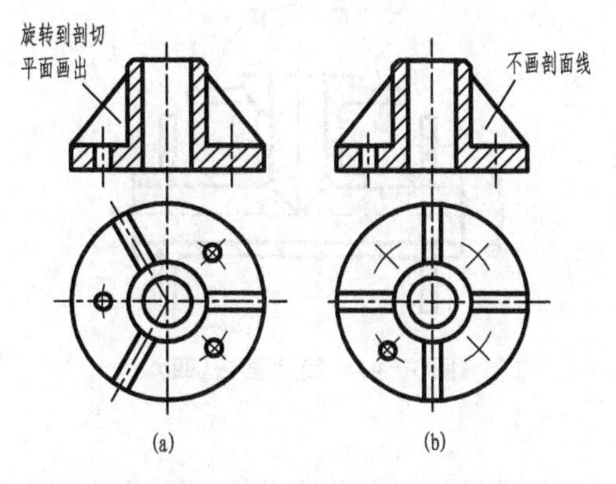

图7-44 简化画法(一)

2. 相同结构要素的画法

当机件具有若干相同结构(如齿、槽等)，并按一定规律分布时，只需画出几个完整的结构，其余用细实线连接，但在图中应注明该结构的总数，如图7-45(a)所示。

当机件具有若干直径相同并成一定规律分布时(圆孔、螺孔和沉孔等)，可以只画出一个或几个，其余用点划线标出中心位置，并注明总数，如图7-45(b)所示。

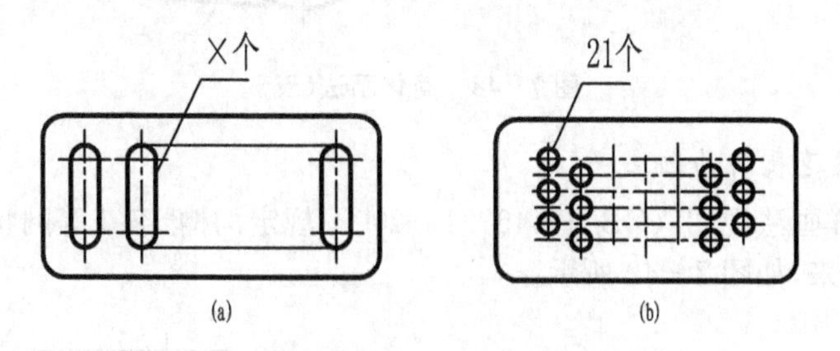

图7-45 简化画法(二)

3. 对称零件或对称结构的画法

在不致引起误解时，对于对称机件的视图可以只画一半或者1/4，并在对称中心线的两端画出对称符号(与对称中心线垂直的两条平行细实线)，如图7-46所示。

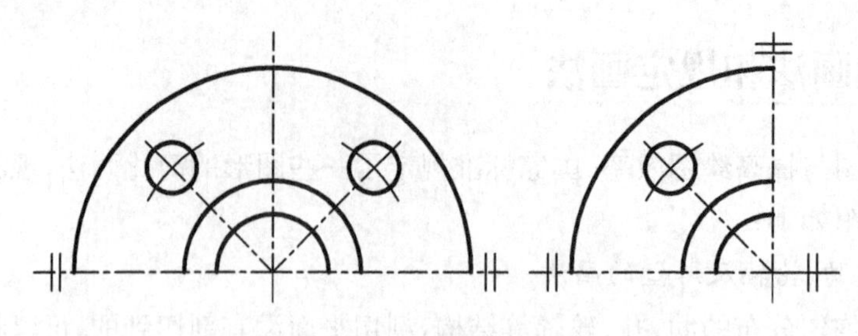

图 7-46 简化画法(三)

4. 沿圆周均匀分布的孔的画法

圆盘上均匀分布的孔允许按如图 7-47 所示的方式表示。

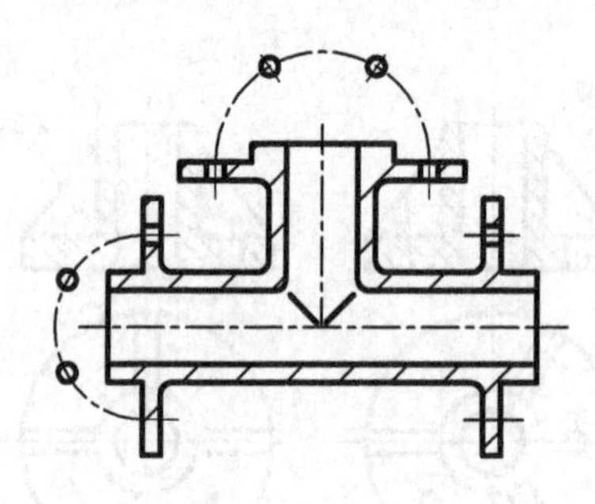

图 7-47 简化画法(四)

5. 折断的画法

较长的杆件、轴、型材、连杆等沿长度方向的形状一致或者按一定规律变化时,可以折断、缩短后绘制,断裂边界线用波浪线或双折线绘制,但必须标注原长,如图 7-48 所示。

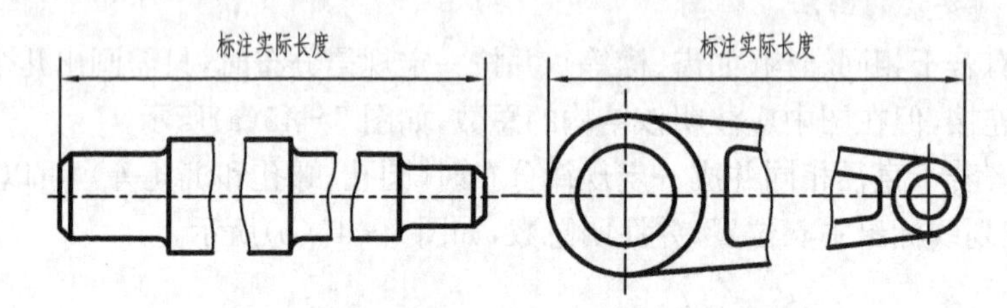

图 7-48 简化画法(五)

6. 网状物和滚花表面的画法

"机械制图图样画法视图"(GB/T 4458.1—2002)规定沟槽、滚花等网状结构,用粗实线完全或部分地表达出来,如图 7-49 所示。

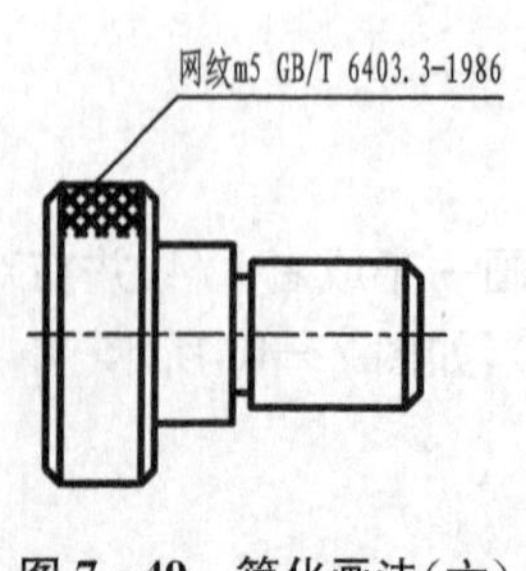

图 7-49 简化画法(六)

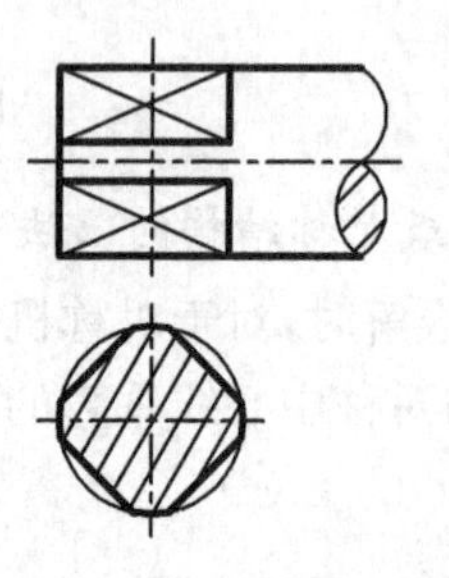

图 7-50 简化画法(七)

7. 平面的表达方法

平面结构在图形中不能充分表达时，可以用平面符号（两条相交的细实线）表示。如图7－50所示。

8. 较小结构的简化画法

对于机件较小结构所产生的交线，如果在一个图形中已经表达清楚时，其他视图可以简化画出。在不致引起误解时，图形中的相贯线允许简化，例如用圆弧或直线代替非圆曲线，如图7－51所示。

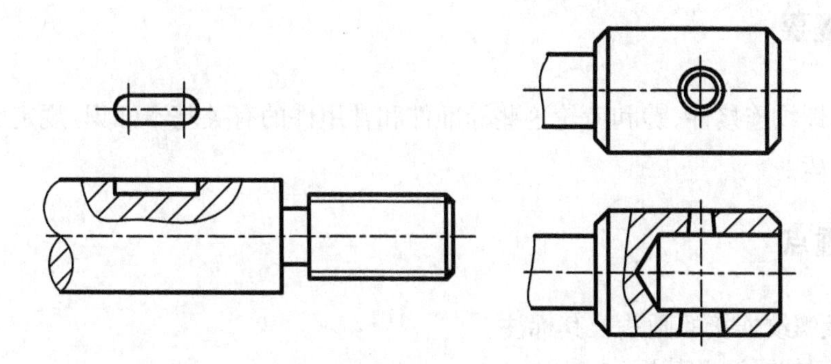

图 7－51 简化画法（八）

第8章

连接件及常用件的表达

内容提要

主要介绍螺纹连接件、键和齿轮这些标准件和常用件的有关基本知识，规定画法、代号、标注及其查表方法。

学习重点

1. 螺纹及螺纹连接的画法及其标注。
2. 齿轮、键的画法及其标注。

目的和要求

1. 掌握单个螺纹的规定画法和标注。
2. 掌握内外螺纹旋合的规定画法。
3. 掌握螺栓连接、螺钉连接、螺柱连接的规定画法。
4. 掌握单个直齿圆柱齿轮及其啮合的画法。
5. 掌握键连接的画法。

在各种机器和设备上，常用到齿轮、键和螺纹连接件这些常用件和标准件等。由于这些件的使用量很大，为了便于制造、使用和降低成本，对它们的结构和尺寸已经全部或部分标准化。为了提高绘图效率，对它们的结构和形状可不必按其真实投影绘制，而是根据相应的国家标准所规定的画法、代号和标记，进行绘图和标注。

8.1 螺　纹

8.1.1 螺纹的形成、要素和工艺结构

1. 螺纹的形成

螺纹是零件上常见的一种结构。它是指一平面图形(如三角形、矩形和梯形等)在圆柱或圆锥表面上，沿着螺旋线所形成的、具有相同轴向剖面的连续凸起和沟槽。凸起部分的顶端称为牙顶，沟槽的底部称为牙底。在圆柱(或圆锥)外表面上形成的螺纹称外螺纹，在圆柱(或圆锥)内表面上所形成的螺纹称内螺纹。

螺纹的制造都是根据螺旋线形成原理进行加工而成。加工螺纹的方法很多，如图 8-1 表

示在车床上加工内、外螺纹的情况。工件绕着轴线做匀速回转运动，车刀与工件接触并沿工件轴线做匀速直线运动，由于刀刃的形状不同，在工件表面切出部分的截面形状也不同，从而可加工出各种不同的螺纹。对于直径比较小的螺纹孔一般先用钻头钻出光孔，再用丝锥攻丝的方法加工，如图8-2所示。

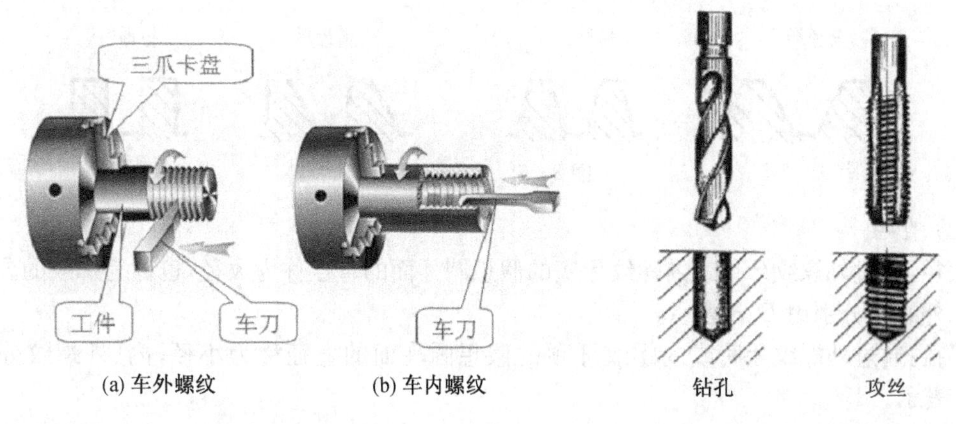

(a) 车外螺纹　(b) 车内螺纹

图8-1　车削螺纹

钻孔　攻丝

图8-2　螺纹孔的加工方法

2. 螺纹的工艺结构

(1) 螺纹的末端　为了防止螺纹端部碰伤手、便于装配中对中和防止螺纹起始圈损坏，常在螺纹的端部加工成倒圆或倒角，如图8-3所示。

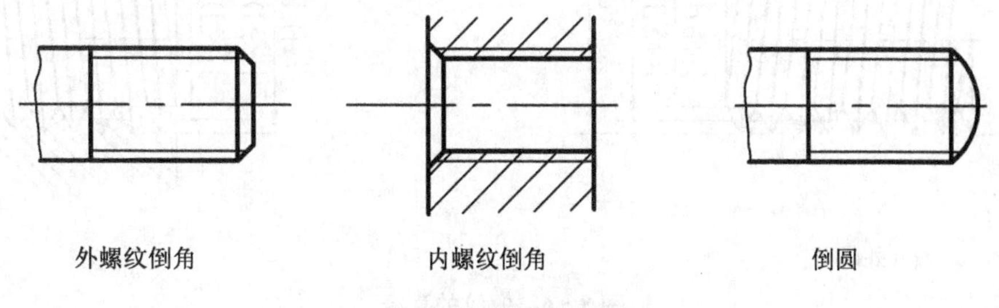

外螺纹倒角　内螺纹倒角　倒圆

图8-3　倒角和倒圆

(2) 螺纹的收尾和退刀槽　车削螺纹时，因加工的刀具要退刀，造成螺纹末尾部分最后几个牙牙型不完整，称为螺尾。绘图时在螺纹尾部以两条与轴线成30°的细线表示螺尾，如图8-4(a)所示。

为了避免产生螺尾，便于退刀，可以在螺纹末尾处先加工出一槽，称为退刀槽，然后再车削螺纹，如图8-4(b)、(c)所示。

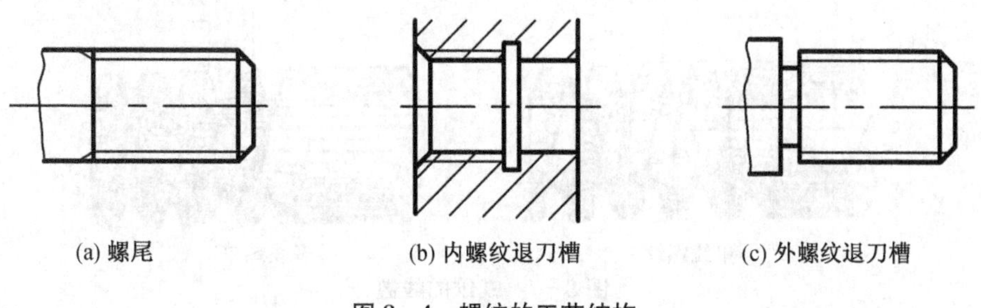

(a) 螺尾　(b) 内螺纹退刀槽　(c) 外螺纹退刀槽

图8-4　螺纹的工艺结构

3. 螺纹的要素

(1) 牙型

在通过螺纹轴线的剖面上,螺纹牙齿轮廓的剖面形状称为牙型。常见的螺纹牙型有三角形、梯形、锯齿形等,如图 8-5 所示。

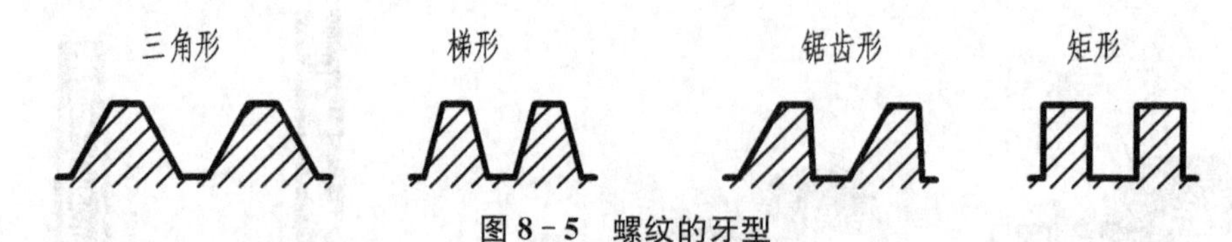

图 8-5　螺纹的牙型

(2) 直径

大径:通过外螺纹牙顶或内螺纹牙底的假想圆柱面的直径称为大径,也称为螺纹的公称直径,内、外螺纹分别用 D、d 表示。

小径:通过外螺纹牙底或内螺纹牙顶的假想圆柱面的直径称为小径,内、外螺纹分别用 D_1、d_1 表示。

中径:在大径与小径之间,其母线通过牙型沟槽宽度和凸起宽度相等的假想圆柱面的直径称为中径,内、外螺纹分别用 D_2、d_2 表示,如图 8-6 所示。

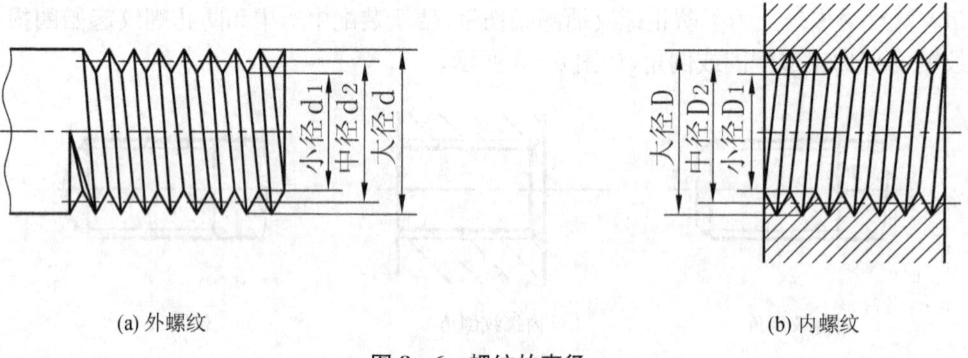

图 8-6　螺纹的直径

(3) 线数

螺纹有单线和多线之分。沿一条螺旋线所形成的螺纹称为单线螺纹,沿两条或两条以上在轴向等距离分布的螺旋线形成的螺纹称为多线螺纹,如图 8-7 所示。螺纹的线数用 n 表示。

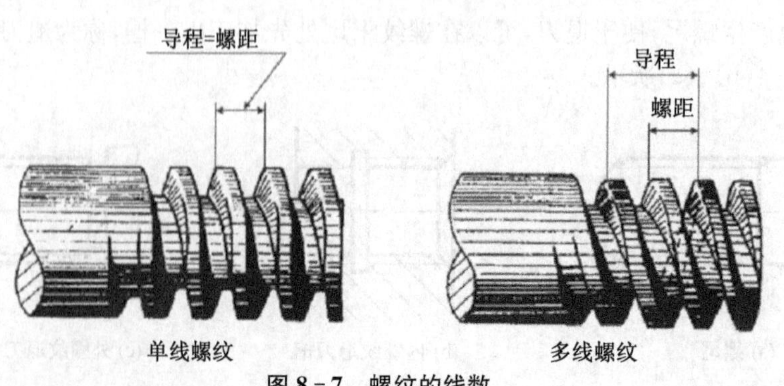

图 8-7　螺纹的线数

(4) 螺距和导程

螺距——螺纹相邻两牙型在中径线上对应两点的轴向距离,用 P 表示。

导程——同一螺旋线上中径线对应两点的轴向距离,用 S 表示,如图 8－7 所示。

$$单线螺纹\ S = P,多线螺纹\ S = nP。$$

(5) 螺纹的旋向

右旋螺纹——螺纹的旋进方向为顺时针,常用的螺纹多为右旋螺纹。

左旋螺纹——螺纹的旋进方向为逆时针,如图 8－8 所示。

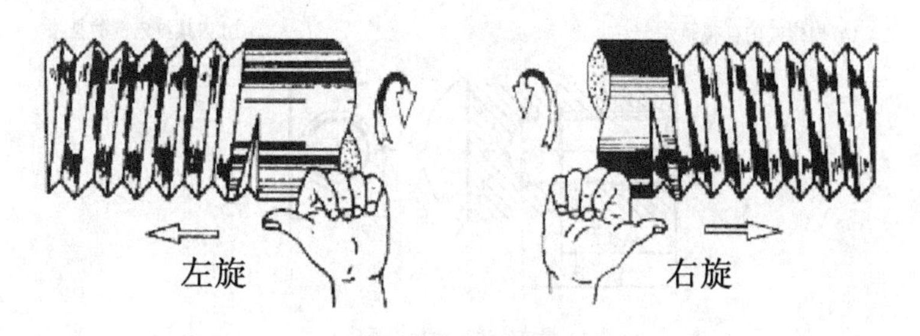

图 8－8 螺纹的旋向

螺纹五要素中,牙型、大径和螺距是决定螺纹规格结构最基本的要素,称为螺纹三要素。凡螺纹三要素符合国家标准的称为标准螺纹;而牙型符合标准,大径或螺距不符合标准的称为特殊螺纹;对于牙型不符合标准的,则称为非标准螺纹。

8.1.2 螺纹的规定画法

1. 外螺纹画法

① 螺纹的大径(牙顶)及螺纹终止线用粗实线表示。

② 小径(牙底)用细实线表示(近似画法小径画成大径的 0.85 倍),并画入螺杆的倒角或倒圆部分。

③ 在垂直于螺纹轴线的投影面的视图中,表示小径(牙底)的细实线圆只画约 3/4 圈,此时,螺杆上的倒角或倒圆省略不画,如图 8－9 所示。

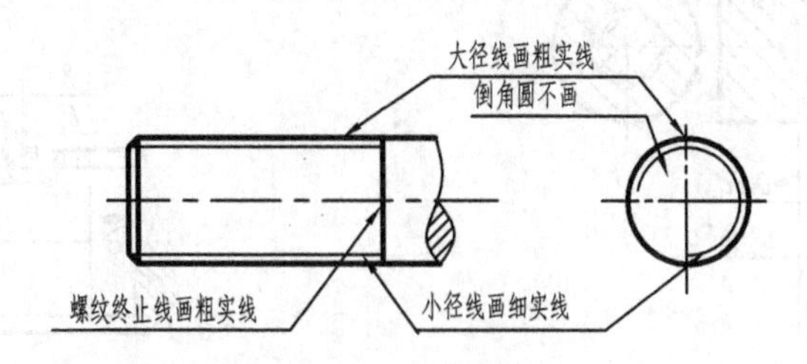

图 8－9 外螺纹的画法

2. 内螺纹的画法

① 内螺纹一般画成剖视图,在螺孔剖视图中,其小径及螺纹终止线用粗实线表示,大径用细实线表示,剖面线画到粗实线为止。在垂直于螺纹轴线的投影面的视图中,小径圆用粗实线表示,大径圆用细实线表示,且只画 3/4 圈,如图 8－10(a)所示。

② 当螺纹不作剖视时,所有图线均用虚线绘制,如图 8－10(b)所示。

③ 画螺纹盲孔时，一般应将螺孔和钻孔部分分别绘出，钻头角画 120°，如图 8－10(c)所示。

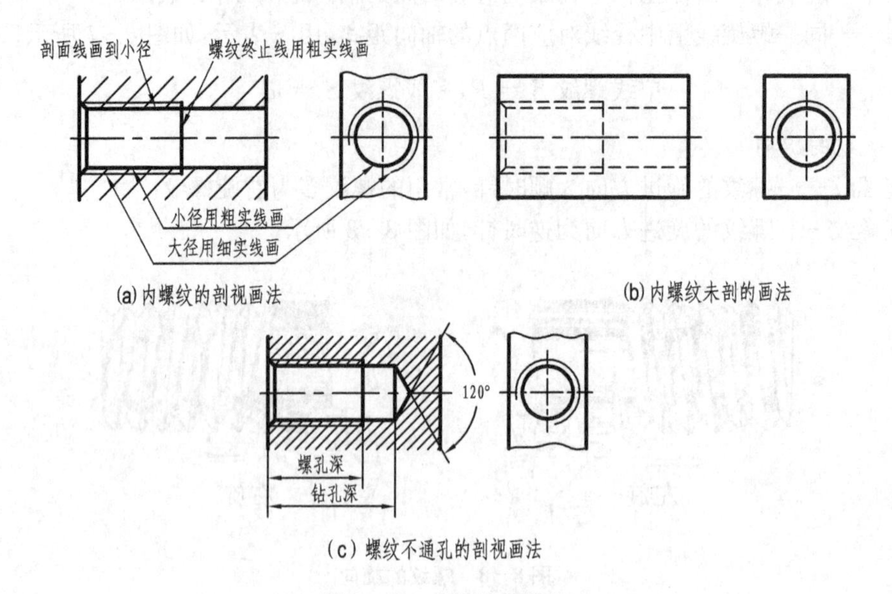

图 8－10　内螺纹的画法

3. 内外螺纹连接画法

① 用剖视图表示一对内外螺纹连接时，其旋合部分应按外螺纹绘制，其余部分仍按各自的规定画法绘制，如图 8－11 所示。

② 表示内、外螺纹大、小径的粗细实线必须分别对齐，且与倒角大小无关。

③ 外螺纹旋入螺孔的长度(旋合长度与材料有关)应该比螺孔的深度小。

4. 螺纹牙型的表示法

牙型符合国家标准的螺纹一般不需要表示牙型，当需要表示牙型时，可以采用如图 8－12 所示的表示方法。

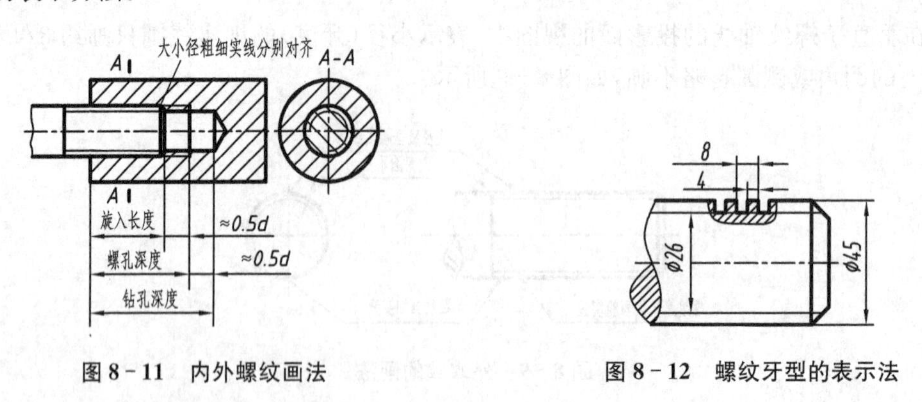

图 8－11　内外螺纹画法

图 8－12　螺纹牙型的表示法

8.1.3　常用螺纹种类及标注

1. 螺纹的种类

螺纹按用途分为连接螺纹和传动螺纹两类，前者起连接作用，后者用来传递动力和运动，见表 8－1 所示。

表 8-1 常用螺纹的分类、代号及牙型

螺纹的种类			特征代号	牙形图
连接螺纹	普通螺纹	粗牙普通螺纹	M	
		细牙普通螺纹		
	管螺纹	非螺纹密封管螺纹	G	
		螺纹密封管螺纹	R	
			R_c	
			R_p	
传动螺纹	梯形螺纹		Tr	
	锯齿形螺纹		B	

(1) 连接螺纹

连接螺纹常见的有两种标准螺纹，即普通螺纹和管螺纹。

① 普通螺纹。普通螺纹的牙型为三角形，牙型为等边三角形，牙型角为 60°，特征代号 M。公称直径为螺纹的大径。普通螺纹分为细牙普通螺纹和粗牙普通螺纹两种，细牙螺纹比粗牙螺纹螺距小(外径相同)。

② 管螺纹。管螺纹的牙型也是等腰三角形，但是牙型角为 55°，公称直径以英寸(1 英寸＝25.4 mm)为单位，管螺纹分为非螺纹密封管螺纹和螺纹密封管螺纹两种。

非螺纹密封管螺纹特征代号 G，无密封能力，可加密封结构实现可靠密封，螺纹密封管螺纹分为：

- 圆锥外螺纹——特征代号 R；
- 圆锥内螺纹——特征代号 R_c；
- 圆柱外螺纹——特征代号 R_p。

(2) 传动螺纹

传动螺纹常见的有梯形螺纹和锯齿形螺纹。

① 梯形螺纹。梯形螺纹的牙型为等腰梯形，其牙型角为 30°，应用较广，特征代号 Tr。

② 锯齿螺纹。锯齿形螺纹的牙型为不等腰梯形，其工作面的牙型斜角为 3°，非工作面的牙型斜角为 30°，只能传递单向动力，特征代号 B。

2. 螺纹的标注

螺纹按国标的规定画法画出后，图上并未表明牙型、公称直径、螺距、线数和旋向等要素，因此，需要用标注代号或标记的方式来加以说明。各种常用螺纹的标注方式及示例见表

8－2。

表 8－2　常用标准螺纹的规定标注

螺纹的种类		标注示例	图例	说明
普通螺纹	粗牙普通螺纹	M	M12-5g-L	M:特征代号;5g 中径和顶径公差带代号; L:长旋合长度
	细牙普通螺纹		M12×1 LH-5H6H	1:螺距;LH:左旋
管螺纹	非螺纹密封管螺纹	G	G3/4	管螺纹的标注采用从大径用指引线标注的方式
	螺纹密封管螺纹	R(圆锥外螺纹)	R1/2	
		R_c(圆锥内螺纹)	Rc1/2	
		R_p(圆柱内螺纹)	Rp3/4	
梯形螺纹		Tr	Tr40x14(P7)LH-7e	14:导程;P7:螺距;7e:中径公差带代号
锯齿形螺纹		B	B32x7	

(1) 普通螺纹的标注

普通螺纹的标注格式为:

特征代号　公称直径×螺距　旋向－公差带代号－旋合长度代号

说明　① 粗牙普通螺纹不标注螺距,如图 8－13(a)所示;细牙则需要标注,如图 8－13(b)所示。

② 右旋螺纹旋向可省略标注,左旋螺纹标注:LH,如图 8－13(b)所示。

③ 螺纹公差带代号包括中径公差带代号和顶径公差带代号,中径公差带的代号在前,顶径公差带代号在后(小写字母表示外螺纹,大写字母表示内螺纹)。当两者相同时,只标注一个

代号，如图 8－13(a)所示；两者不同时，应分别标注，如图 8－13(b)所示。

④ 螺纹旋合长度分短、中、长三种，分别用 S、N、L 表示。常用的中等旋合长度，常省略不标注。

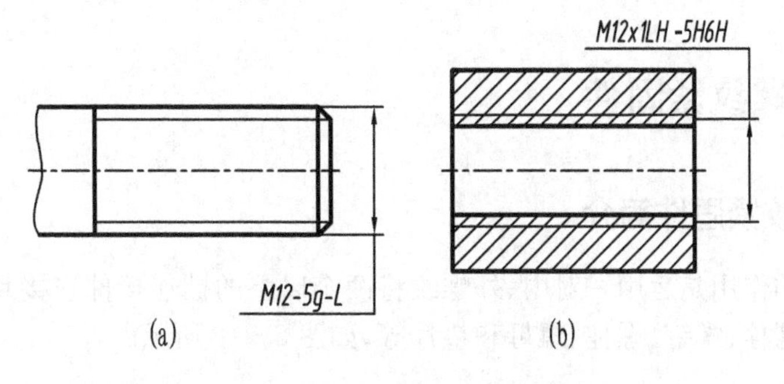

图 8－13 普通螺纹的标注

例如，M12－5g－L 表示粗牙普通外螺纹，大径为 12 mm，右旋，中径和顶径公差带为 5 g，长旋合长度，如图 8－13(a)所示。M12×1LH－5H6H 表示细牙普通外螺纹，大径为 12 mm，螺距为 1 mm，左旋，中径公差带为 5H，顶径公差带为 6H，中等旋合长度，如图 8－13(b)所示。

(2) 梯形螺纹的标注

梯形螺纹的标注格式为：

特征代号　公称直径×螺距或导程(P 螺距)　旋向－公差带代号－旋合长度代号

说明　① 单线螺纹标注螺距，如果是多线螺纹，则标注“导程(P 螺距)”，如图 8－14 所示。

② 梯形螺纹只标注中径公差带。

③ 旋合长度分中(N)、长(L)两种，若为中等旋合长度则不标注。

例如，Tr40×7－6h 表示公称直径为 40 mm，螺距为 7 mm 的单线右旋梯形外螺纹，中径公差带为 6h，中等旋合长度，如图 8－14(a)所示。Tr40×14(P7)LH－6 h 表示公称直径为 40 mm，螺距为 7 mm 的双线左旋梯形外螺纹，中径公差带为 6 h，中等旋合长度，如图 8－14(b)所示。

(3) 管螺纹的标注

① 非螺纹密封的管螺纹标注，其内、外螺纹均为圆柱管螺纹，标注格式为：

特征代号　尺寸代号　公差带代号

螺纹特征代号用 G 表示，外螺纹的公差等级代号分 A、B 两级。例如，G1B 表示非螺纹密封螺纹，尺寸代号为 1，公差等级 B，如图 8－15 所示。

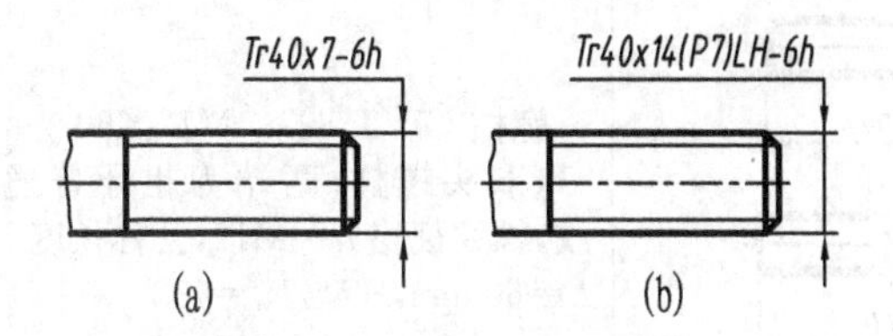

图 8－14 梯形螺纹的标注

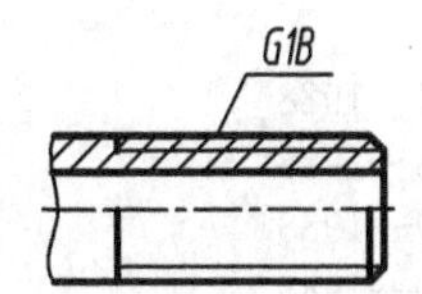

图 8－15 非螺纹密封管螺纹的标注

② 螺纹密封管螺纹标注。螺纹密封管螺纹，包括圆锥内螺纹与圆锥外螺纹连接和圆柱内螺纹与圆锥外螺纹连接两种型式，其标注格式为：

特征代号　尺寸代号

例如，R_c 11/2 表示圆锥内螺纹，尺寸代号为 11/2，标注图例参看表 8－2 的常用标准螺纹的规定标注。

8.2 常用螺纹紧固件

8.2.1 螺纹紧固件简介

螺纹紧固件的作用是运用一对内、外螺纹将两个以上的被连接件连接和紧固起来。常见的螺纹紧固件有螺栓、螺钉、螺柱、螺母和垫片等，如图 8－16 所示。

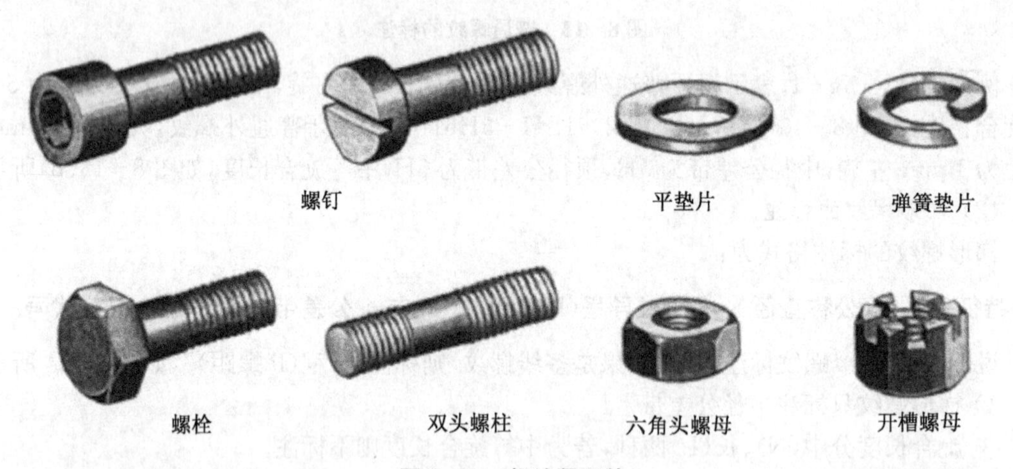

图 8－16　螺纹紧固件

它们的结构和尺寸均已标准化，由专门的标准件厂成批生产，使用时可以根据有关标准选用。表 8－3 列出了常用螺纹紧固件及其规定标记的完整标记。

表 8－3　常用的螺纹紧固件的标记示例

名称及标准编号	简　图	标记及说明
六角头螺栓 GB/T 5782—2000	60 M12	螺栓 GB/T 5782　M12×60 （A 级六角螺栓，螺纹规格 d＝M12，公称长度 L＝60 mm）
双头螺柱 GB/T 897—1988 GB/T 898—1988 GB/T 899—1988 GB/T 900—1988	bm　60 A型 bm　60 B型	螺柱 GB/T 897　M12×60 （双头螺柱，两端为粗牙普通螺纹，螺纹规格 d＝M12，公称长度 L＝60 mm，B 型，b_m＝1d）

（续表）

名称及标准编号	简　图	标记及说明
开槽圆柱头螺钉 GB/T 65—2000		螺钉 GB/T65　M12×60 （开槽圆柱头螺钉，螺纹规格 d=M12，公称长度 L=60 mm）
开槽沉头螺钉 GB/T 68—2000		螺钉 GB/T 68　M12×60 （开槽沉头螺钉，螺纹规格 d=M12，公称长度 L=60 mm）
1 型六角螺母 A 级和 B 级 GB/T 6170—2000		螺母 GB/T 6170　M12 （A 级的 1 型六角螺母，螺纹规格 D=M12）
平垫圈- A 级 GB/T 98.1—2002 平垫圈倒角型- A 级 GB/T 98.2—2002		垫圈 GB/T 98.1　17 （A 级平垫圈，公称尺寸，指螺纹大径 d=17）。

螺纹紧固件的连接画法有查表画法和比例画法两种：

（1）查表画法　单个螺纹紧固件的画法可根据紧固件的名称、国标代号和规格查有关标准，通过查表获得它的结构型式和全部结构尺寸，并以此进行画图。

（2）比例画法　根据具体要求确定螺纹紧固件的公称直径和公称长度后，其他尺寸均按公称直径 d 的一定比例由计算获得，并以此进行画图。

实质上，查表画法是按查表所得的实际尺寸来画图的一种真实画法，而比例画法则是一种近似画法。我们主要介绍比例画法。

8.2.2　六角螺母的比例画法

六角螺母各部分尺寸和其上圆弧的画法如图 8-17 所示。

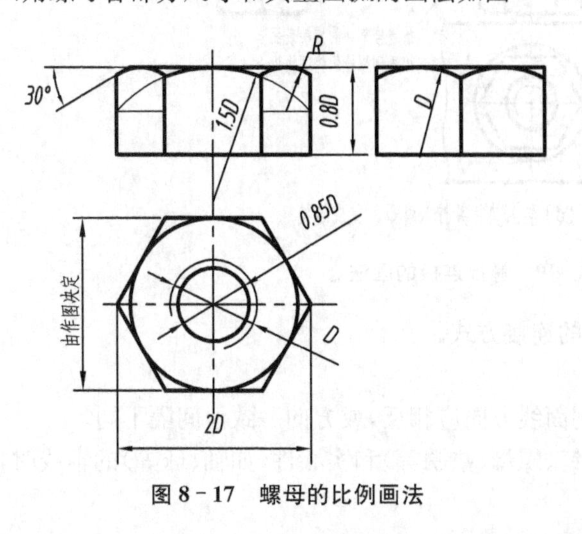

图 8-17　螺母的比例画法

图 8-18　垫片的比例画法

8.2.3 垫片的比例画法

垫片各部分尺寸如图 8-18 所示,d 为与之相配螺栓的公称直径。

8.2.4 螺栓连接的比例画法

螺栓连接由螺栓、螺母、垫圈等组成,是将螺栓穿过两个被连接零件的通孔,套上垫圈再用螺母拧紧而将两被连接件连接在一起的一种连接方式,主要用于连接两个不太厚的零件。

螺栓头可以根据六角头螺母的比例画法绘制,其余部分通常按螺纹规格 d、螺母的螺纹规格 D、垫圈的公称尺寸 d 进行比例折算,得出各部分尺寸后按近似画法画出,如图 8-19 所示。螺栓上螺纹长度≈$2d$,垫片的外直径≈$2.2d$。

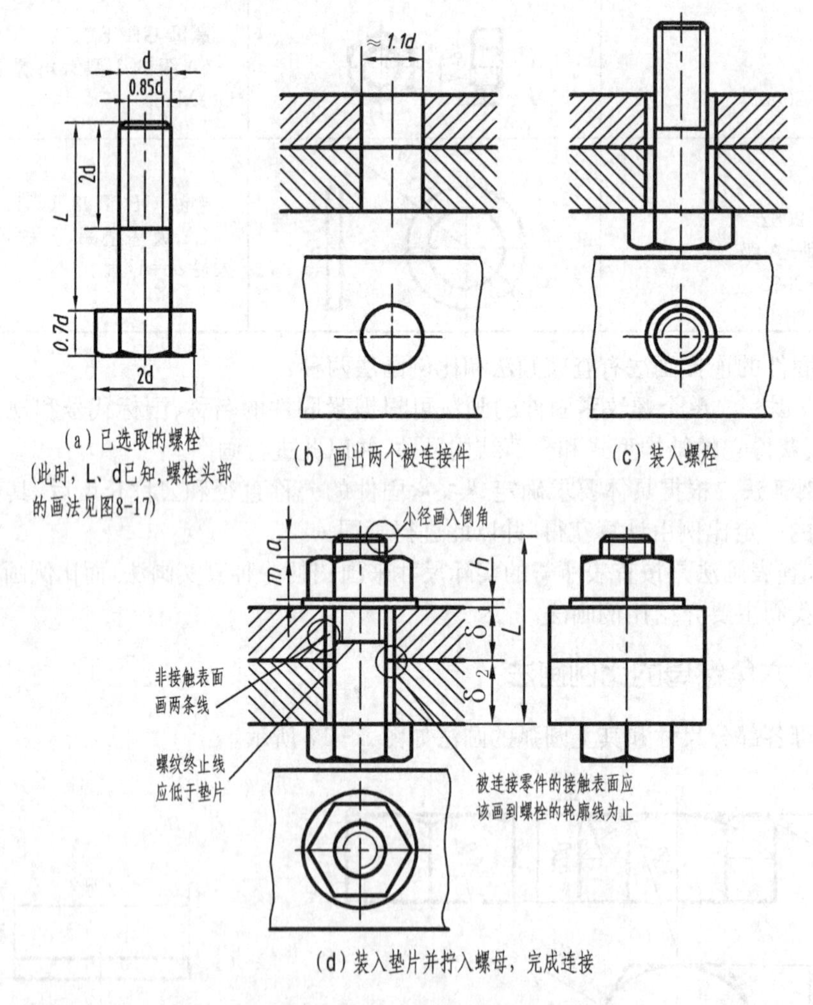

图 8-19 螺栓连接的画法

说明 ① 螺栓连接是一种可拆卸的连接方式。

② 两零件的接触面只画一条线。

③ 在剖视图中,相邻的两零件的剖面线方向应相反,或方向一致但间隔不同。

④ 剖切平面通过标准件(螺栓、螺钉、螺母、垫圈等)和实心件(如轴、球等)的轴线时,这些零件按不剖绘制,仍画外形。

⑤ 螺栓的公称长度 L，可按 $L=\delta_1+\delta_2+h+m+a$ 计算出来，再从相应的螺栓标准所规定的长度系列中，选取合适的 L 值。式中：d 为螺栓的公称直径；h 为垫圈厚，$h\approx0.15d$；m 为螺母厚，$m\approx0.8d$；a 为螺栓顶端露出螺母的长度，a 一般取 $(0.3\sim0.4)d$。

8.2.5 螺钉连接的比例画法

螺钉杆部穿过其中一个零件的通孔，旋入另一个零件的螺孔，靠螺钉头部压紧零件而实现连接。

螺钉一般用在不经常拆卸且受力不大的地方。按用途螺钉可分为连接螺钉和紧定螺钉两种。螺钉根据其头部不同的形状而有多种型式，图 8-20 是常用的几种螺钉装配图的画法。

说明 ① 螺钉的螺纹终止线应高出螺纹孔上表面，以保证连接时螺钉能旋入和压紧，如图 8-20(a)所示，但当螺钉为全螺纹时例外，如图 8-20(b)所示。

② 螺钉头部的一字槽在端视图中应画成水平 45°方向，如图 8-20(a)所示。

③ 对于不穿通的螺孔，可以不画出钻孔深度，仅按螺纹深度画出，如图 8-20(c)所示。

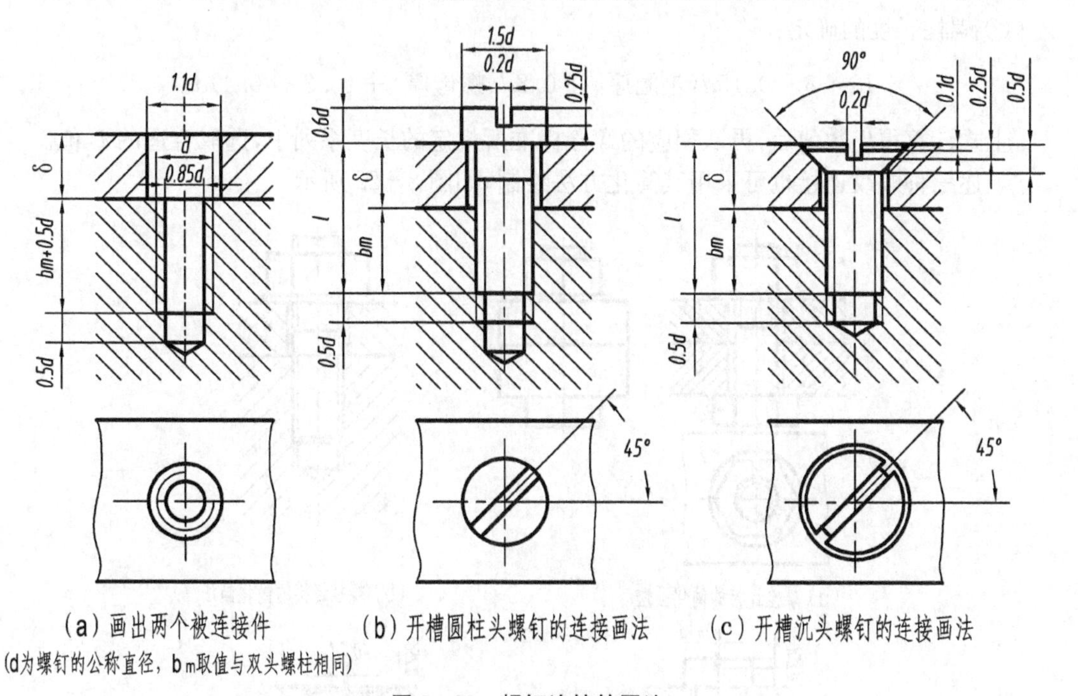

图 8-20 螺钉连接的画法

8.2.6 双头螺柱连接的比例画法

用双头螺柱连接两个零件时，将双头螺柱一端旋入一个零件的螺孔，并穿过另外一个零件的通孔，在螺柱的另一端加垫圈用螺母旋紧，实现连接。

当被连接的两个零件中有一个较厚，不易钻成通孔时，常采用双头螺柱进行连接。双头螺柱连接画法如图 8-21 所示。

说明 ① b_m 是双头螺柱旋入机件的一段，称为旋入端。旋入端应完全旋入螺孔中，且旋入端的螺纹终止线与两个被连接零件接触面平齐。b_m 的长度与机件的材料有关：钢 $b_m=d$，铸铁 $b_m=1.25d$ 或 $b_m=1.5d$，铝 $b_m=2d$。

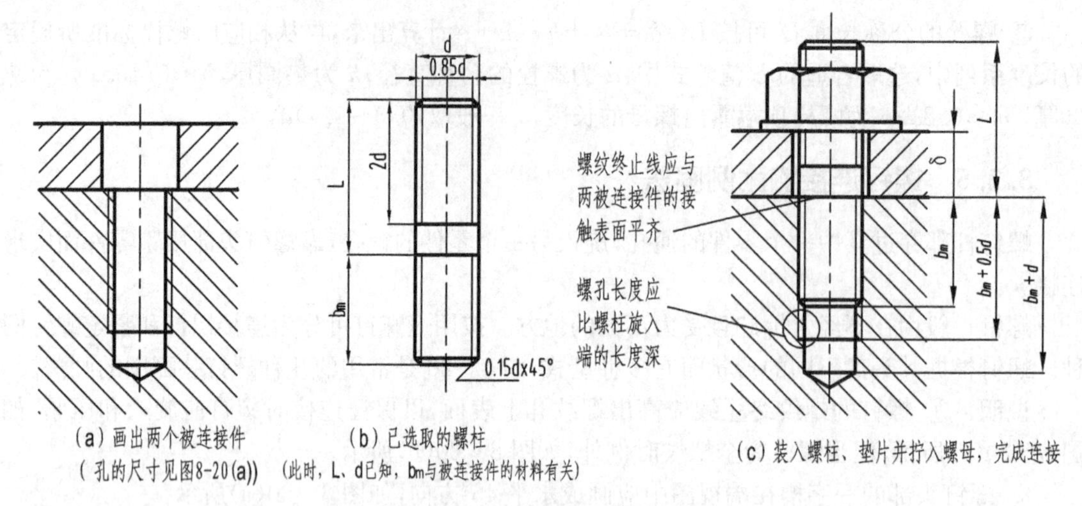

(a) 画出两个被连接件（孔的尺寸见图8-20(a)）

(b) 已选取的螺柱（此时，L、d已知，bm与被连接件的材料有关）

(c) 装入螺柱、垫片并拧入螺母，完成连接

图 8-21　双头螺柱连接的画法

② 螺柱长度的确定：

$$L=\delta+0.15d(\text{垫圈厚})+0.8d(\text{螺母厚})+(0.3\sim0.4)d。$$

上式计算得出数值后，再从相应的螺栓标准所规定的长度系列中，选取合适的 L 值。上述三种螺纹连接也可采用其简化方法绘制，如图 8-22 所示。

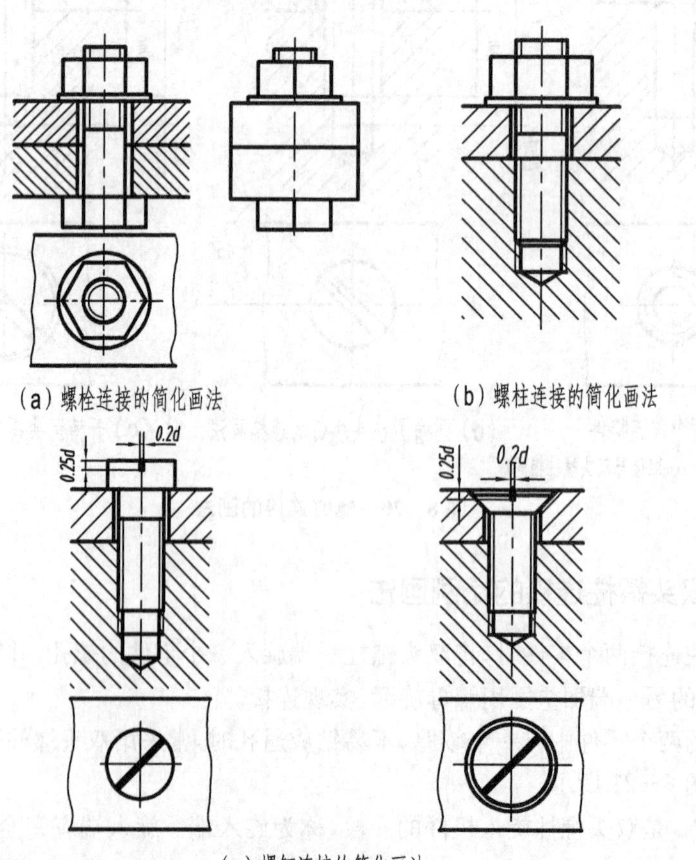

(a) 螺栓连接的简化画法

(b) 螺柱连接的简化画法

(c) 螺钉连接的简化画法

图 8-22　螺纹紧固件及其连接的简化画法

8.2.7 螺纹紧固件连接画法的常见错误

螺纹紧固件连接的画法比较繁杂，常常出错，如图8-23所示。

图(a)中的错误：① 两被连接件的剖面线应反向；② 螺栓与孔之间应有间隙；③ 螺纹的终止线应该在垫片的下方。

图(c)中的错误：① 螺栓与孔之间应有间隙；② 剖面线应画到小径；③ 一字槽的倾斜角度为45°。

图(d)中的错误：应有钻头角。

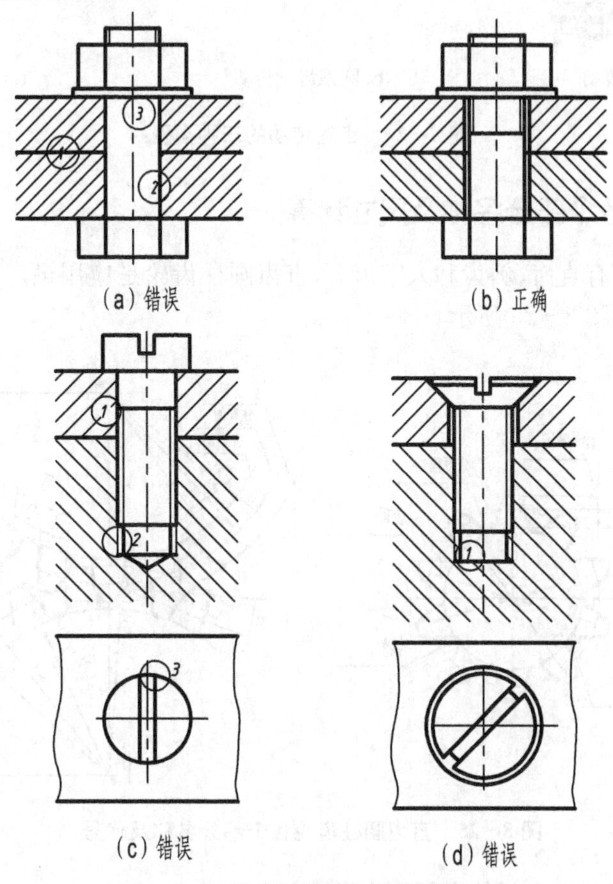

图8-23 螺纹紧固件连接的错误画法

8.3 齿 轮

齿轮是机器设备中应用十分广泛的传动零件，用来传递运动和动力，改变运动的速度和方向。

根据两轴的相对位置，常见的齿轮传动有三种，如图8-24所示：

➢ 圆柱齿轮传动——用于两平行轴之间的传动；

➢ 圆锥齿轮传动——用于两相交轴之间的传动；

➢ 蜗轮蜗杆传动——用于两垂直交叉轴之间的传动。

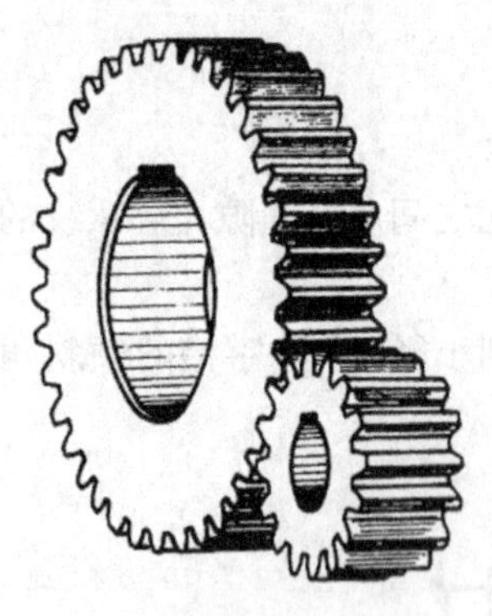

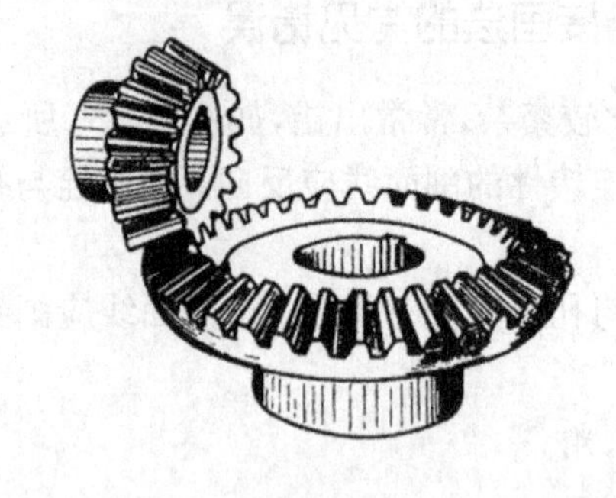

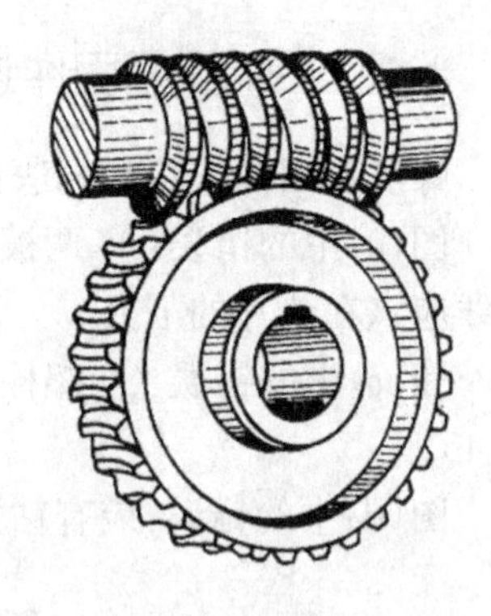

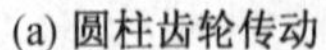

(a) 圆柱齿轮传动　　(b) 圆锥齿轮传动　　(c) 蜗轮蜗杆传动

图 8-24　齿轮传动的三种类型

8.3.1　齿轮各个部分名称及尺寸计算

圆柱齿轮的轮齿有直齿、斜齿和人字齿等，直齿圆柱齿轮是应用最广的一种齿轮，直齿圆柱齿轮各部分名称如图 8-25 所示。

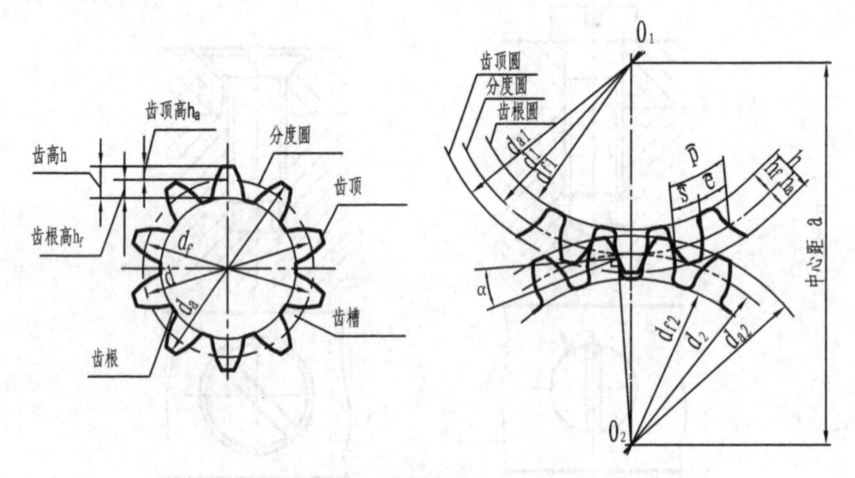

图 8-25　直齿圆柱齿轮各个部分名称及代号

➢ 齿槽——相邻两齿之间的空间称为齿槽。

➢ 齿数——齿轮上轮齿的总数，用 z 表示。

➢ 齿顶圆——通过轮齿顶部的圆，直径用 d_a 表示。

➢ 齿根圆——通过轮齿根部的圆，直径用 d_f 表示。

➢ 分度圆——标准齿轮的齿厚与槽宽相等所在的圆。分度圆是一个假想的圆，在该圆上，它的直径称为分度圆直径，直径用 d 表示。

➢ 齿高——齿顶圆与齿根圆之间的径向距离，称为全齿高，用 h 表示。

➢ 齿顶高——齿顶圆与分度圆之间的径向距离称为齿顶高，用 h_a 表示。

➢ 齿根高——分度圆与齿根圆之间的径向距离称为齿根高，用 h_f 表示，$h=h_a+h_f$。

➢ 齿厚——每个轮齿齿廓在分度圆上的弧长称为齿厚，用 s 表示。

➢ 齿槽宽——每个齿槽在分度圆上的弧长称为齿槽宽，用 e 表示。对标准齿轮而言，分度圆的齿厚为齿距的一半，即 $e=p/2$。

➢ 模数——齿轮的基本参数。

分度圆周长 $\pi d=zp$，$d=zp/\pi$，令 $m=p/\pi$，则 $d=mz$。m 称为齿轮的模数，单位是 mm。它是齿距与 π 的比值。模数是设计、制造齿轮的重要参数，它代表了轮齿的大小。模数大则齿距大，齿厚也大。齿轮传动中只有模数相等的一对齿轮才能互相啮合，为设计和加工方便，国家规定了统一的标准模数系列，见表 8-4 所示。

➢ 压力角——两啮合齿轮齿廓接触点处的公法线与两圆的分度圆的公切线的夹角，用 α 表示。我国标准齿轮的压力角为 20°。

表 8-4 标准模数 GB/T 1357—1987

第一系列	1,1.25,1.5,2,2.5,3,4,5,6,8,10,12,14,16,20,25,32,40,50
第二系列	1.75,2.25,2.75,(3.25),3.5,(3.75),4.5,5.5,(6.5),7,9,(11),14,18,22,28,36,45

注：在选用模数时，应优先选用第一系列，其次选用第二系列，括号内的模数尽可能不选用。

当标准直齿轮的基本参数 m 和 z 确定之后，其他基本尺寸就可用公式计算，计算公式见表 8-5 所示。

表 8-5 标准直齿圆柱齿轮的计算公式

名称	代号	计算公式
分度圆直径	d	$d = zm$
齿顶高	h_a	$h_a = m$
齿根高	h_f	$h_f = 1.25m$
齿顶圆直径	d_a	$d_a = (z+2)m$
齿根圆直径	d_f	$d_f = (z-2.5)m$
中心矩	a	$a = (d_1 + d_2)/2 = (z_1 + z_2)m/2$

8.3.2 直齿圆柱齿轮的规定画法

对于直齿圆柱齿轮，一般采用两个视图。一个是垂直于齿轮轴线方向的视图，而另一个是平行于齿轮轴线方向的视图，如图 8-26、8-27 所示。

1. 单个圆柱齿轮的画法

① 齿顶圆和齿顶线用粗实线绘制；

② 分度圆和分度线用细点划线绘制；

③ 齿根圆和齿根线用细实线绘制，也可省略不画；

④ 在剖视图中，齿根线用粗实线绘制，当剖切平面通过齿轮轴线时，轮齿一律按不剖处理，如图 8-26 所示。

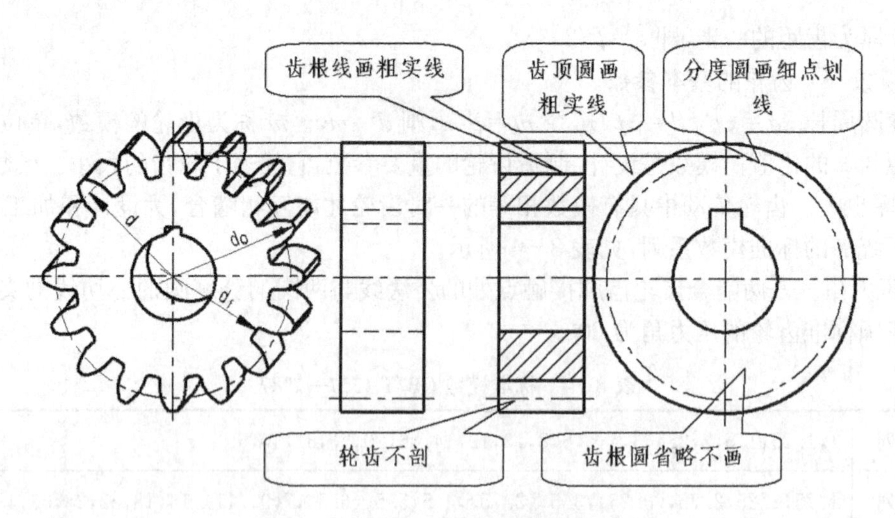

图 8-26　单个直齿圆柱齿轮的画法

2. 直齿圆柱齿轮的啮合画法

两标准直齿圆柱齿轮啮合的条件是它们的模数相同，分度圆相切。

(1) 在垂直于齿轮轴线的投影面的视图中

两分度圆相切，用点划线绘制。齿顶圆用粗实线绘制，齿根圆省略不画，如图 8-27(a)所示。应该说明的是啮合区域的齿顶圆也可以不画，如图 8-27(b)所示。

(2) 在平行于齿轮轴线的投影面的视图中

当齿轮不剖切时，在啮合区内的齿顶线不画，分度线用粗实线画出，其他处的齿顶线和分度线画法和单个齿轮画法一致。当齿轮被剖切时，在剖视图中，在啮合区内，两齿轮的分度线重合，用点划线绘制，将其中一个齿轮轮齿的齿根线和齿顶线用粗实线绘制，另一个齿轮的轮齿齿根用粗实线绘制，齿顶线用虚线绘制(也可以省略不画)，如图 8-27(a)所示。

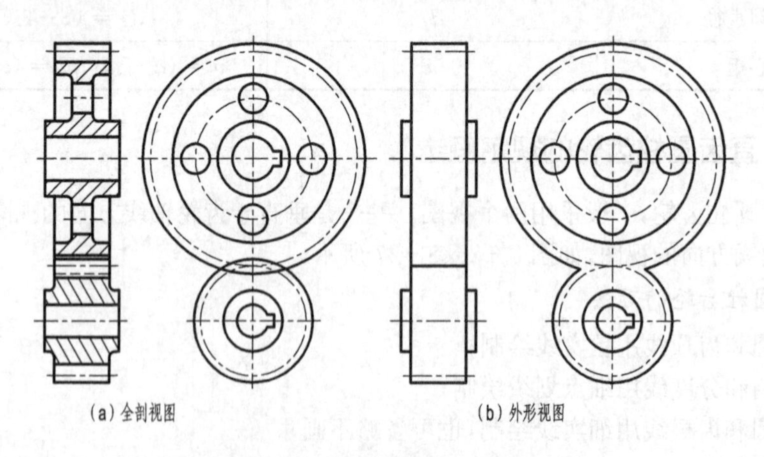

图 8-27　圆柱齿轮啮合的画法

8.4 键及其连接

键是标准件，一般用于连接轴和轴上的传动件，以传递扭矩或旋转运动。

8.4.1 常用键的种类与标记

常用的键有普通平键、半圆键、钩头楔键等(如图8-28)。普通平键和半圆键的型式与标记示例见表8-6。键和键槽的结构型式及尺寸可查阅相应的标准。

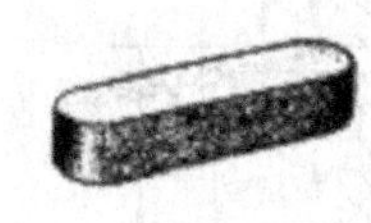

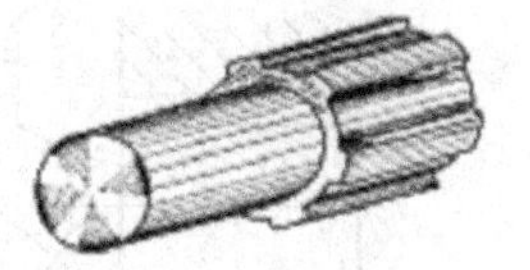

图8-28 常用的键

表8-6 键的型式与标记示例

类 型	图 例	规定标记
普通平键	l　h　b	键 $b \times L$ GB/T 1096—1979
半圆键	l　R　b　h	键 $b \times L$ GB/T 1099—1979

8.4.2 键连接的画法

普通平键连接画法如图8-29所示，其中有关尺寸可根据轴径 d 查阅相应的标准。选取键及键槽的尺寸，键的长度根据需要在标准中选取。

说明 ① 键的两个侧面是工作面。键的宽度与键槽的宽度相同，键的两个侧面和轴、轮毂键槽的两侧面接触，故只画一条线；另外，键放在轴的键槽中，键的底面和键槽底面接触，也只画一条线。但是键的顶面与轮毂键槽的底面不是接触面，而是有一定的空隙，因此应该画两条线。

② 按照国标规定，当键被纵向剖切的时候，不画剖面线。

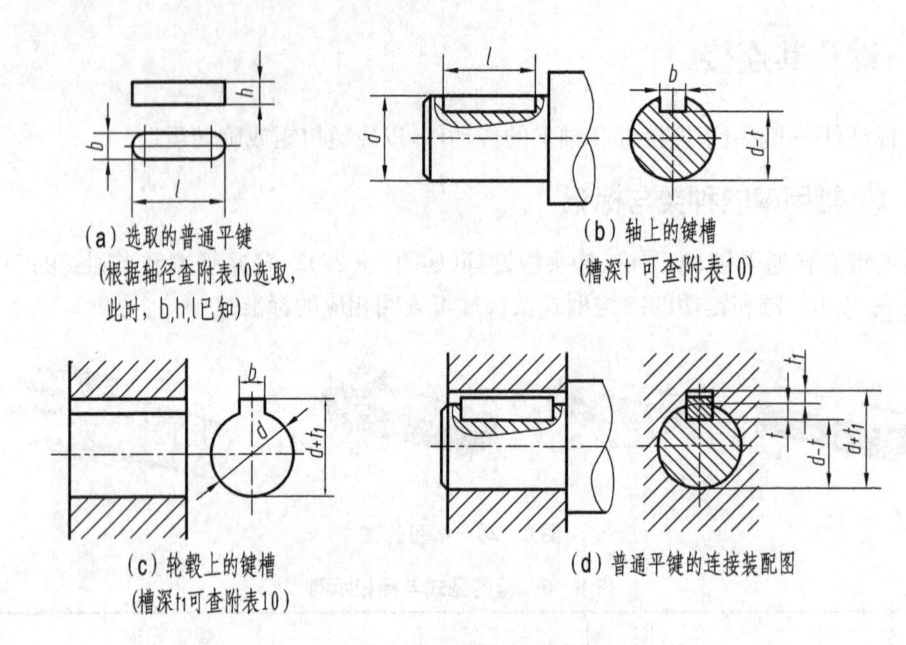

图 8-29 平键连接的画法

第 9 章 零件图

内容提要

本章主要介绍零件的基本知识，零件图的内容，零件图的视图选择，零件图中的尺寸标注，零件图中的技术要求以及零件图的阅读。

学习重点

1. 各类零件表达方案的确定。
2. 基准的选择及合理标注零件尺寸的原则。
3. 零件的表面粗糙度、公差(极限偏差)与配合在图样上的标注方法。
4. 阅读零件图的方法和步骤。

目的和要求

1. 掌握零件图视图选择的方法与步骤，掌握常见零件的表达分析方法。
2. 掌握零件图上标注尺寸的方法与步骤，学会合理标注零件图上的尺寸。
3. 掌握零件上常见结构的尺寸注法。
4. 掌握零件图上技术要求的标注方法，理解技术要求的含义。
5. 掌握绘制零件图的基本方法与步骤，提高绘制零件图的能力。
6. 了解铸造工艺结构和金属切削加工工艺结构的基本要求。

9.1 概 述

任何机器或部件都是由零件装配而成的，表达单个零件的图样称为零件图。

零件图(如图 9-1)是生产中制造和检验零件的主要技术图样，它不仅要求将零件的内、外结构和形状表达清楚，还要求完整、清晰地标注出零件的尺寸以及提供零件加工、检验、测量的技术要求。

根据零件在机器或部件上的作用，一般可将零件分为三类：

(1) 一般零件　这类零件的结构、形状、大小都必须根据它在机器或部件中的功能和结构要求来设计。一般零件按照它们的结构特点可分成：轴套类零件、盘盖类零件、箱体类零件、叉架类零件等。一般零件都要画出它们的零件图，提供零件的加工、检验和测量。

(2) 传动零件　这类零件起传递动力和运动的作用,如齿轮、蜗轮、蜗杆、带轮、链轮等,被广泛使用在各种传动机构中,大多数传动零件已经标准化,并采用规定画法,一般也要画出它们的零件图。

(3) 标准件　这类零件通常起零件的连接、支撑、密封等作用,如紧固件(螺栓、螺钉、螺母、垫圈等)、键、销、滚动轴承、毡圈、螺塞等。标准件的型式、规格、材料、画法等都有统一的国家标准规定,通常不必画出其零件图,只要标注出它们的规定标记,就可以从有关标准中查出它们的结构、材料、尺寸和技术要求等。

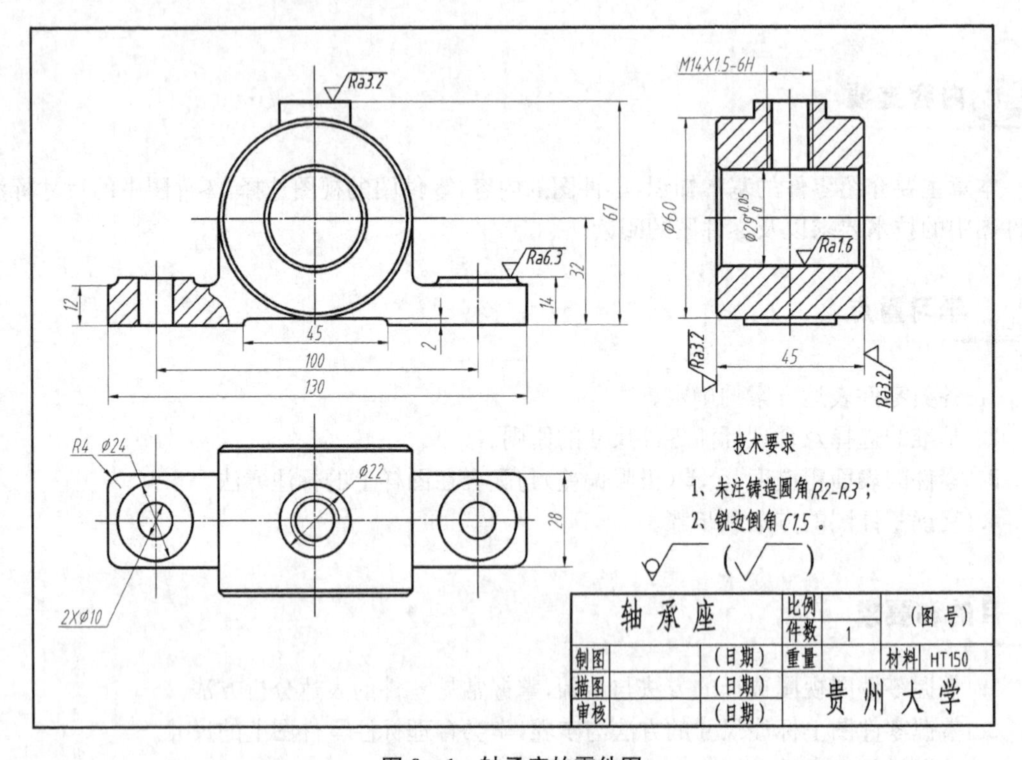

图9-1　轴承座的零件图

9.2　零件图的内容

一张完整的零件图(如图9-1)通常应包括下列基本内容:

(1) 一组视图　根据有关标准和规定,采用视图、剖视图、断面图等表达方法,完整、清晰地表达零件的内、外形状和结构。图9-1是轴承座的零件图,其在表达上采用了主、俯、左三个视图,其中主视图采用局部剖视图,俯视图采用外形视图,左视图采用全剖视图进行表达。

(2) 完整的尺寸　正确、完整、清晰、合理地标注出零件制造、检验时所需要的全部尺寸。

(3) 技术要求　用规定的代号、数字或文字标注来说明零件制造、检验或装配过程中要求达到的各项技术要求,如尺寸公差、形位公差、表面粗糙度、热处理、表面处理等。

(4) 标题栏　在零件图的右下角的表格为标题栏,在标题栏表格内填写零件的名称、数量、材料、比例、图号以及设计、制图、校核人员的签名等内容。

9.3 零件的表达方法

9.3.1 零件图视图选择的一般原则

绘制零件图时，在仔细分析零件结构特点的基础上，适当地选用各种视图、剖视图、断面图等各种表达方法，形成较合理的表达方案，把零件结构形状正确、完整、清晰、简明地表达清楚，并要求考虑到看图和绘图的方便。

1. 主视图的选择

主视图是一组视图中最主要的一个视图，在选择主视图时应考虑以下两点：

① 应选择最能反映零件的形状、结构特征和各组成形体之间相互联系的投射方向作为主视图的投射方向。选择如图 9-2(a)所示的投射方向作为轴承座的主视图投影方向，得到了如图 9-2(b)所示的主视图，集中反映了轴承座整体和各部分形体的形状特点、结构特征和各组成形体之间的相互联系。

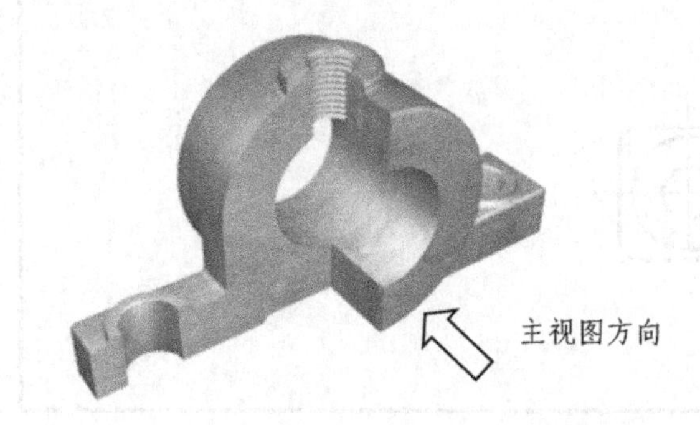

(a) 主视图投影方向的选择　　(b) 轴承座主视图

图 9-2　滑动轴承座的主视图选择

② 主视图通常按照零件的工作(安装)位置或主要加工位置放置。轴套类、盘类等回转体零件，在表达时通常选择其加工位置放置；叉架类、箱体类零件常选择其工作(安装)位置放置。有时，零件的加工位置与工作位置相同。如图 9-2(a)、(b)中的滑动轴承座的主视图放置位置既是加工位置，也是工作位置。

2. 其他视图的选择

主视图确定后，其他视图用于补充表达主视图尚未表达清楚的结构特征，其选择应考虑以下几点：

① 根据零件的复杂程度和内、外结构的情况，全面考虑所需要的其他视图，在明确表达清楚零件结构形状的前提下，尽量使视图的数量为最少，避免同一结构在不同的视图中重复表达，每一个视图都应该明确表达的重点。

② 优先考虑采用基本视图以及在基本视图上作剖视图，结合采用局部视图、局部剖视图、斜视图或斜剖视图。当采用局部视图、局部剖视图、斜视图或斜剖视图时，应尽可能按照投影关系将其配置在相关视图的附近。

③ 要合理地布置各个视图的位置，既要充分利用图幅以便于标注尺寸，标注技术要求等，又要使图样清晰美观，便于看图。

滑动轴承座的表达方案如图 9-3 所示。在选定主视图后，左视图采用全剖视图表达轴承孔、圆柱凸台、螺孔结构以及它们之间的相对位置关系等；俯视图采用外形视图主要补充表达圆柱凸台和底板的形状特征。

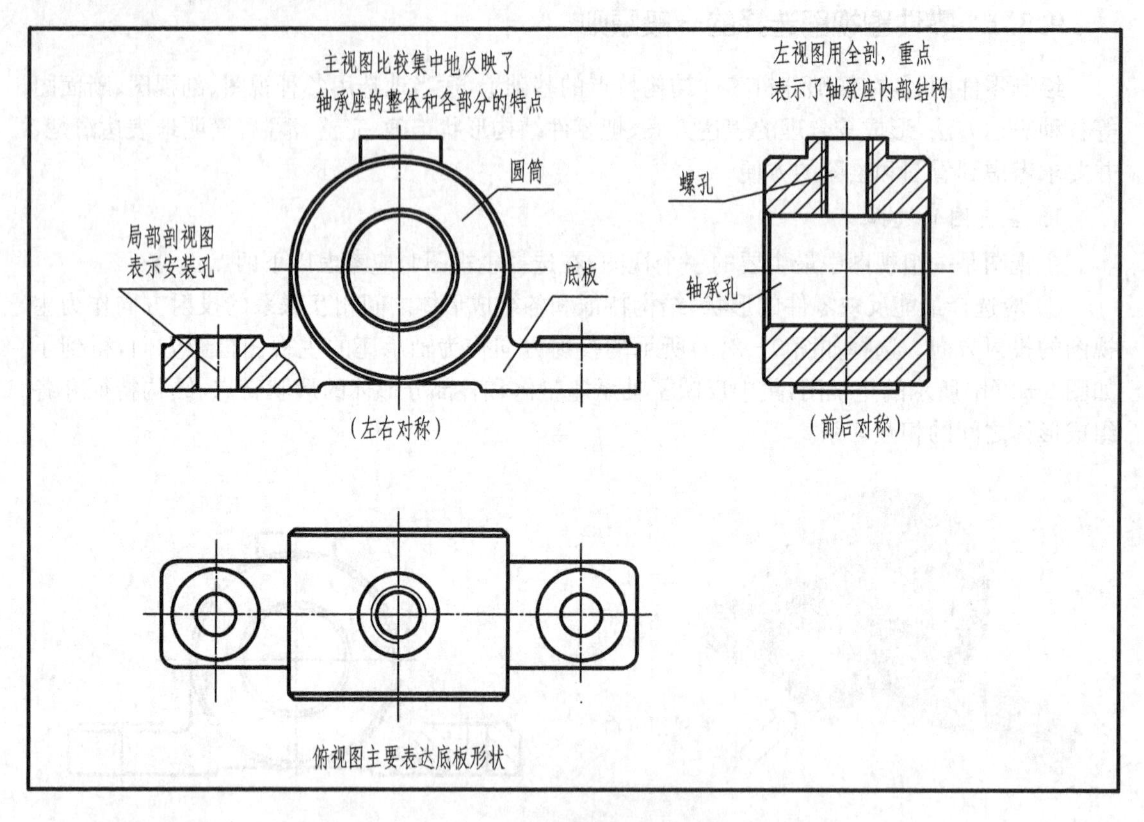

图 9-3 轴承座的表达方法

9.3.2 零件图中的尺寸标注

零件图中的视图，只是用来表达零件的形状、结构，而零件各部分的真实大小及相对位置，则要靠标注尺寸来确定。确定零件各部分形状大小的尺寸，称为定形尺寸，确定零件各部分相对位置的尺寸，称为定位尺寸。零件图上的尺寸标注要求正确、完整、清晰，并要符合国家标准规定。同时，零件图的尺寸标注还应该满足设计要求和生产要求。

1. 尺寸基准

度量尺寸的起点，称为尺寸基准。标注尺寸要合理和符合生产实际，就必须正确地选择恰当的尺寸基准。在选择尺寸基准时，必须根据零件在机器中的作用、装配关系以及零件的加工方法、测量方法等情况来确定。通常尺寸基准有两种：

(1) 设计基准　根据零件的设计要求直接标注出的尺寸称为设计尺寸，标注设计尺寸所选定的起点称为设计基准。

(2) 工艺基准　根据零件的加工、测量要求所选定的基准称为工艺基准。

每个零件都有长、宽、高三个方向的尺寸，每个方向上至少应有一个主要基准。根据设计、加工、检量上的要求，一般还要确定一些辅助基准，主要基准和辅助基准之间应有尺寸联系。在具体标注尺寸，确定尺寸基准时，通常既要考虑设计要求，又要考虑工艺要求。常用的基准面有：安装面、重要的支承面、端面、装配结合面、零件的对称面等。常用的基准线有:零件上回转面的轴线等。

如图 9-4 所示,以轴承座的底板底面为高度方向的主要基准,定位尺寸 32 保证轴承孔轴线与底板底面之间的相对位置;再以轴承孔轴线为辅助基准,标注轴承孔直径 $\phi 29$ 和外形直径 $\phi 60$。以轴承座左右对称面为长度方向的主要基准,定位尺寸 100 可保证轴承孔轴线与底板上两螺栓孔之间长度方向的相对位置。宽度方向以前后对称面为主要基准,标注宽度方向尺寸 28 和 45。

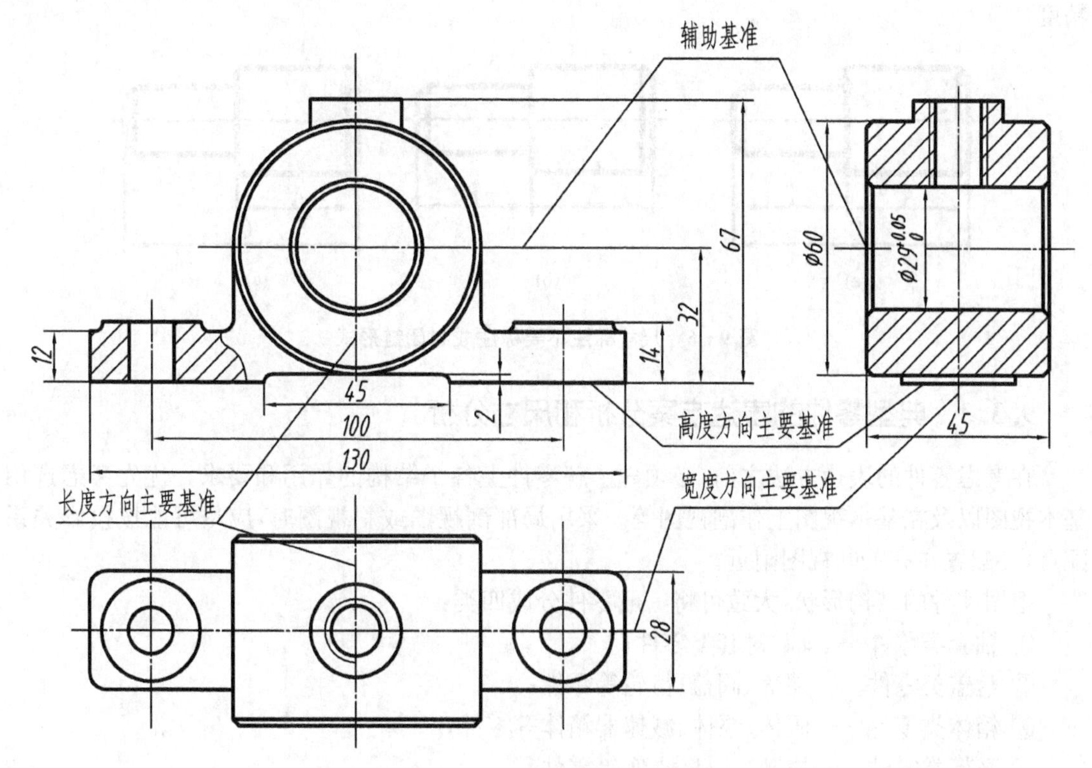

图 9-4 轴承座尺寸基准分析

2. 零件图中尺寸标注的一般原则

① 零件的重要尺寸要直接标注。零件的重要尺寸是指影响零件工作性能的尺寸,有配合要求的尺寸和确定各部分相对位置的尺寸。如图 9-4 中,轴承座零件图中主视图的定位尺寸 32 和 100 以及左视图的配合尺寸等就是重要尺寸。

② 零件上尺寸标注要便于加工,便于测量。对于零件上的一般尺寸,其设计基准的选择应考虑加工工艺的要求,即从便于加工、便于测量、便于装配等出发,尽量使设计基准与工艺基准重合。如图 9-5 中退刀槽尺寸的标注,左边的标注方法就便于加工和测量。

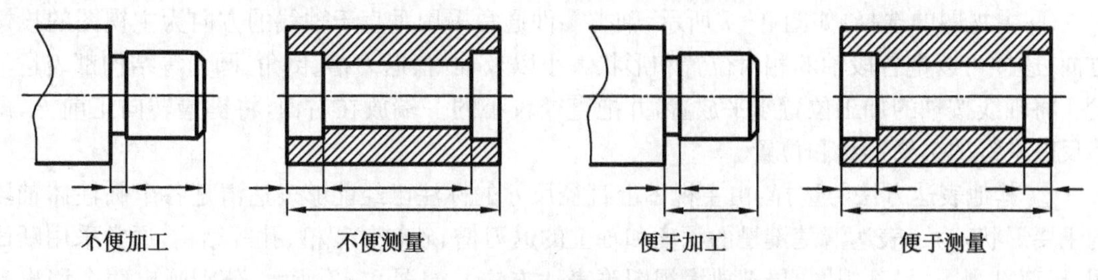

图 9-5 尺寸标注要便于加工、便于测量

③ 不要标注成封闭尺寸链形式。如图 9-6 中所示,一个由两段圆柱体组成的阶梯轴,各段长度分别 A、B,总长为 C。由于在加工时,总有一段轴的尺寸是在加工的最后自然得到的,如果按图 9-6(a)的形式,同时标注 A、B、C 三段,即尺寸标注形成封闭尺寸链的形式,会产生尺寸多余,这是不允许的。如果按图 9-6(b)的形式标注尺寸,由于各段轴在加工时都会产生一定误差,则最后各段轴的误差将集中到轴的总长 C 上。正确的标注形式应该如图 9-6(c)所示,将不重要的尺寸 B 去掉,使尺寸的误差集中在不重要的尺寸上,以保证重要尺寸的精度。

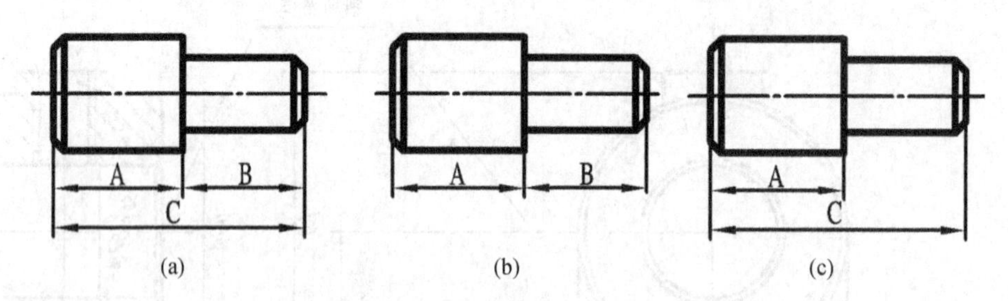

图 9-6 尺寸标注不要标注成封闭链形式

9.3.3 典型零件的表达方案分析和尺寸分析

在考虑零件的表达方法之前,必须先了解零件上各个结构的作用和要求。优先考虑选用基本视图以及在基本视图上作剖视图等。采用局部剖视图或斜视图时,应尽可能按投影关系配置,并配置在有关的视图附近。

根据零件的结构形状,大致可将一般零件分成四类:

① 轴套类零件——轴、衬套类零件;

② 盘盖类零件——端盖、阀盖、齿轮等零件;

③ 箱体类零件——阀体、泵体、减速器箱体等零件;

④ 叉架类零件——拨叉、连杆、支座等零件。

下面分别以各类零件的典型零件为例,进行表达方案分析和尺寸分析。

1. 轴套类零件的表达方案分析和尺寸分析

图 9-7 为轴套类零件蜗轮轴的视图表达方案和尺寸标注。这类零件的基本形状是同轴旋转体,主要在车床上加工。轴上左端和中段有键槽,通过键连接来传动零件;为了保证传动的可靠性,轴上零件用轴肩结构来确定其轴向位置;为了保证传动零件的轴向固定,轴上设计有螺纹段。此外,为使轴上零件能紧靠轴肩以及便于加工,轴肩处设计有退刀槽或砂轮越程槽;为便于轴上零件的装配,有些轴的端面加工了倒角,以去除金属锐边。

(1) 表达方案分析

① 主视图的选择:如图 9-7 所示,轴类零件通常采用垂直于轴线的方向为主视图的投影方向,这样可以把各段轴的相对位置和形状大小以及轴肩、退刀槽、倒角、圆角等结构都表达清楚。将轴线按轴的加工位置水平放置,并把直径较小的一端放在右面,将键槽转向正前方,即能反映平键的键槽形状和位置。

② 其他表达方法的选择:由主视图上直径尺寸的标注已经能够表达清楚各个圆柱体轴段的主要形状,为了表达清楚键槽的深度和轴上的退刀槽、砂轮越程槽、孔等结构,通常采用断面图、局部剖视图、局部视图、局部放大视图等表达方法。如图 9-7 所示,分别画出两个移出断

面图，表达出键槽的深度。至此，蜗轮轴的全部结构形状已经表达清楚。

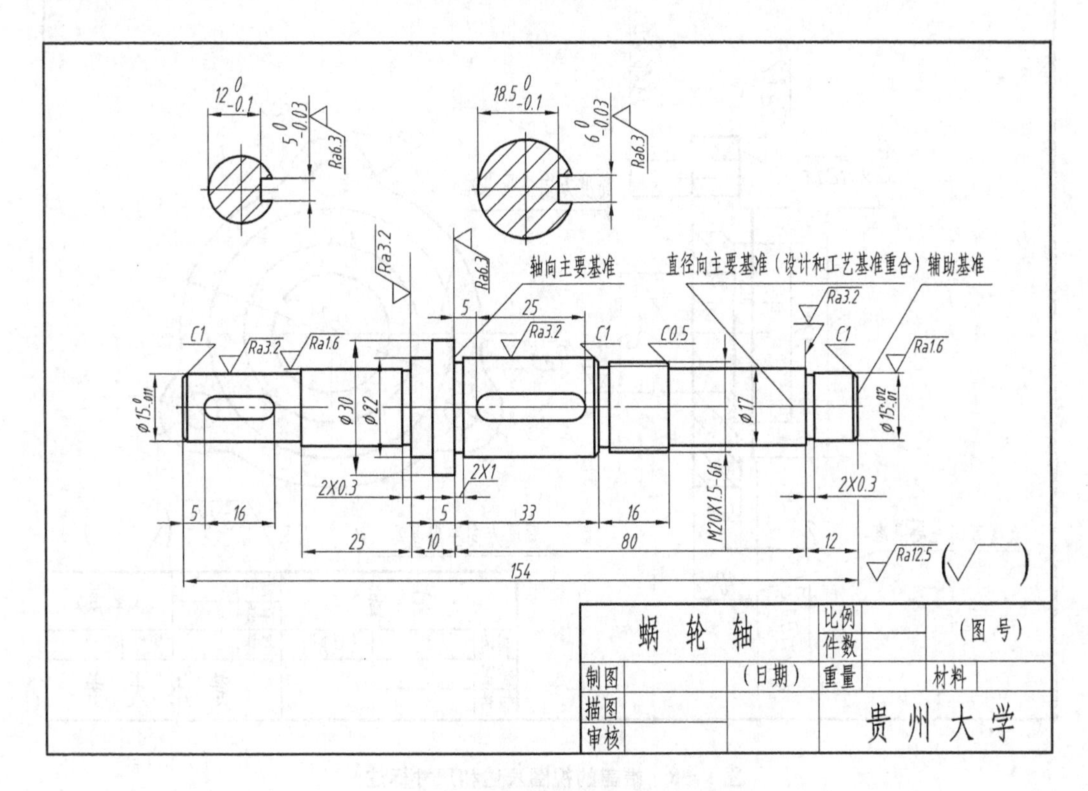

图9-7 蜗轮轴的视图表达和尺寸标注

(2) 尺寸分析

在标注轴类零件尺寸时，常以水平位置的轴线作为径向尺寸的基准。水平位置的轴线是轴类零件的设计基准，也是其工艺基准，实现了二者统一，由此基准标注出图9-7中所示的各轴段的直径尺寸。

轴类零件长度方向上的主要基准，常选用重要的端面、接触面(轴肩)或加工面等。例如，图9-7中所示的表面粗糙度为6.3的蜗轮定位轴肩是重要的接触端面，选其作为轴向尺寸的主要设计基准。由此标出33、16、80、12、10、25等尺寸，再以右端面为长度方向尺寸的辅助基准，标注出轴的总长154。

2. 盘盖类零件的表达方案分析和尺寸分析

图9-8为盘盖类零件端盖的视图表达方案和尺寸标注。这类零件的基本形状是扁平的同轴圆柱体和圆柱孔，此外盘上通常有均匀分布在同一圆周上的安装光孔、各种形状的凸缘、肋等结构。

(1) 表达方案分析

① 主视图的选择：盘盖类零件的主视图一般按照加工位置放置，且将轴线水平放置，常采用剖视图表示孔、槽等结构。如图9-8所示，主视图采用的是全剖视图来表达。

② 其他表达方法的选择：要表达清楚盘盖类零件上的安装光孔、各种形状的凸缘、肋板等结构，通常需要选用左视图或右视图。如图9-8所示，采用了一个左视图来表达三个均匀分布的小圆柱体凸缘和三个均匀分布的、与其同轴的安装孔。

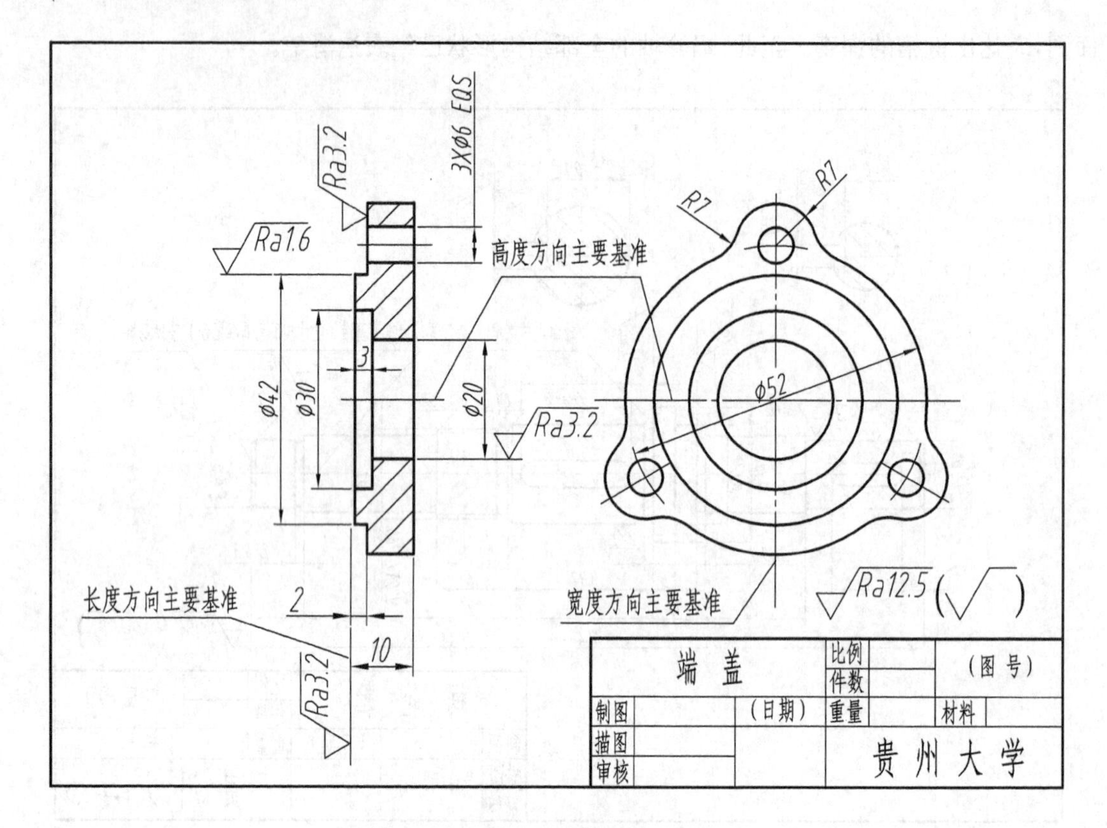

图 9-8 端盖的视图表达和尺寸标注

（2）尺寸分析

在标注盘盖类零件的尺寸时，通常以通过轴孔的水平轴线作为径向尺寸的主要基准；一般选用重要的端面作为长度方向上的主要基准。

3. 箱体类零件的表达方案分析和尺寸分析

图 9-9 为箱体类零件阀体的视图表达方案和尺寸标注。这类零件是用来支承、包容、保护传动零件或其他零件的。由于这类零件的结构较为复杂，且加工位置多变，所以选择主视图时，通常以工作位置和形状特征为选择的依据。选用其他视图时，应根据实际情况适当采用剖视图、断面图、局部视图、斜视图等多种表达形式，以清晰地表达零件的内外结构。

（1）表达方案分析

① 主视图的选择：主视图采用了全剖视图，表达了阀体的内部阶梯孔、左右螺纹孔和上端面螺纹孔的结构特征以及各组成部分的相对位置等。

② 其他表达方法的选择：左视图选择半剖视图，表达阀体主体部分的外形特征、侧面螺纹孔结构及内腔的形状结构等。俯视图选择外形视图，表达阀体整体形状特征、上端面圆孔和圆锥孔的投影以及左、右对称螺纹孔的形状和结构。

（2）尺寸分析

在标注箱体类零件的尺寸时，通常选用设计上要求的轴线、重要的安装面、接触面、箱体某些主要结构的对称面等作为尺寸的主要基准。对于箱体上需要切削加工的部分，要尽可能按照便于加工和便于检验的要求来标注尺寸。如图 9-9 所示，选择零件对称中心——阶梯孔的轴线作为左右、前后方向标注尺寸的主要基准，选择重要的安装接触面——上端面作为高度方向标注尺寸的主要基准。

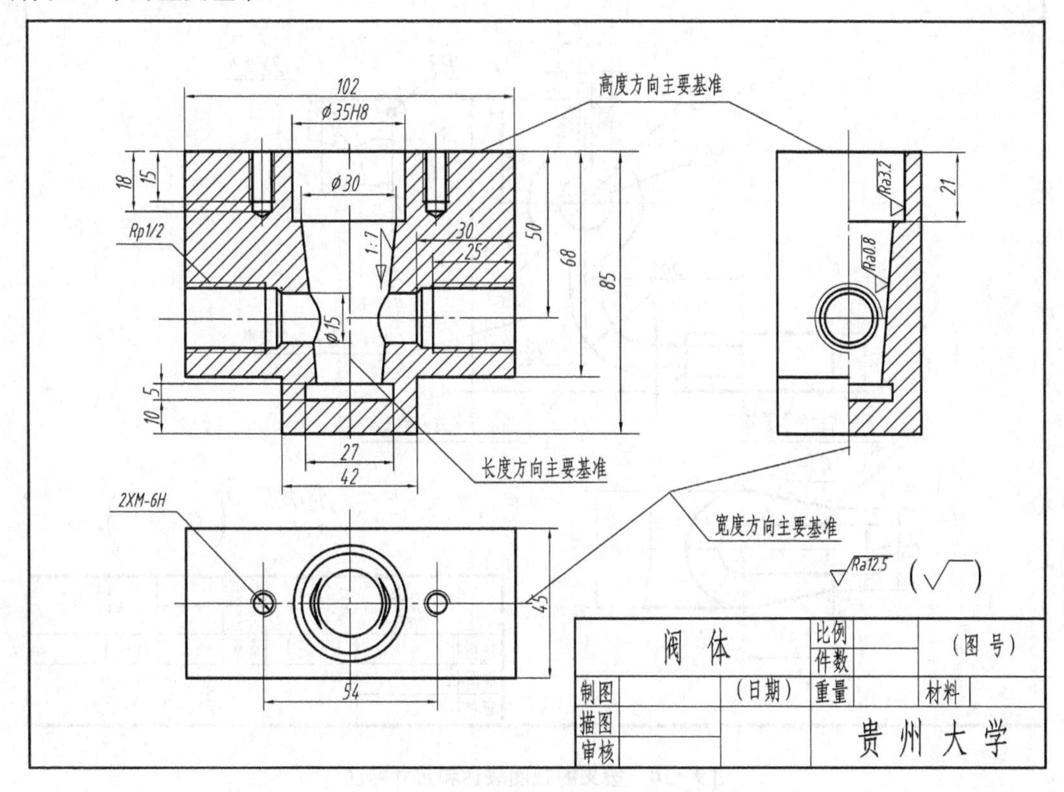

图9-9 阀体的视图表达和尺寸标注

4. 叉架类零件的表达方案分析和尺寸分析

图9-10为叉架类零件拨叉的视图表达方案和尺寸分析。该类零件大都是用来支承其他零件的,其结构形状较复杂,加工工序较多,加工位置多变。该类零件往往都具有工作、安装和连接三个部分。

(1) 表达方案分析

主视图的选择:叉架类零件的主视图通常以工作位置放置,根据结构特征选择投影方向,主要表达它的形状特征、主要结构和各个组成部分的相互位置关系。如图9-10所示,主视图较好地反映了拨叉的主要形状特征,同时,还采用了局部剖表达螺栓光孔的结构。

其他表达方法的选择:根据零件的具体结构形状,通常采用其他视图、剖视图、移出断面图、局部视图、斜视图等适当的表达方法。如图9-10所示,局部俯视图表达U形拨口的形状,B向局部视图表达螺栓光孔的形状与位置。

(2) 尺寸分析

在标注叉架类零件的尺寸时,常选用安装基面或零件的对称面作为尺寸基准。如图9-10所示,选择U形拨口的下端面作为高度方向的主要基准,选择直径为$\phi26$和$\phi12$圆柱面的共有轴线为长度方向的主要基准,选择U形拨口的前后对称面作为宽度方向的主要基准。

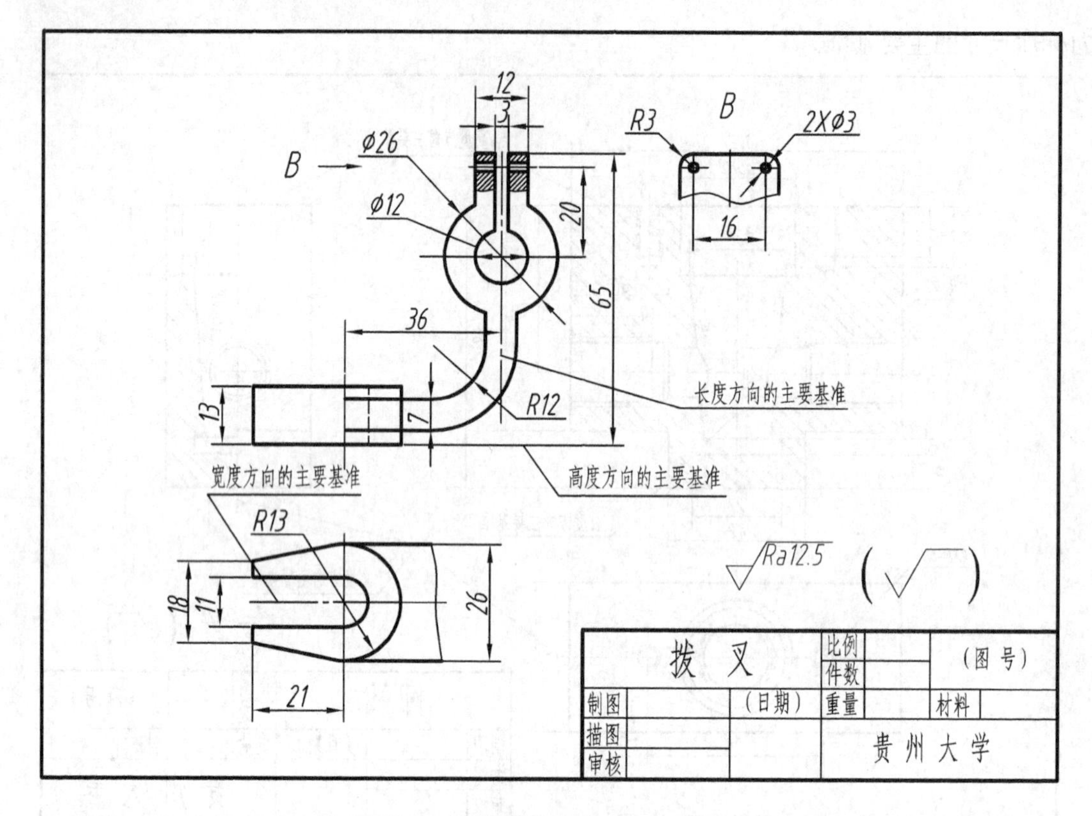

图 9-10 拨叉的视图表达和尺寸标注

9.4 零件图上的技术要求

9.4.1 零件图上的技术要求

零件图除了表达零件形状、结构和标注尺寸之外,还必须标注和说明制造零件时应达到的一些技术要求。机械图样上的技术要求主要包括:

(1) 说明零件表面粗糙程度的粗糙度代[符]号。

(2) 零件上重要尺寸的极限偏差及零件的形状和位置公差。

(3) 零件的特殊加工要求、检验和试验说明。

(4) 热处理以及其他有关制造的要求。

零件图中的极限偏差、形位公差、表面粗糙度要求按照国家标准规定的各种代[符]号标注在图形上,无法标注在图形上的内容,应用文字分条注写在图纸下方空白处。本节主要介绍零件表面粗糙度的标注方法。

9.4.2 表面粗糙度的标注方法

1. 表面粗糙度的概念

零件表面在加工的过程中,由于机床和刀具的振动、材料的不均匀等因素,加工后的表面总留下加工的痕迹,这种加工表面上具有的较小的零件表面微观不平整程度称为表面粗糙度

(图 9－11)。表面粗糙度对零件的耐磨性、抗腐蚀性、密封性、抗疲劳能力都有影响,它是评定零件表面质量的一项重要指标。

2. 表面粗糙度高度参数

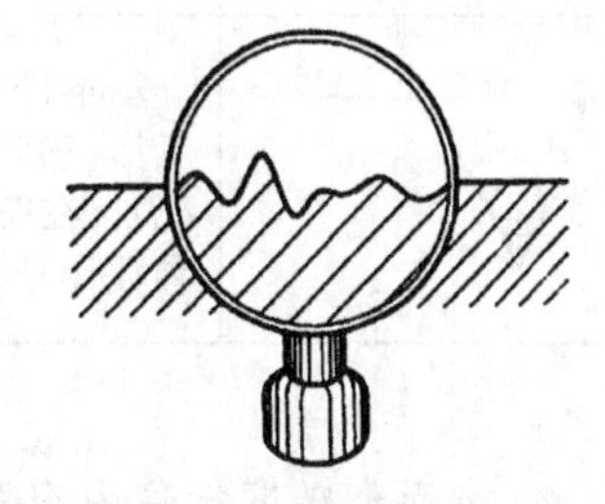

图 9－11 零件表面的微观不平整

表面粗糙度常用表面微观的高度参数值表示。在一般机械制造工业中,常用表面粗糙度高度参数——轮廓算数平均偏差(R_a)来评定零件表面粗糙度的高低程度。R_a 的数值愈大,则表面愈粗糙,加工成本就愈低,一般使用在零件上的不重要的表面;R_a 的数值愈小,则表面愈光洁,而加工成本愈高,使用在零件上重要的表面。

R_a 的数值有第一系列和第二系列两组(见表 9－1),一般优先选用第一系列。第一系列有 14 个 R_a 的数值,分别为:0.012,0.025,0.05,0.1,0.2,0.4,0.8,1.6,3.2,6.3,12.5,25,50,100,其单位为 μm。一般零件在加工中最常用的 R_a 值应在 25～0.4 之间的 7 个数值,下面简要说明它们的使用情况。

表 9－1 R_a 的数值系列

第一序列	0.012,0.025,0.05,0.100,0.20,0.40,0.80,1.60,3.2,6.3,12.5,25,50,100
第二序列	0.008,0.016,0.032,0.063,0.125,0.25,0.50,1.00,2.0,4.0,8.0,16.0,32,63 0.010,0.020,0.040,0.080,0.160,0.32,0.63,1.25,2.5,8.0,10.0,20, 40,80

注:优先采用第一序列

25 μm——光洁度最低的加工表面,一般应用于不重要的加工部位,如油孔、不重要的端面等。

12.5 μm——常应用于尺寸精度不高的不接触表面、不重要的没有相对运动的接触面,如不重要的端面、侧面、底面、倒角等。

6.3 μm——常应用于不十分重要但有相对低速运动的部位或较重要的接触面,如低速轴的表面、重要的安装基面等。

3.2 μm——常应用于传动零件的轴孔部分,以及低中速的轴承孔、齿轮的齿廓表面等。

1.6 μm、0.8 μm——常用于较重要的配合面,如安装滚动轴承的轴孔等。

0.4 μm——常应用于重要的配合面,如高速回转的轴和轴承孔等。

3. 表面粗糙度符号

零件表面粗糙度符号及其意义见表 9－2。

表 9－2 表面粗糙度符号及其意义

符号	意义及说明
	基本符号,表示表面可用任何方法获得。当不加注粗糙度高度参数值或有关说明(例如:表面处理、局部热处理状况等)时,仅适用于简化代号标注。在符号长边上加一横线,用以对表面质量有补充要求的标注,包括:表面质量参数代号、数值、传输带/取样长度等。
	基本符号加一短线,表示表面是用去除材料的方法获得。例如:车、铣、磨、剪切、抛光、腐蚀、电火花加工、气割等。在符号长边上加一横线,用以对表面质量有补充要求的标注,包括:表面质量参数代号、数值、传输带/取样长度等。

(续表)

符号	意义及说明
	基本符号加一个小圆,表示表面是用不去除材料的方法获得。例如:铸、锻、冲压变形、热轧、冷轧等。或者是用于保持原供应状况的表面(包括保持上道工序的状况)。在符号长边上加一横线,用以对表面质量有补充要求的标注,包括:表面质量参数代号、数值、传输带/取样长度等。

4. 表面粗糙度标注内容与格式

按照GB/T　131－2006规定的注法,表面粗糙度标注内容与格式见表9－3。

表9－3　表面粗糙度标注内容与格式

符号标注格式	意　义
c a e d b	a——表面粗糙度的符号及其数值; a和b——表面质量的两个或多个要求; c——注写加工方法; d——注写表面纹理和方向; e——注写加工余量。

5. 表面粗糙度标注示范

根据国家标准GB/T　131－2006规定,表面粗糙度在图样上标注的方法见表9－4中图例。

表9－4　表面粗糙度的标注示范

标注图例	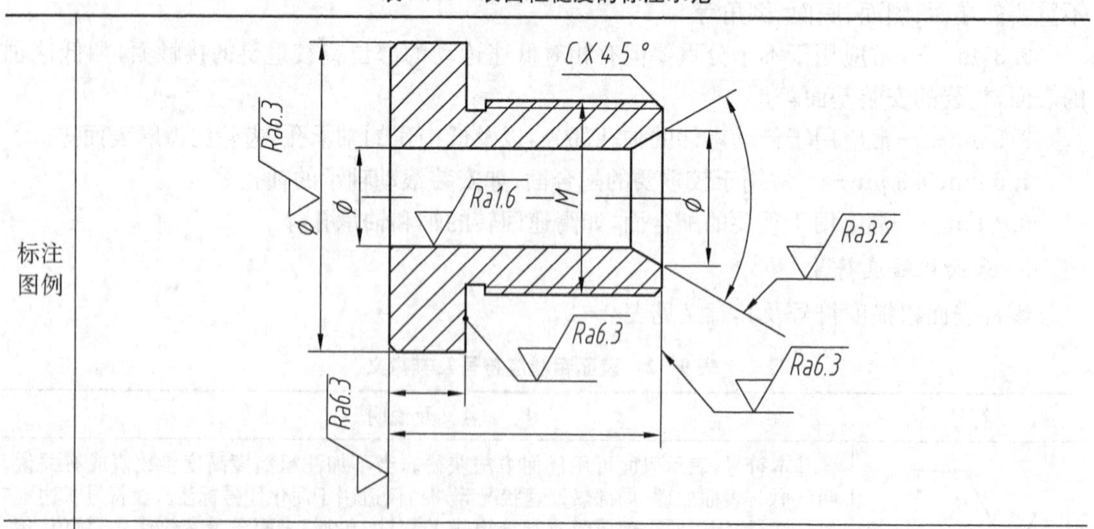
说明	根据GB/T　4458.4的规定,表面粗糙度的标注和读取方向与尺寸的标注和读取方向一致,符号的尖端必须从外指向表面; 表面粗糙度的符号一般标注在可见轮廓线、尺寸界线、指引线(圆头或箭头引出)或它们的延长线上; 在不致引起误解时,表面粗糙度的符号可标注在给定的尺寸线上。

续表

<table>
<tr><td>简化标注图例</td><td>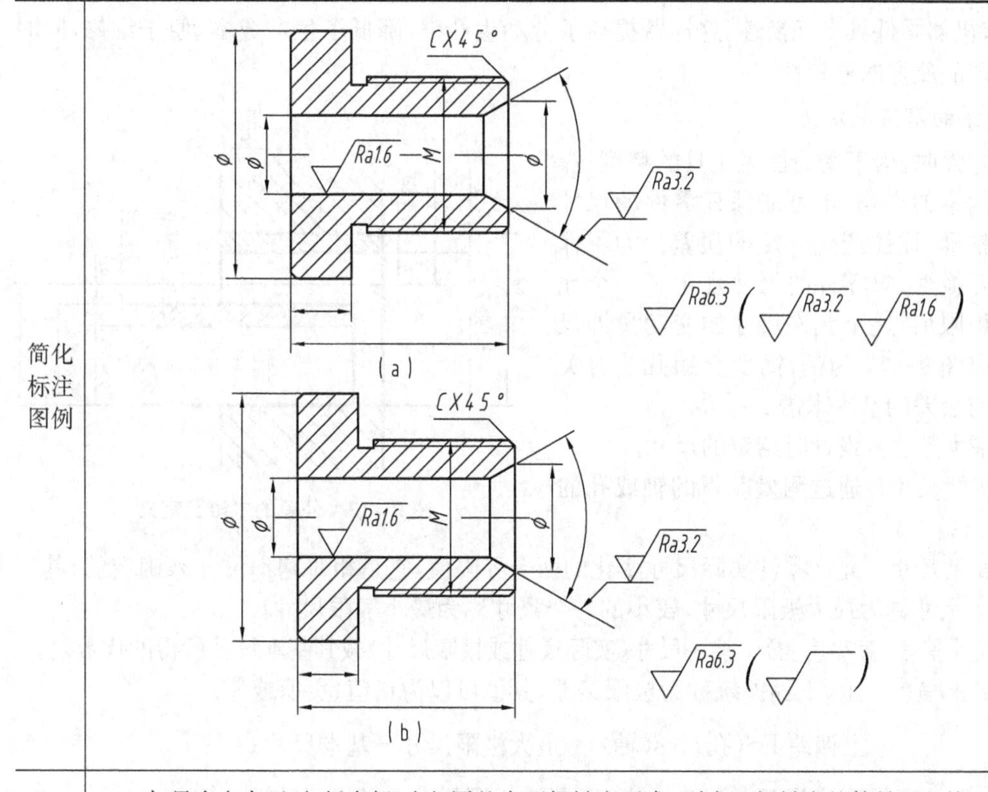
</td></tr>
<tr><td>说明</td><td>如果多个表面(包括全部)有相同的表面粗糙度要求,则表面粗糙度的符号可以统一标注在图样的标题栏附近;
此时,在有统一要求的表面粗糙度符号后面应有两种表达:如图(a)所示,在圆括号内给出图中已经标注出的表面粗糙度符号;或如图(b)所示,在圆括号内给出无任何其他标注的基本符号。</td></tr>
<tr><td>简化标注图例</td><td>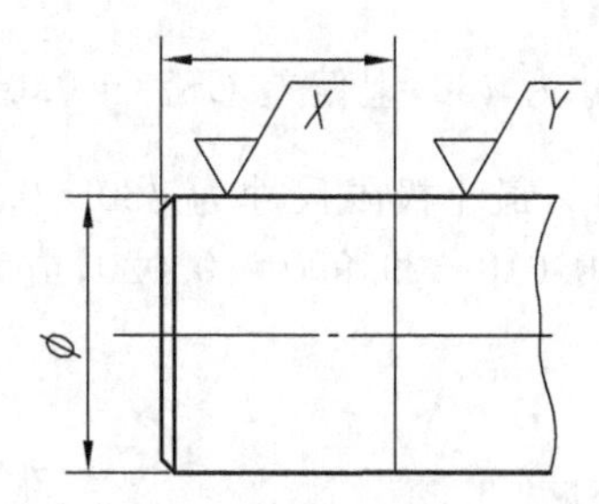

X = Ra0.8
Y = Ra6.3</td></tr>
<tr><td>说明</td><td>同一表面有不同粗糙度要求时,必须用粗实线画出分界线,并注上相应的尺寸和粗糙度代号;在多个表面有相同表面粗糙度要求或标注空间不够时,也可采用带字母的符号标注,在标题栏附近以等式的形式表示字母符号所表示的对应粗糙度符号关系,以简化图样中的标注。</td></tr>
</table>

9.4.3 公差与配合的标注

公差与配合和形位公差是零件图和装配图中的重要技术要求,也是检验产品质量的技术指标。其应用非常广泛,特别是对机械工业更具有重要的作用。

1. 零件的互换性

在成批或大量生产规格大小相同的零件或部件中,任意取一个零件或部件,不经修配,就能立即装配到产品上去,并能达到预期的使用要求,说明这批零件具有互换性。现代化的机械工业,要求机器零件具有互换性,这样既提高了劳动生产率,降低了生产成本,便于维修,同时也保证了产品质量的稳定性。

2. 公差的术语及定义

制造零件时,由于受到加工工具的精度、操作技能等因素的影响,不可能保证零件的尺寸做得绝对精准,往往产生一定的误差。为了保证零件的互换性,对零件的尺寸规定了一个允许变动的极限值,这个允许尺寸的变动量即尺寸公差。以图 9-12 为例,简要介绍几个有关极限尺寸与公差的基本术语。

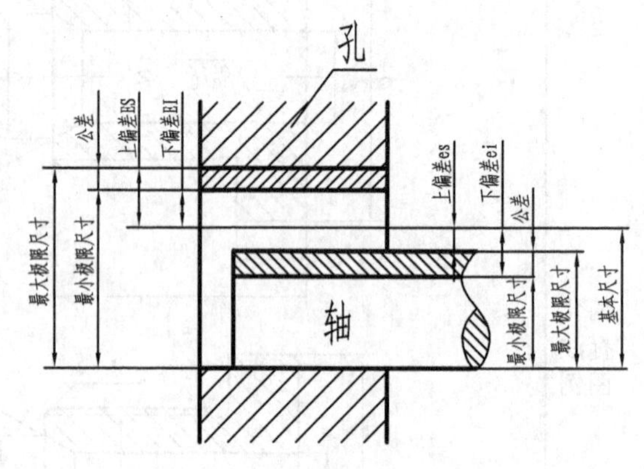

图 9-12 公差的术语及定义

(1) 基本尺寸　设计时给定的尺寸。

(2) 实际尺寸　通过测量获得的轴或孔的尺寸。

(3) 极限尺寸　允许零件实际尺寸变化的两个界限值,它是相对基本尺寸来确定的,其中较大的一个尺寸称为最大极限尺寸,较小的一个尺寸称为最小极限尺寸。

(4) 尺寸偏差(简称偏差)　某一尺寸(实际尺寸或极限尺寸)减其基本尺寸所得的代数差。

(5) 极限偏差　上、下偏差统称为极限偏差,其值可以为正值、负值或零。

上偏差 ES(孔)、es(轴)＝ 最大极限尺寸－基本尺寸;

下偏差 EI(孔)、ei(轴)＝ 最小极限尺寸－基本尺寸。

孔的上、下偏差分别用 ES、EI 表示,轴的上、下偏差分别用 es、ei 表示。

(6) 尺寸公差(简称公差)　允许尺寸的变动量,即最大极限尺寸减最小极限尺寸之差或上偏差减下偏差之差。

例如,孔的尺寸 $\phi30\begin{pmatrix}+0.010\\-0.010\end{pmatrix}$,其中设计尺寸为 $\phi30$,上偏差 ES＝＋0.010,下偏差 EI＝－0.010。最大极限尺寸为 $\phi30+0.010=\phi30.010$,最小极限尺寸为 $\phi30-0.010=\phi29.990$。尺寸公差为最大极限尺寸减最小极限尺寸之差 $30.010-29.990=0.020$,或为上偏差减下偏差之差 $|0.010-(-0.010)|=0.020$。

3. 公差带和公差带图

由代表上、下偏差的两条直线所限定的一个区域称为公差带,如图 9-13 的形式就是公差带图。图中以偏差为 0 的一条线为零线,零线以上偏差为正,零线以下偏差为负。它可以明确地表示出公差带的大小和公差带相对于零线的位置。

4. 标准公差与基本偏差

(1) 标准公差

由国家标准规定,由基本尺寸和标准公差等级所确定。当基本尺寸一定时,它确定公差带的大小。

标准公差等级表示尺寸的精度。国家标准将标

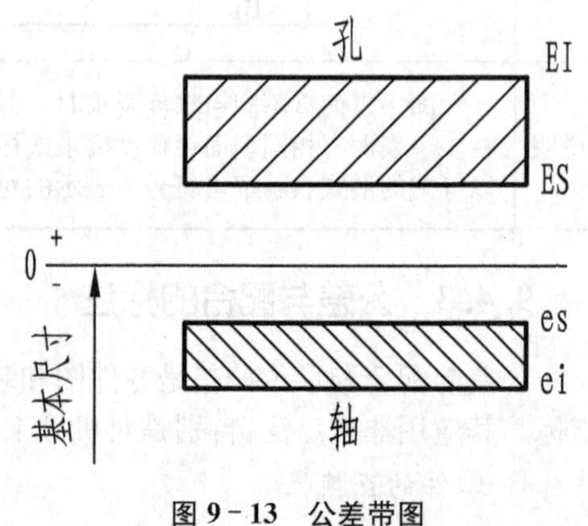

图 9-13 公差带图

准公差分为20级，即IT01、IT0、IT1至IT18。IT表示标准公差，数字表示公差等级。其中，IT01为最高级，尺寸精确度最高；IT18为最低级，尺寸最不精确。

(2) 基本偏差

在公差带图上靠近零线的偏差称为基本偏差。根据实际需要，国标分别对轴、孔各规定有28个基本偏差，其代号由拉丁字母按照其顺序表示。孔的基本偏差用大写字母表示，轴的基本偏差用小写字母表示，图9-14即表示孔和轴的基本偏差系列。若公差带位于零线上方，其基本偏差为下偏差；公差带位于零线下方，其基本偏差为上偏差。

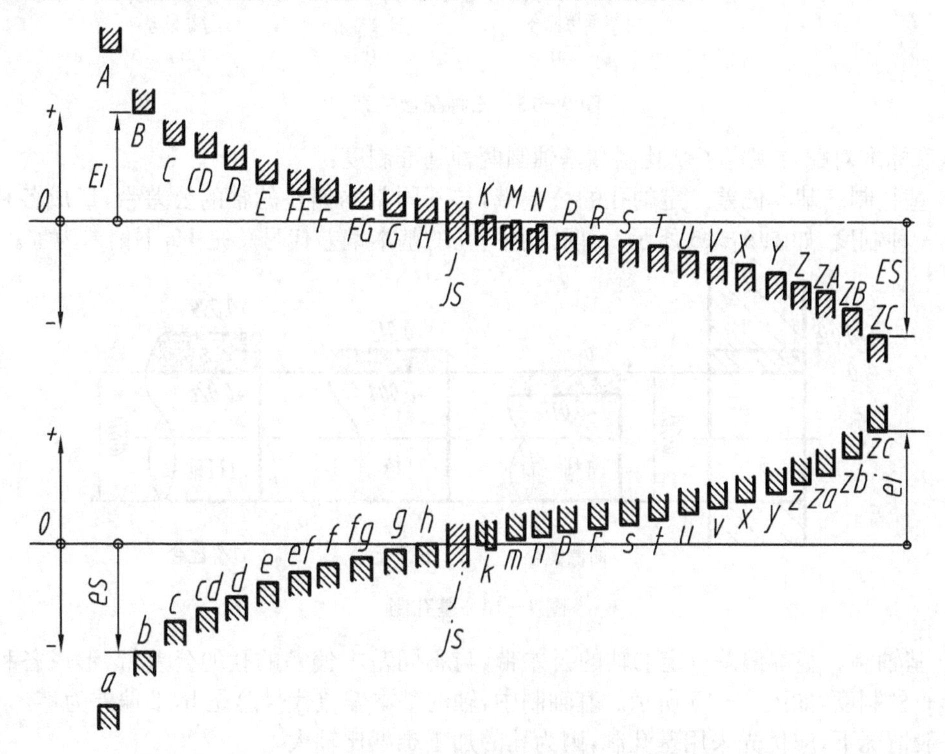

图9-14 基本偏差系列图

从图9-14基本偏差系列图中可以看到：A～H孔的基本偏差为下偏差而且为正，其绝对值依次减小，其中H的上偏差等于零，JS的公差带对称分布于零线两侧，J～ZC孔的基本偏差为上偏差而且为负。a～h轴的基本偏差与孔的基本偏差绝对值相同，而符号相反，js的公差带对称分布于零线两侧，j～zc的基本偏差为下偏差。可见，孔和轴的基本偏差正好对称地分布在零线两侧。基本偏差系列图只表示公差带的位置，不表示公差的大小，因此，公差带一端开口，开口的另一端由标准公差限定。

5. 配合及配合制度

基本尺寸相同的轴、孔相互结合在一起时，公差带的关系称为配合。由孔和轴的尺寸公差的相互关系，会形成下列三种配合关系：

(1) 间隙配合　轴、孔装配在一起时，轴、孔之间始终有一定的间隙，这种配合关系称为间隙配合，如图9-15(a)所示，孔的公差带完全在轴的公差带之上。

(2) 过渡配合　轴、孔装配在一起后，轴可能比孔大，也可能比孔小，这种配合关系称为过渡配合，如图9-15(b)所示，孔的公差带和轴的公差带有相互交叠的部分。

(3) 过盈配合　轴、孔装配在一起时，轴总是比孔大，这种配合关系称为过盈配合，如图

9－15(c)所示,孔的公差带完全在轴的公差带之下。

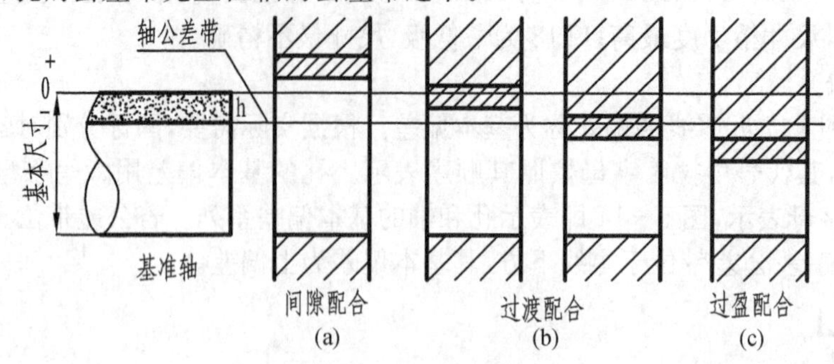

图 9－15　三种配合关系

国家标准对配合规定了基孔制和基轴制两种基准制度:

① 基孔制。基本偏差一定的孔的公差带,与不同基本偏差的轴的公差带,形成各种不同配合的一种制度,如图 9－16 所示。基孔制中,孔的基本偏差代号总是 H,下偏差为零。

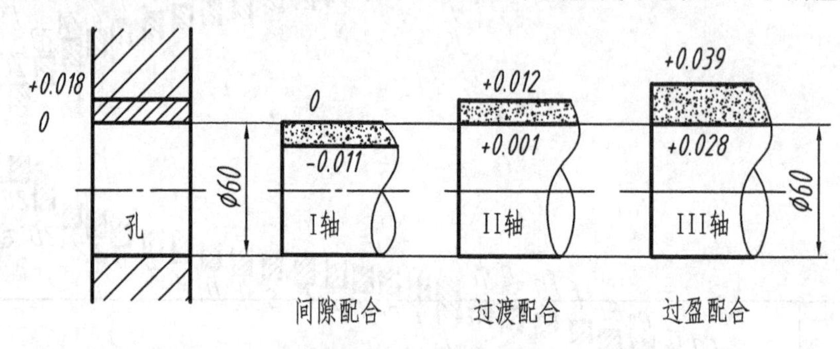

图 9－16　基孔制

② 基轴制。基本偏差一定的轴的公差带,与不同基本偏差的孔的公差带,形成各种不同配合的一种制度,如图 9－15 所示。基轴制中,轴的基本偏差代号总是 h,上偏差为零。

一般情况下,应优先采用基孔制,因为孔的加工难度比轴大。

6. 公差与配合的标注及查表

(1) 在零件图上的标注

在零件图上可以采用三种标注形式:在基本尺寸后只标注公差代号,或只标注极限偏差,或两者都标注,如图 9－17(a)中所示。

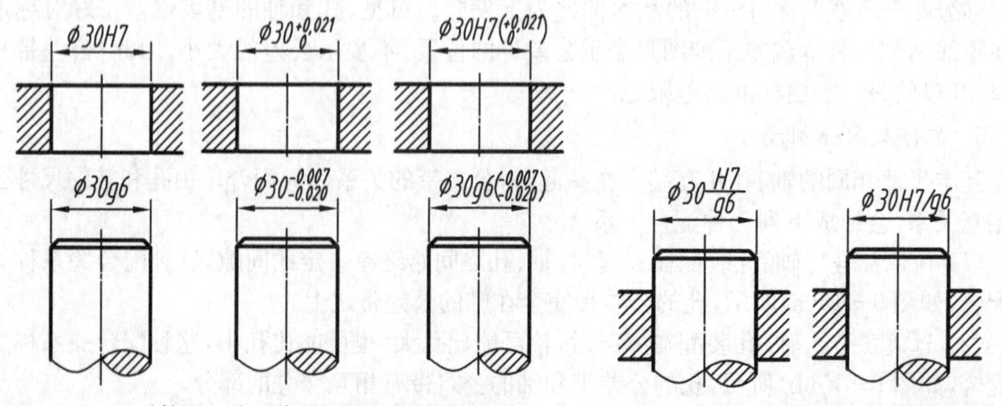

(a) 零件图上公差代号标注的三种形式　　(b) 装配图上配合代号的标注形式

图 9－17　公差与配合的标注

(2) 在装配图上的标注

在装配图上一般标注配合代号。配合代号用配合的孔和轴公差带代号来组合表示,写成分数形式,分子为孔的公差带代号,分母为轴的公差带代号,如图 9-17(b)中所示。

(3) 查表方法

图 9-17 所示的轴和孔的配合尺寸 ϕ30H7/g6 采用基孔制优先配合,其中 H7 是基准孔的公差代号,g6 是配合轴的公差代号。

ϕ30H7 基准孔的极限偏差可由附录表 1 查得。在表中由基本尺寸大于 24～30 的行和公差带 H7 的列相交处查得+21 和 0 的数值(表示 0.021 mm 和 0 mm),即为基准孔的上、下极限偏差。ϕ30g6 配合轴的极限偏差同样可由附录表 1 查得。在表中由基本尺寸大于 24～30 的行和公差带 g6 的列相交处查得−7 和−20 的数值(表示−0.007 mm 和−0.020 mm),即为配合轴的上、下极限偏差。

9.4.4 形状和位置公差的标注

形状和位置公差是指零件的实际形状和实际位置对理想位置的允许变动量,简称形位公差。在机器中某些精确度较高的零件,不仅仅需要保证尺寸公差,而且还要保证其形状和位置公差。对一般零件来说,它的形状和位置公差可以由尺寸公差和加工机床的精度等加以保证。对要求较高的零件,则要根据设计要求在零件图上标注出有关的形状和位置公差。

国家标准规定用代号来标注形状和位置公差。在生产实际中,当无法用代号标注形位公差时,允许在技术要求中用文字说明。

形位公差代号包括:形位公差各项目的符号(见表 9-5)、形位公差的指引线、形位公差的数值和其他相关符号以及基准代号等,如图 9-18 所示。

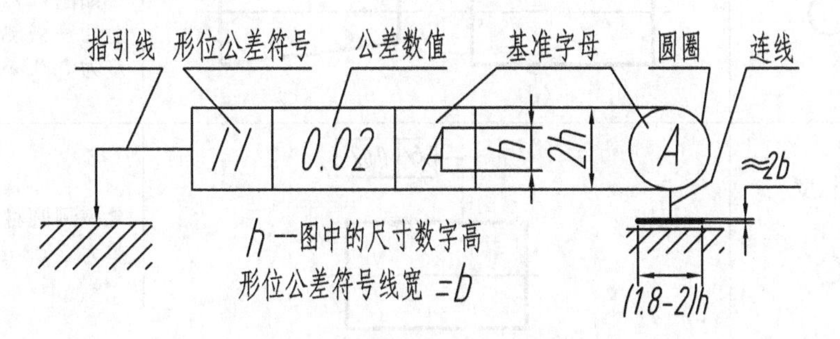

图 9-18 形位公差代号以及基准代号

形位公差代号中的公差框格以及填写在框格中的内容是用来表达对形位公差的具体要求,如要求测定形位公差的项目符号、公差带形状(当给定的公差带为圆或圆柱时,应在公差数值前加注符号)。公差框格应水平或垂直地绘制,其线型为细实线。代号中的指引线由指示箭头及引线构成,它用以直接指向有关的被测要素。指引线可以从框格的左端引出或从右端引出,也可以从框格侧边直接延长引出。箭头应指在被测表面的可见轮廓或其延长线上,当被测要素为轴线或中心平面时,指引线的箭头应与有关尺寸线对齐,在其他情况下应与尺寸明显错开。代号中指引线的引线可以曲折,但不得多于两次。箭头的方向应与公差带宽度的方向一致。

位置公差的基准符号应紧靠基准表面的可见轮廓线或其延长线,当基准要素为轴线或中心平面时,基准符号(或代号)应与有关尺寸线对齐,在其他情况下应与尺寸线明显错开。当基准符号(或代号)与尺寸线的箭头重叠时,可代替尺寸线的箭头。标注时必须注意,不论基准代号的方向如何,其字母均应水平书写。

形状和位置公差标注的具体示例见表 9-5 和表 9-6。

表 9-5　形状公差特征项目的符号、标注示例及说明

分类	项目 / 符号	标注示例	说明
形状公差	直线度 —	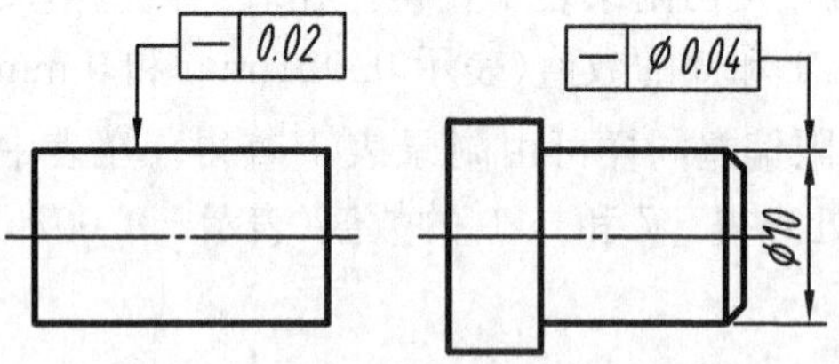 — 0.02　(a)　— φ0.04　φ10　(b)	如图(a),被测圆柱表面上任一素线的直线度公差为 0.02 mm; 如图(b),φ10 圆柱轴线的直线度公差为 0.04 mm
	平面度 ▱	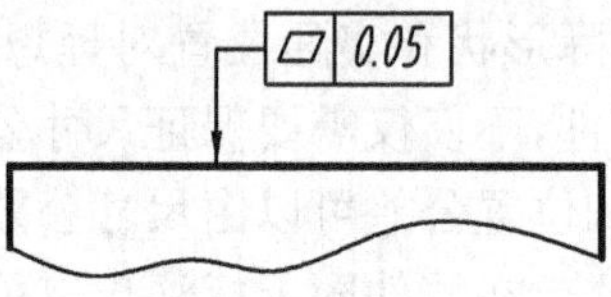 ▱ 0.05　(c)	如图(c),被测平面的平面度公差为 0.05 mm
	圆度 ○	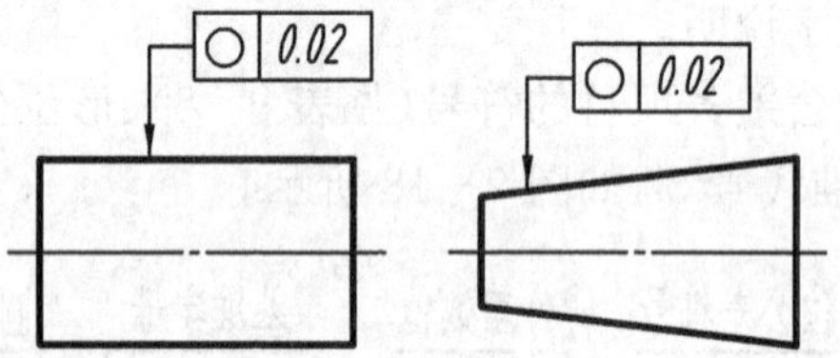 ○ 0.02　(d)　○ 0.02　(e)	如图(d),圆柱轴线方向上任一被测横截面的圆度公差为 0.02 mm; 如图(e),圆锥轴线方向上任一被测横截面圆度公差为 0.02 mm
	圆柱度 ⌭	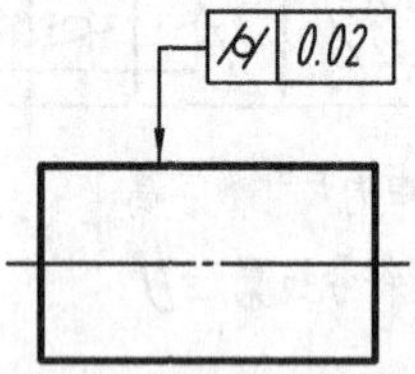 ⌭ 0.02	被测圆柱面的圆柱度公差为 0.02 mm
形状公差	线轮廓度 ⌒	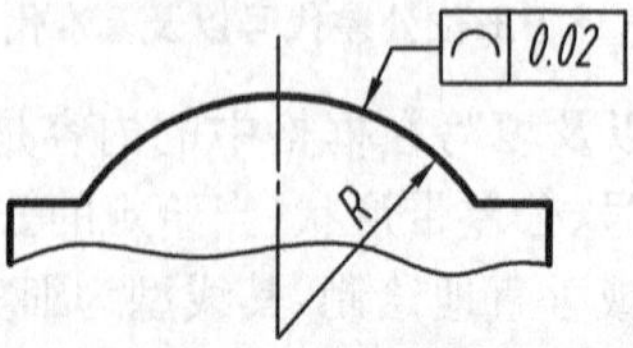 ⌒ 0.02　R	在零件宽度方向,任一被测横截面的线轮廓度公差为 0.02 mm
	面轮廓度 ⌓	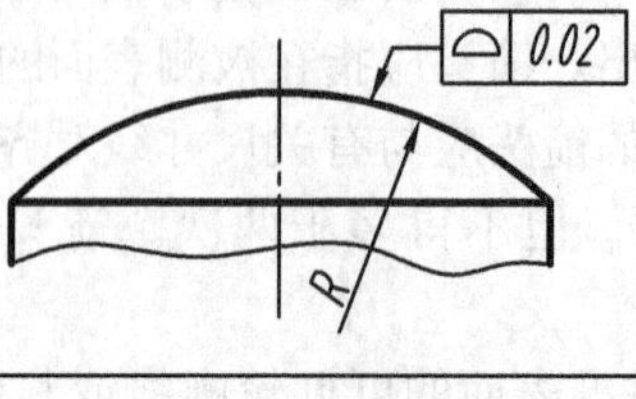 ⌓ 0.02　R	被测表面的面轮廓度公差为 0.02 mm

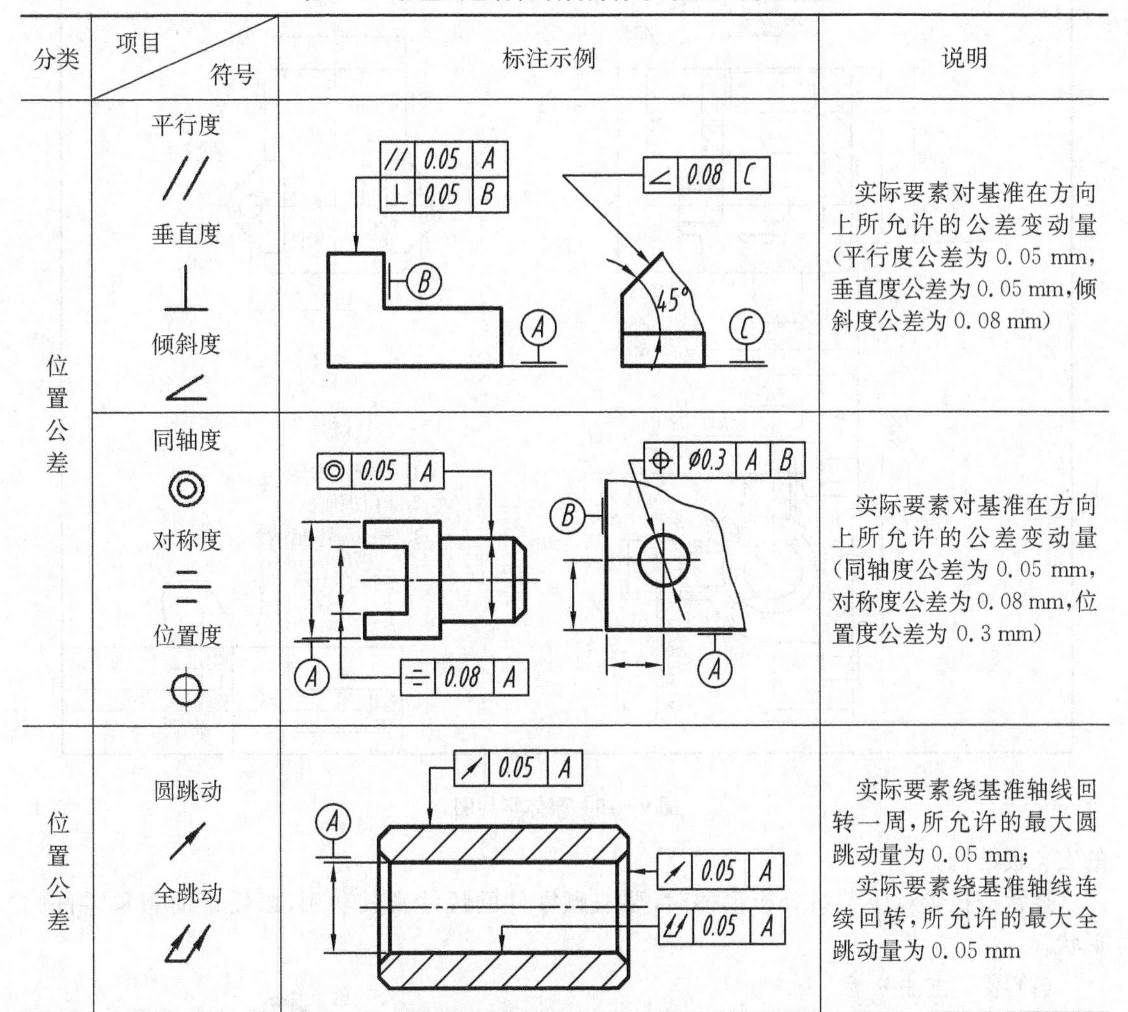

表 9-6　位置公差特征项目的符号、标注示例及说明

分类	项目 / 符号	标注示例	说明
位置公差	平行度 // 垂直度 ⊥ 倾斜度 ∠	// 0.05 A；⊥ 0.05 B；∠ 0.08 C；45°；A；B；C	实际要素对基准在方向上所允许的公差变动量(平行度公差为 0.05 mm，垂直度公差为 0.05 mm，倾斜度公差为 0.08 mm)
位置公差	同轴度 ◎ 对称度 ≡ 位置度 ⊕	◎ 0.05 A；≡ 0.08 A；⊕ φ0.3 A B；A；B	实际要素对基准在方向上所允许的公差变动量(同轴度公差为 0.05 mm，对称度公差为 0.08 mm，位置度公差为 0.3 mm)
位置公差	圆跳动 ↗ 全跳动 ⌰	↗ 0.05 A；↗ 0.05 A；⌰ 0.05 A；A	实际要素绕基准轴线回转一周，所允许的最大圆跳动量为 0.05 mm； 实际要素绕基准轴线连续回转，所允许的最大全跳动量为 0.05 mm

9.5　看零件图的方法与步骤

看零件图的目的是要根据零件图分析出零件的结构形状来，了解零件各个部分尺寸、技术要求以及零件的材料、名称等内容。下面以泵体(如图 9-19)为例说明看零件图的一般方法和步骤。

1. 概括了解

先读标题栏，了解零件的名称为泵体，数量为 1，画图比例为 2∶1。由零件图可了解到表达时用了三个视图，其中包括全剖视图、局部剖视图、外形视图。

2. 分析视图，确定零件结构

(1) 形体分析及作用分析

先看主视图，结合其他视图，进行形体构思。从三个视图看，大体能了解到泵体的形体情况(如图 9-20)：中间部分由一半圆柱体和长方体相切形成，内有螺纹孔和圆柱形阶梯孔内腔，用于容纳其他零件。泵体的后面和右边分别有圆柱形凸台，凸台内有螺纹孔，这是泵体的进出油口。左边有前后对称的两个凸耳结构，凸耳上有前后对称分布的两个螺纹孔，这是泵体

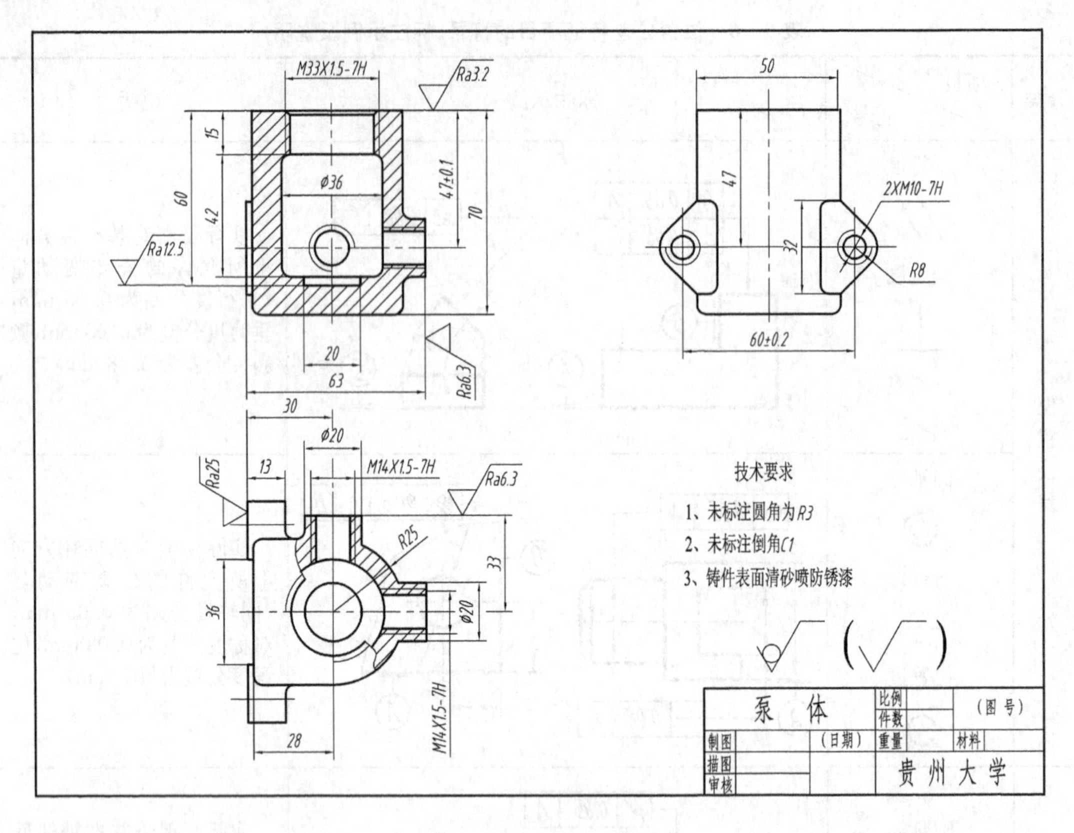

图 9-19　泵体零件图

的安装板结构。

通常按投影对应关系分析形体时,要兼顾零件的尺寸及其功用,以便帮助想象零件的形状。

(2) 表达方法分析

主视图表达方法的选择:零件以工作位置放置,一般应该采用最能表达零件结构形状的方向为主视图的投影方向。读主视图时,要同时对照其他视图一起读,可确定各部分的详细形状和结构的前后位置,泵体的主视图采用全剖视图,由图 9-19 可以看出内部螺纹孔和圆柱形阶梯孔内腔的结构和相对位置以及右边圆柱形凸台和它内部的螺纹孔结构。

其他视图表达方法的选择:左视采用了外形视图,主要表达位于泵体左边前后对称的安装板的形状、结构和位置。由采用局部剖视的俯视图,可以看出泵体的形状及各部分的相对位置,主要表达的是右边和后边凸台和螺纹孔的位置和结构。

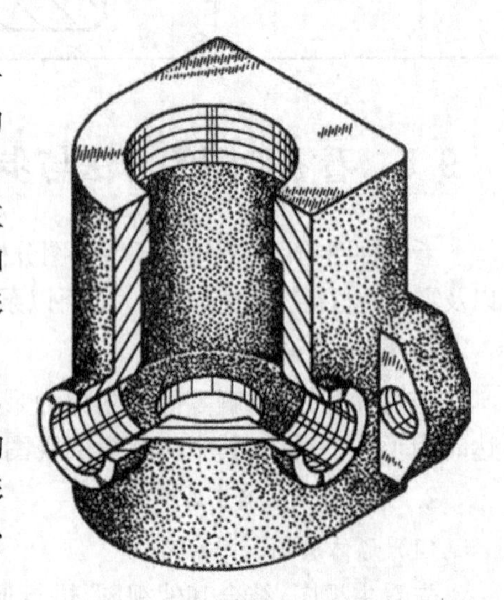

图 9-20　泵体的形体构想

3. 尺寸和技术要求分析

首先确定长、宽、高三个方向的尺寸主要基准。长度方向的主要尺寸基准是安装板的端面;宽度方向的主要尺寸基准是泵体前后对称面;高度方向的主要尺寸基准是泵体的上端面。然后找出主要尺寸，47±0.1、60±0.2 是主要尺寸，加工时必须保证。进出油口及顶面尺寸：M14×1.5－7H 和 M33×1.5－7H 都是细牙普通螺纹。端面的粗糙度 R_a 值分别为 3.2 μm、6.3 μm，要求较高，这是考虑对外连接时要保证紧密，防止漏油。

9.6 零件的工艺结构

零件的结构除满足设计要求外，还应该考虑加工制造、装配、使用等方面的方便，要对零件的细部结构进行合理设计。一般来说工艺要求是零件局部结构形式的主要依据之一。本节主要介绍零件设计中常见的一些工艺结构，见表 9－7。

表 9－7　零件常用的工艺结构

内　容	图　例	说　明
倒角和倒圆	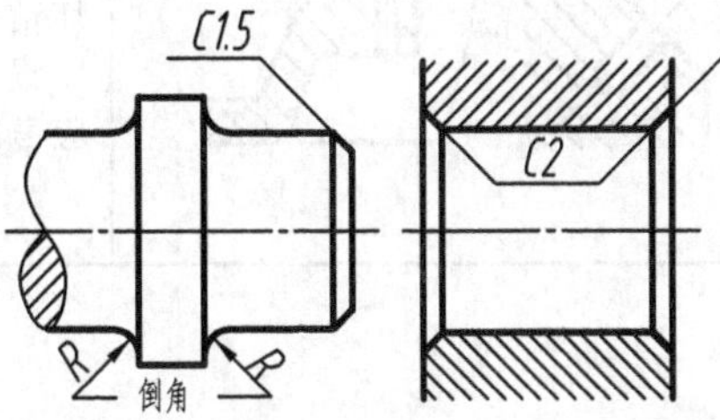 C1.5　倒角　C2　R　倒角　R	为了方便装配，通常需要去除锐边和毛刺，在轴和孔的端部应加工成倒角； 在轴肩处为了避免应力集中而产生裂纹，一般应加工成圆角
退刀槽及砂轮越程槽	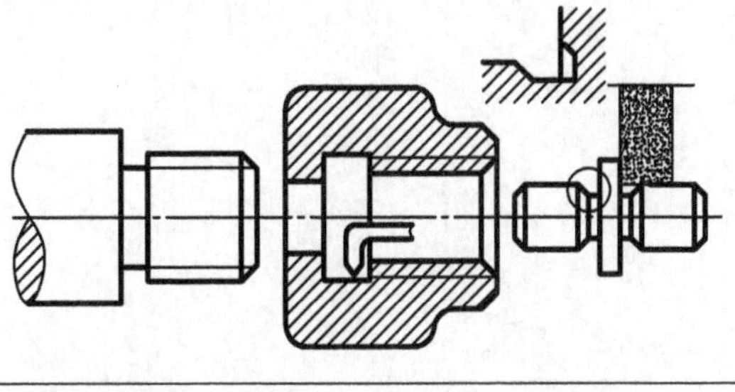	为了退出刀具或使砂轮可以越过加工面，常在待加工面的末端加工出退刀槽及砂轮越程槽
铸件壁厚均匀	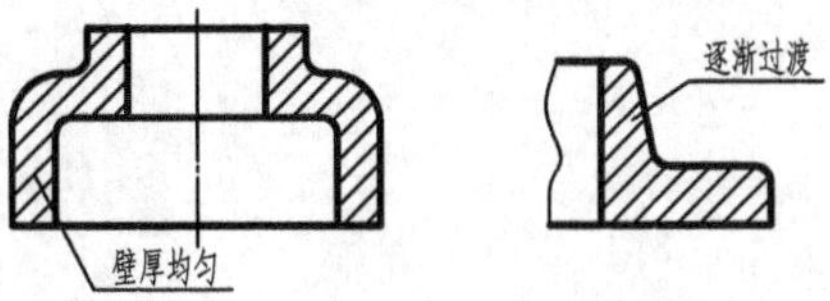 逐渐过渡　壁厚均匀	壁厚不均匀会引起铸件缩孔，尽可能使铸件壁厚均匀或逐渐变化
铸造圆角及铸造斜度	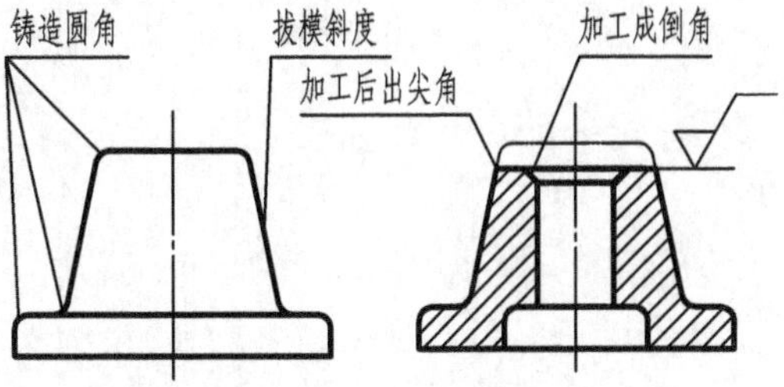 铸造圆角　拔模斜度　加工成倒角　加工后出尖角	铸造表面转角处要做成小圆角，否则容易产生裂纹； 为了起模方便，铸件在沿起模方向的表面做成一定斜度，在零件图上此斜度也可以不必画出

(续表)

内　容	图　例	说　明
凸台和凹坑		为了减少机械加工量,节约材料和减少刀具的消耗,加工表面和非加工表面要分开,通常做成凸台或凹坑的结构
钻孔处的合理结构	90°	钻孔时,钻头的轴线应尽量垂直于被加工表面,以保证正确的加工位置和避免损坏钻头; 设计钻孔工艺结构时,还应考虑便于钻头进出

第 10 章

装配图

本章主要介绍装配图的作用和内容，装配图的表达方法以及如何绘制装配图与由装配图拆画零件图的方法。

1. 装配图的作用与内容。
2. 装配图中的表达方法、尺寸标注。
3. 由装配图拆画零件图的基本方法。

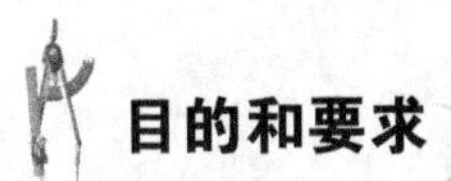

1. 能绘制和阅读中等复杂部件的装配图。
2. 熟练掌握装配图的表达方法，了解由装配图拆画零件图的基本方法。

10.1　装配图的作用和内容

表达机器或部件的图样，称为装配图。在机械工程设计过程中一般先根据设计要求画出装配图，然后再根据装配图设计零件并绘制出零件图，最后根据图纸加工零件组装成机器。

10.1.1　装配图的作用

装配图是表达机器或部件各组成部分的相对位置、连接及装配关系的图样。在设计中往往是先根据设计要求画出装配图，以表达机器或部件的工作原理、传动路线和零件之间的装配关系，且通过绘制的装配图表达出各组零件在机器或部件上的作用和结构以及零件之间的相对位置和连接方式。

在装配过程中，一般是根据装配图把零件装配成部件或机器，机器的使用者往往通过装配图了解部件和机器的性能、作用、原理和使用方法。因此，装配图是反映设计思想、指导装配和使用机器以及进行技术交流的重要技术指标，是生产中的重要技术文件。

10.1.2 装配图的内容

图 10 - 1 是由 11 种零件组成的球阀,而图 10 - 2 为其装配图。从图 10 - 2 中可知一张完整的装配图应具备以下的基本内容:

1. 一组表达部件的图形

用各种表达方法来正确、完整、清晰地表达机器或部件的工作原理、各零件的装配关系、零件的连接关系、连接方式、传动路线以及零件的主要结构形状等,如图 10 - 2 采用的三个基本视图以及单个零件的 A 向、B 向局部视图。

2. 必要的尺寸

尺寸用来标注出机器或部件的性能、规格以及装配、检验、安装时所用的一些必要的尺寸。

3. 技术要求

用文字或符号说明机器或部件的性能、装配和调整要求、验收条件、试验和使用规则等。

4. 零件的序号和明细(栏)表

为了便于进行生产准备工作,编制其他技术文件和管理图样和零件,在装配图上必须对每个零件标注序号并编制明细表,序号是将明细表与图样联系起来,使人们在看图时便于找到零件的位置。

5. 标题栏

说明机器或部件的名称、重量、图号、比例以及制图审核人员的签名等。

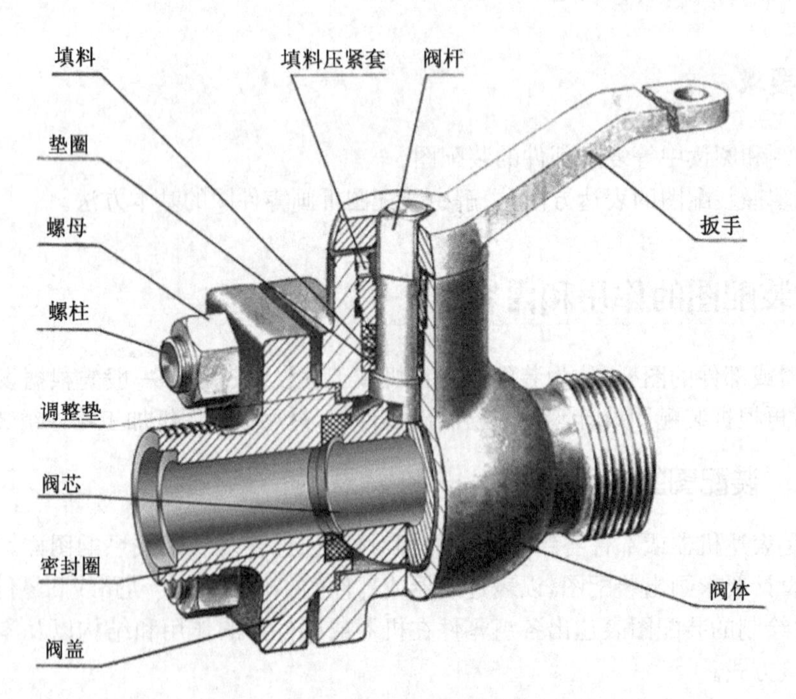

图 10 - 1 球阀立体图

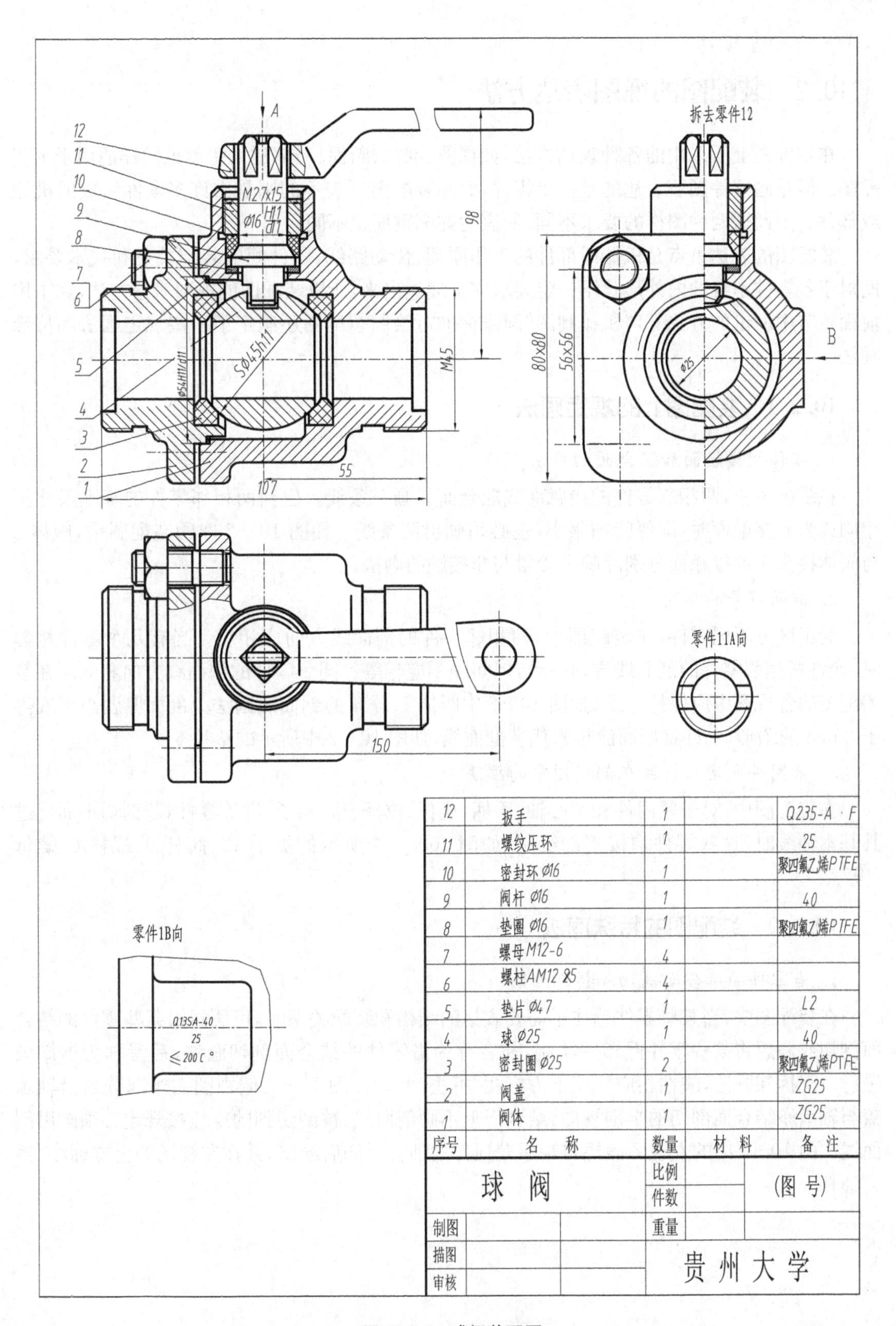

序号	名称	数量	材料	备注
12	扳手	1		Q235-A · F
11	螺纹压环	1		25
10	密封环 Ø16	1		聚四氟乙烯PTFE
9	阀杆 Ø16	1		40
8	垫圈 Ø16	1		聚四氟乙烯PTFE
7	螺母 M12-6	4		
6	螺柱 AM12 25	4		
5	垫片 Ø47	1		L2
4	球 Ø25	1		40
3	密封圈 Ø25	2		聚四氟乙烯PTFE
2	阀盖	1		ZG25
1	阀体	1		ZG25

图 10－2 球阀装配图

10.2 装配图的视图表达方法

在零件图上所采用的各种表达方法,如视图、剖视、断面、局部放大图等也同样适用于画装配图。但是画零件图所表达的是一个零件,而画装配图所表达的则是由许多零件组成的机器或部件。因此这两种图样的要求不同,所表达的侧重面也不同。

装配图的表达重点是机器或部件的工作原理、传动路线、零件间的装配关系和技术要求,而对于各零件本身的内外形状不一定要求完全表达出来,所以装配图的视图表达方法,除了用前面章节中所讲的方法外,“机械制图”国家标准对绘制装配图还制定了一些规定画法和特殊画法。

10.2.1 装配图上的规定画法

1. 零件间接触面和配合面的画法

在装配图中,两相邻零件的接触面或配合面只画一条线。但当两相邻零件的基本尺寸不相同或为非接触面时,即使间隙很小,也必须画出两条线。如图 10-2 球阀装配图中,阀体 2 与阀体接头 1 的接触面分别反映了接触与非接触的画法。

2. 剖面符号的画法

为了区分不同零件,在装配图中,两相邻零件的剖面线方向应相反。当有几个零件相邻时,允许两相邻零件的剖面线方向一致,但间隔不应相等。同一零件的剖面线方向和间隔在装图配图的各视图中应保持一致,如图 10-2 中阀体 1、球 4 的剖面线画法。剖面厚度小于或等于 2 mm 的图形,允许将剖面涂黑来代替剖面线,如图 10-2 中所示的垫片 5。

3. 紧固件和实心杆件在剖视图中的画法

在装配图中,对于紧固件和实心轴、手柄、连杆、拉杆、球、钩子、键等零件,若剖切平面通过其基本轴线时,这些零件均按不剖绘制,如图 10-2 中所示的扳手 12、阀杆 9、螺柱 6、螺母 7 等。

10.2.2 装配图的特殊画法

1. 沿零件的结合面剖切和拆卸画法

在装配图中,当某些零件遮住了需要表达的结构和装配关系时,可假想沿某些零件的结合面剖切或假想将某些零件拆卸后绘制,前者称为沿零件的结合面剖切画法,后者称为拆卸画法。对于拆卸画法,应在相应视图上方标注“拆去××”。图 10-3 俯视图右半部分是沿轴承盖与轴承座结合面剖切的半剖视图,结合面上不画剖面线,被剖切到的螺栓按规定必须画出剖面线。图 10-3 中的左视图假想将轴承盖顶部的油杯拆卸后绘出,并在左视图的上方标注“拆去油杯”。

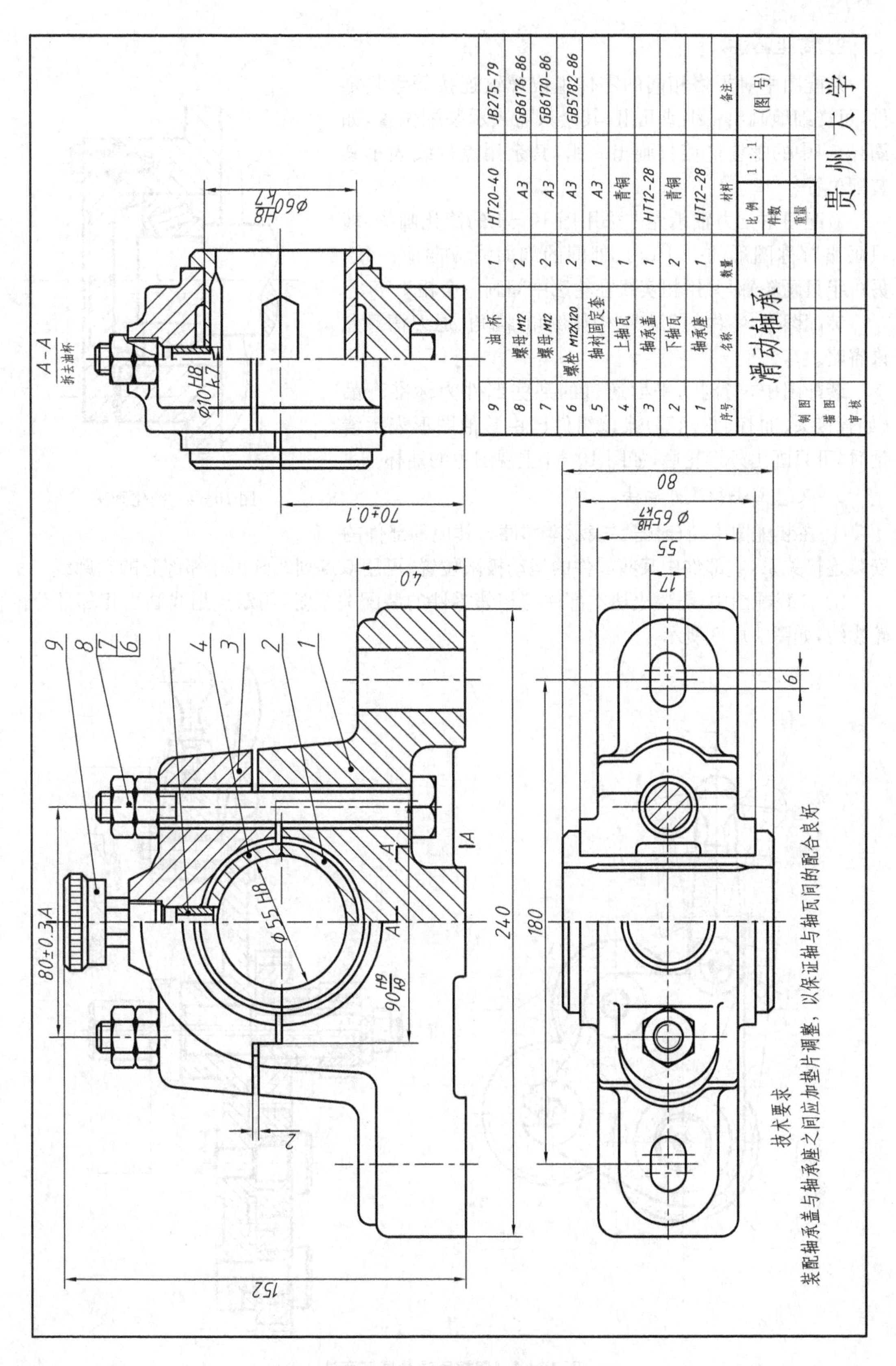

图 10-3 滑动轴承装配图

2. 简化画法

装配图中对规格相同的零件组或螺纹连接等重复零件,可详细地画出一组或几组,其余只需表示装配位置,如图10-4中的螺栓连接只画出一组,其余用点划线表示其装配位置。

装配图中推力轴承允许采用图10-4的简化画法,即只画出对称图形的一半,内、外圈的剖面线方向应一致。另一半只画轮廓,并用粗实线在轮廓中间画一个粗十字。

装配图中,零件的工艺结构如倒角、圆角、退刀槽等允许省略。

装配图中,当剖切平面通过的某些部件为标准产品(如管接头、油杯、游标等)或该组件已由其他图形表示清楚时,可只画出外形轮廓,如图10-3主视图中的油杯。

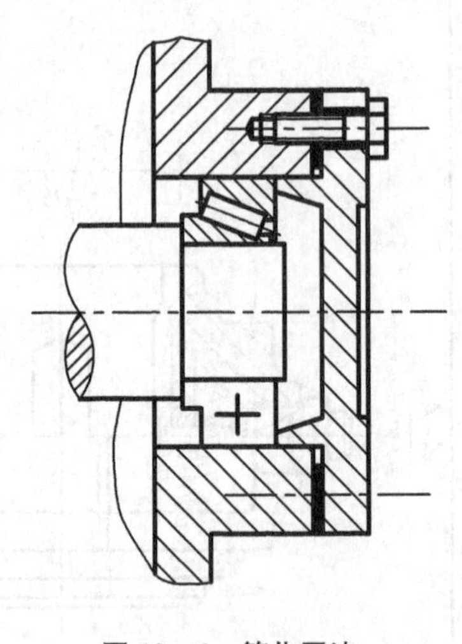

图10-4 简化画法

3. 假想画法和展开画法

① 在装配图中,有时需要表示本部件与其他零部件的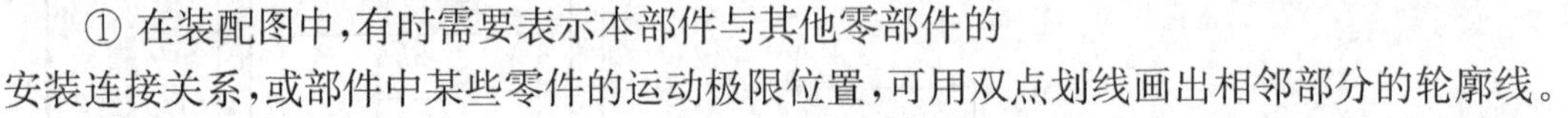安装连接关系,或部件中某些零件的运动极限位置,可用双点划线画出相邻部分的轮廓线。

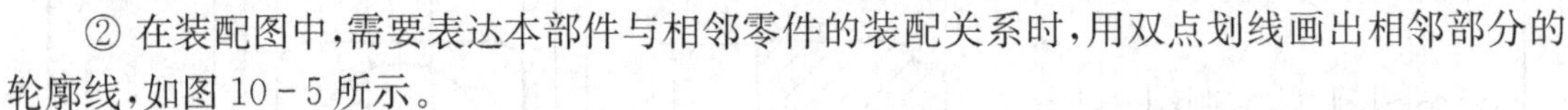
② 在装配图中,需要表达本部件与相邻零件的装配关系时,用双点划线画出相邻部分的轮廓线,如图10-5所示。

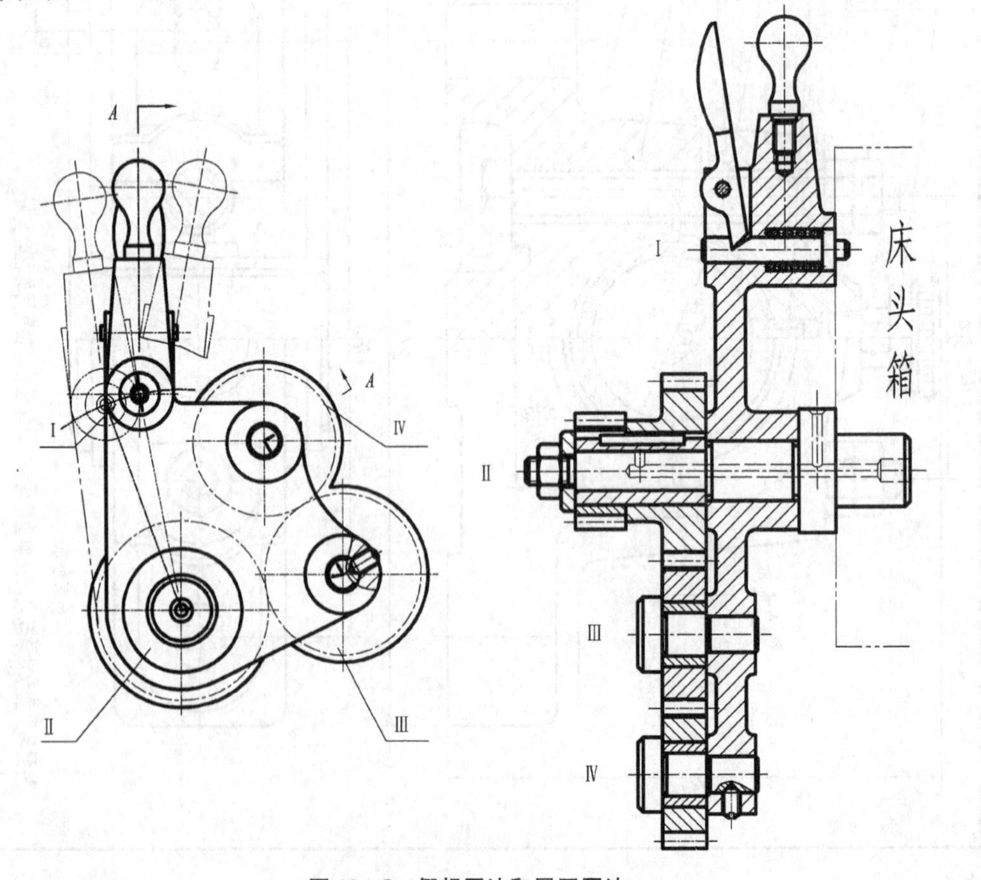

图10-5 假想画法和展开画法

③ 在装配图中，为了表示传动机构的传动路线和零件间的装配关系，可假想按传动顺序沿轴线剖切，然后依次展开，使其与选定的剖切面平行再画出剖视图，这种画法称为展开画法，如图 10-5 所示。

4. 夸大画法

装配图中，若绘制直径或厚度小于 2 mm 的孔、薄片以及较小的间隙、斜度和锥度时，允许不按比例绘制，而可适当夸大画出，如图 10-2 中 8 号零件垫圈的画法。

5. 单个零件单独视图画法

装配图中，可单独绘出某零件的视图，以表达此零件（局部位置）的结构形状，但必须在所画视图的上方进行标注。如图 10-2 球阀装配图中零件 11 的 A 向、零件 2 的 B 向就是两个独立视图。

10.3 装配图的尺寸标注和技术要求

10.3.1 装配图中的尺寸标注

装配图与零件图的作用不一样，故对标注的要求不一样，零件图是加工制造零件的主要依据，要求零件图上的尺寸必须完整，而装配图是设计和装配机器或部件时用的图样，装配图中的尺寸是用以表达机器或部件的工作原理、性能规格以及指导装配与安装工作的。因此不必注出零件的全部尺寸，只需标注部件性能和零件之间配合、定位关系尺寸以及与其他部件之间的安装关系及包装运输用的外形尺寸。一般只注出以下几种尺寸：

1. 性能尺寸（也称规格尺寸）

说明机器或部件的性能或规格的尺寸。这些尺寸是设计时确定的，它也是了解和选用该装配体的依据，比如图 10-2 中球阀左视图中的 $\phi25$，图 10-3 中的轴孔尺寸 $\phi55H8$。

2. 装配尺寸

表示机器或部件中零件之间配合关系、连接关系和保证零件间相对位置等的尺寸。一般包括：

(1) 配合尺寸　表示零件间有配合要求的尺寸，例如，图 10-2 中的 $\phi16H11/d11$ 与图 10-3中的尺寸 $\phi60H8/k7$ 等就是配合尺寸。

(2) 相对位置尺寸　表示装配时需要保证的零件间较重要的距离、间隙等，例如图 10-3 中轴承盖与轴承座相对距离 2 mm。

(3) 零件间连接尺寸　表示装配时应保证的零件间较重要的一些尺寸，例如图 10-3 中两螺栓间距离 80±0.3 和非标准零件上的螺纹标记和代号。

3. 安装尺寸

表示将部件安装在机器上或机器安装在基础上，需要确定的尺寸，例如图 10-3 中轴承座中 180 和 17 等。

4. 外形尺寸（也称总体尺寸）

表示机器或部件总体长、宽、高的尺寸，它是包装、运输和安装时所需的尺寸。例如图 10-3中的尺寸 240、80、152。

5. 其他重要尺寸

在设计中确定但不包含上述尺寸的重要尺寸，包括零件运动的极限尺寸，主要零件的主要尺寸等。

应当指出,在一张装配图中,并不一定需要全部注出上述五类尺寸,而是要根据具体情况和要求来确定。

10.3.2 装配图中的技术要求

装配图上的技术要求一般用文字注写在图纸下方空白处,也可以另编技术文件。不同性能的机器或部件技术要求亦不同,一般而言,技术要求指该机器或部件在装配、调试、检验、运输、安装、使用和维护过程中应达到的要求和指标,简略说来即如下的几种要求:

① 机器或部件装配要求,即机器或部件装配后应达到满足功能后的准确程度,装配时的要求等等。

② 机器或部件检验要求。

③ 机器或部件使用要求。

10.4 装配图的编号、明细表和标题栏

为了便于管理图样,做好生产准备以及帮助看懂装配图,需对机器或部件中的每个不同的零件(或组件)进行编号(序号或代号),并在标题栏的上方编制零件的明细栏或另附明细表。

10.4.1 编写零件序号的方法

常用的序号编排方法有两种,一种是一般件和标准件混合一起编排,另一种是将一般件编号填入明细栏中,而标准件是直接在图上标注出规格、数量和国标号,或另列专门表格。

10.4.2 序号标注中的一些规定

装配图中,每种零件或部件只编一个序号,一般只标注一次,零、部件序号的编写方式如下:

① 零件编号(如图 10-6)由圆点、指引线、水平线或圆(均为细实线)及数字组成。在指引线的水平线(细实线)上或圆(细实线)内注写序号,序号字高比该装配图中所注尺寸数字高度大一号或二号,如图 10-6(a)、(b)、(c)所示。

② 指引线应自所指部分的可见轮廓内引出,并在末端画一圆点,如图 10-6 所示。若所指部分(很薄的零件或涂黑的剖面)内不便画圆点时,可在指引线末端画出箭头,并指向该部分的轮廓,如图 10-7 所示。

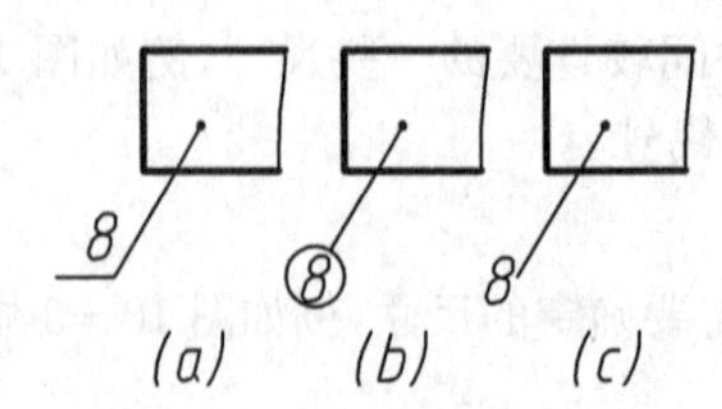

图 10-6 标注序号的方法

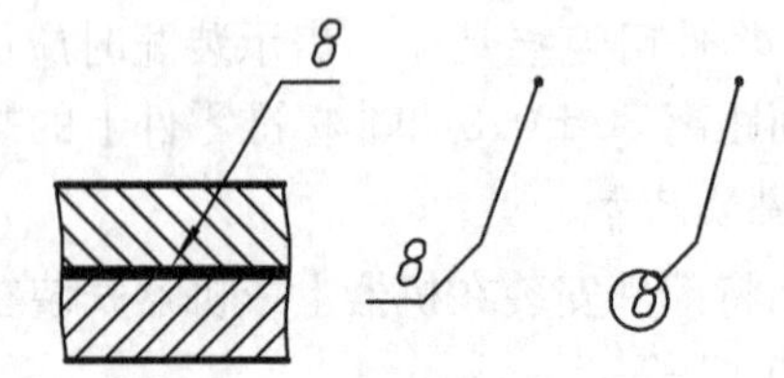

图 10-7 指引线末端画箭头

③ 指引线相互不能相交,当通过剖面线的区域时,指引线不能与剖面线平行。必要时允许指引线画成折线,但只允许转折一次,如图 10-7 所示。

④ 对一组紧固件或装配关系清楚的零件组,可以采用公共指引线,如图 10-8 所示。

⑤ 同一装配图编注序号的形式应一致。

⑥ 序号应标注在视图的外面。装配图中序号应按水平或铅垂方向排列整齐，并按顺时针或逆时针方向顺序排列。在整个图上无法连续时，可只在水平或铅垂方向顺序排列。

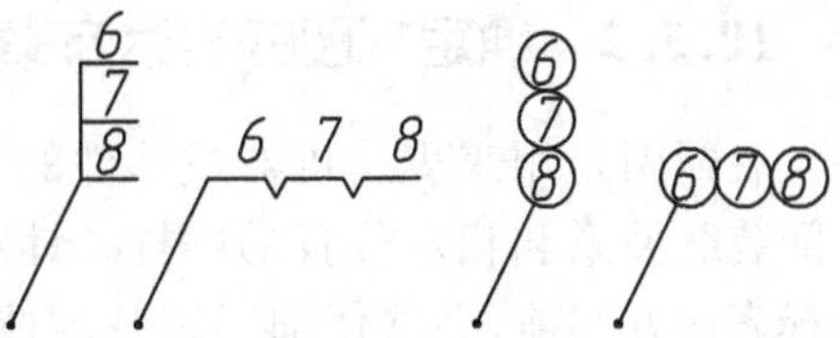

图 10-8 公共指引线

10.4.3 标题栏和明细表

明细表是机器或部件中全部零件的详细目录，其内容和格式见图 10-9 所示。明细表画在装配图右下角标题栏的上方。明细表内分格线为细实线，左边外框线为粗实线。明细表中的编号与装配图中的序号必须一致。填写内容应遵守下列规定：

					序号		数量	材料	备注
							比例		（图号）
							数量		
					制图			重量	
					描图			××大学	
					审核				

图 10-9 标题栏和明细表的格式

① 零件序号应自下而上。如位置不够时，可将明细表顺序画在标题栏的左方。

② “序号”栏内，应注出每种零件的编号。

③ “名称”栏内，注出每种零件的名称，若为标准件，应注出规定标记中除标准号以外的其余内容。例如，螺柱 AM12×25。对齿轮、弹簧等具有重要参数的零件，还应将其参数写入。

④ “材料”栏内，填写制造该零件所用的材料名称或牌号。

⑤ “备注”栏内，可填写其他说明（表面处理等要求）或标准件的标准号。

10.5 画装配图的方法和步骤

10.5.1 了解部件的装配关系和工作原理

画装配图时需对部件实物或装配示意图进行仔细的分析，了解各零件间的装配关系和部件的工作原理。以齿轮油泵装配图为例，如图 10-10 所示，当主动齿轮逆时针转动，从动齿轮顺时针转动时，齿轮啮合区右边的压力降低，油池中的油在大气压力作用下，从吸油口进入泵腔内。随着齿轮的转动，齿槽中的油不断沿箭头方向被轮齿带到左边，高压油从压油口送到输油系统。齿轮油泵有主动齿轮轴系和从动齿轮轴系两条装配线。

10.5.2 确定视图的表达方案

装配图是用来表达机器或部件的工作原理、零件间装配关系和相对位置的图样。针对其特点，在选择表达方案前，必须仔细了解装配体的工作原理和结构情况，然后根据其工作位置、工作原理、形状特征、主要零件的装配连接关系选择主视图，再配合主视图选择其他视图。

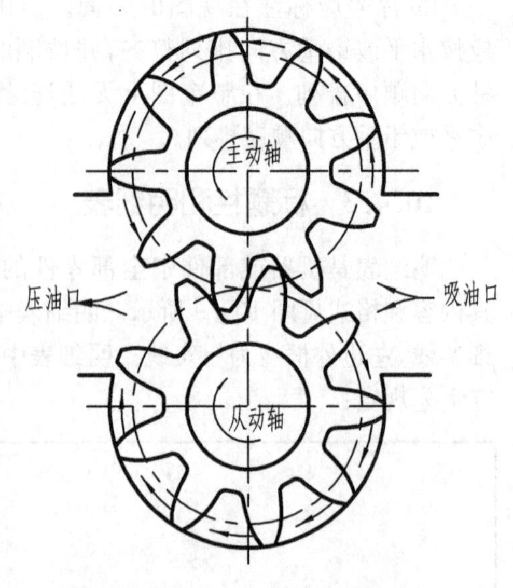

图 10-10 齿轮油泵工作原理图

1. 主视图的选择

与零件图一样，在装配图的视图选择中，主视图是关键。它决定着整个装配图的视图数量、视图配置及表达效果。选择主视图的原则是：

① 符合机器或部件的工作状态和安装状态。比如齿轮泵的工作位置为水平位置，故采用水平放置方式来表达，如图 10-12 齿轮泵装配图的主视图画法。

② 能较清楚表达机器或部件的主要装配关系和工作原理以及主要零件的主要结构特征。当不能在同一视图中反映以上内容时，通常取反映零件间较多装配关系的视图作为主视图。

2. 其他视图的选择

主视图确定之后，还要选择其他视图，补充表达主视图没有表达的内容。

比如图 10-12 齿轮泵装配图中的全剖主视图，虽然反映了组成齿轮油泵各个零件间的装配关系，但油泵的外形、齿轮的啮合情况没有反映，且必须表达吸、压油的工作原理，故左视图采用沿结合面剖切与局部剖视的混合表达方法来表示。

这样，以上两个视图确定了齿轮泵的视图表达方案，如图 10-12 所示。

10.5.3 画装配图的一般步骤

1. 确定视图表达方案

根据其工作位置、工作原理、形状特征、主要零件的装配连接关系选择主视图，再配合主视图选择其他视图。

2. 确定图幅

根据部件大小、视图数量，确定图样比例，选择标准图幅，画出图框并定出明细栏和标题栏的位置。

3. 布置视图

根据视图的数量及其轮廓尺寸，画出确定各视图位置的作图基线，同时，各视图之间要留出适当的位置，以便标注尺寸和编写零件编号等。

4. 画各视图底稿

按装配顺序，先画主要零件，后画次要零件；先画内部结构，由内向外逐个画；先定零件位置，后画零件的形状；先画主要轮廓，后画细节。画图从主视图开始，几个视图按投影关系配合画。

5. 完成装配图

底稿画好后，认真对其进行检查，最后画剖面线、标注尺寸、加深图线，对零件进行编号、填写明细表、标题栏、技术要求等，完成装配图。

图 10－11 为画齿轮泵装配图的绘图步骤，图 10－12 为最后完成的齿轮泵装配图。

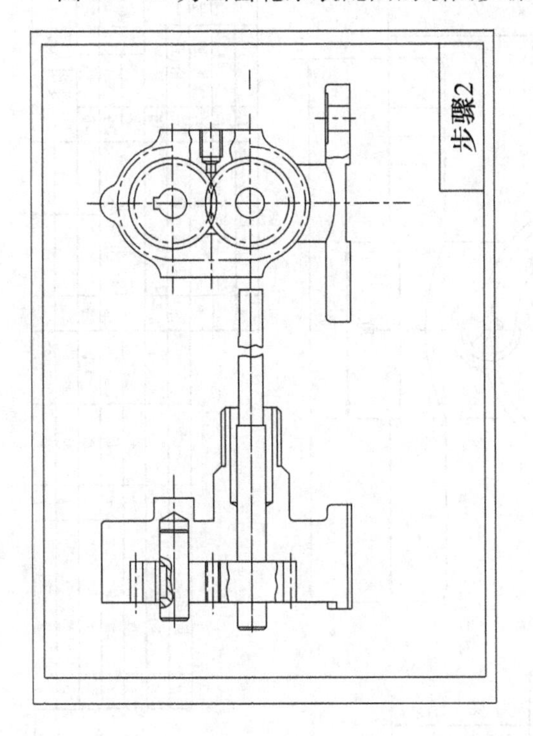

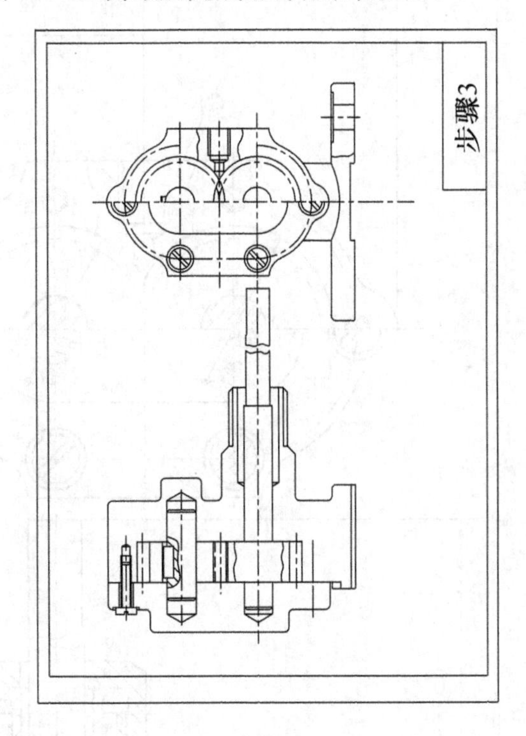

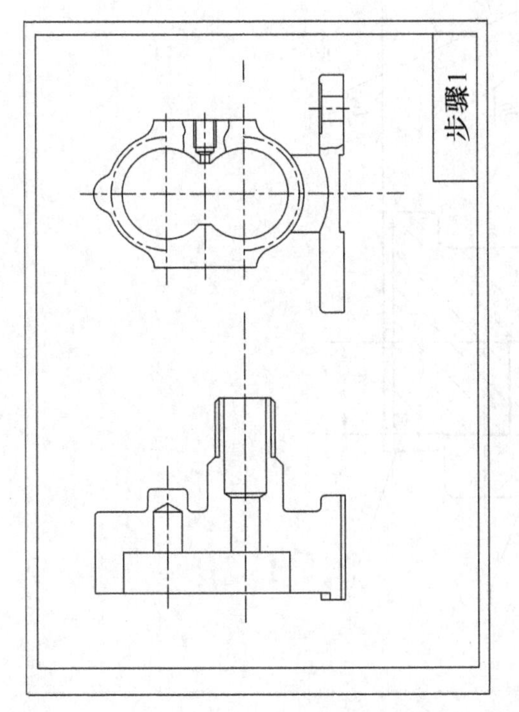

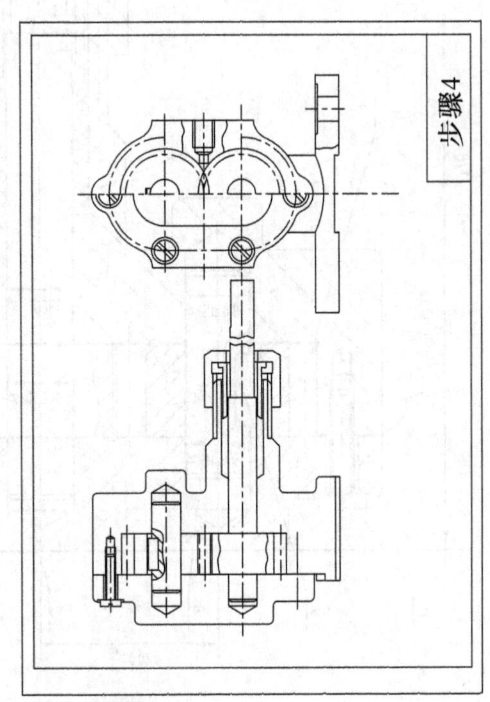

图 10－11　装配图底稿的画图步骤

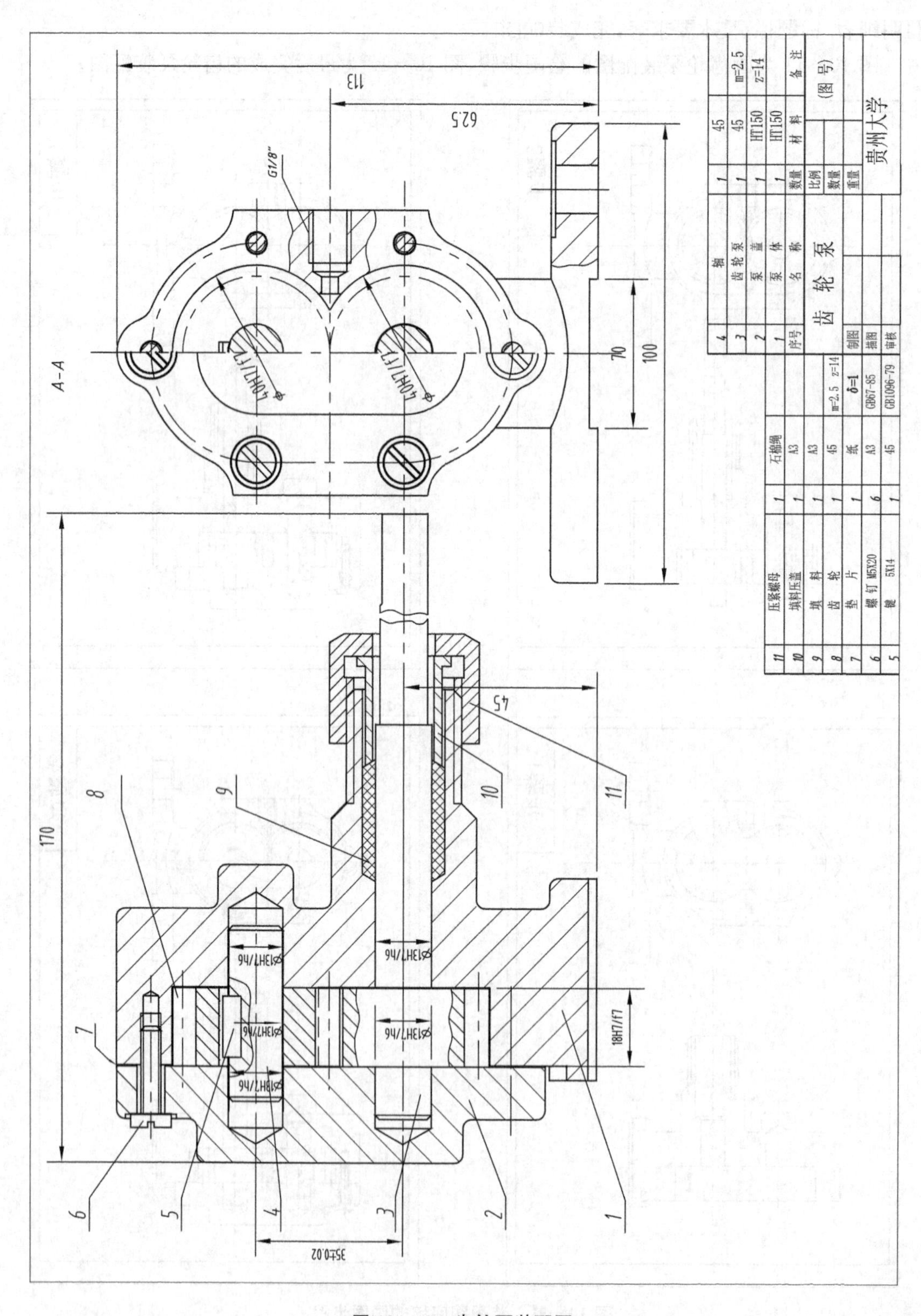

图 10－12　齿轮泵装配图

10.6 读装配图的方法

在部件的设计、装配、安装、调试及进行技术交流时，都需要读装配图，因此，具备读装配图的能力尤为重要。

10.6.1 读装配图的要求

读装配图时，重要的是读懂部件的工作原理、装配关系及主要零件的结构形状，其中包括：

① 了解机器或部件的功用、使用性能和工作原理。

② 弄清各零件的作用，相互间的装配关系（相对位置、连接方式等）以及装拆顺序。

③ 读懂各零件的结构形状。

④ 了解尺寸和技术要求等。

10.6.2 看装配图的方法和步骤

1. 概括了解

① 从标题栏和有关资料中，可以了解机器或部件的名称和大致用途。

② 从明细表和图上的零件编号中，可以了解各零件的名称、数量、材料和它们所在的位置。

③ 根据图样上的视图、剖视等的配置和标注，找出投射方向、剖切位置、各视图间的投影关系，了解每个视图的表达重点。如图 10－12 所示，齿轮油泵装配图由两个视图表达，主视图采用了全剖视，表达了齿轮油泵的主要装配关系。左视图沿左端盖和泵体结合面剖切，并沿进油口轴线取局部剖视，表达了齿轮油泵的工作原理。

2. 了解装配关系和工作原理

在概括了解的基础上，分析各零件间的定位、密封、连接方式和配合要求，从而搞清运动零件与非运动零件的相对运动关系。一般从完成机械动作的部件（从动力输入轴开始），即液压、气动设备（液压设备输入、输出部分）开始，沿着各个传动系统按次序了解每个零件的作用、零件间的连接关系。

3. 分析零件的作用及结构形状

由装配图了解到机器的工作原理和装配关系后，应进一步分析各零件在部件中的作用以及各零件的相互关系和结构形状。从装配图中区分各零件，应通过看各零件的序号和明细表以及对投影关系和剖面线的方向、距离来实现。

4. 尺寸分析

分析装配图中所注各种尺寸，可以进一步了解各零件间的配合性质和装配关系。

5. 总结归纳

最后为了对所看装配图有一全面认识，还应根据机器或部件的工作原理从部件的装拆顺序、密封装置、安装方法和技术要求进行综合分析，从而获得对整台机器或部件的完整认识。

10.6.3 读虎钳装配图

1. 概括了解

机用虎钳是一种在机床工作台上用来夹持工件，以便于对工件进行加工的夹具。从机用

图 10－13 虎钳装配图中可知：主视图沿前、后对称中心面剖开，采用全剖视，表达机用虎钳的工作原理；左视图为 A－A 半剖视，表达主要零件的装配关系；俯视图为局部剖，表达机用虎钳的外形及钳口板 7 与固定钳体 8 的装配关系。

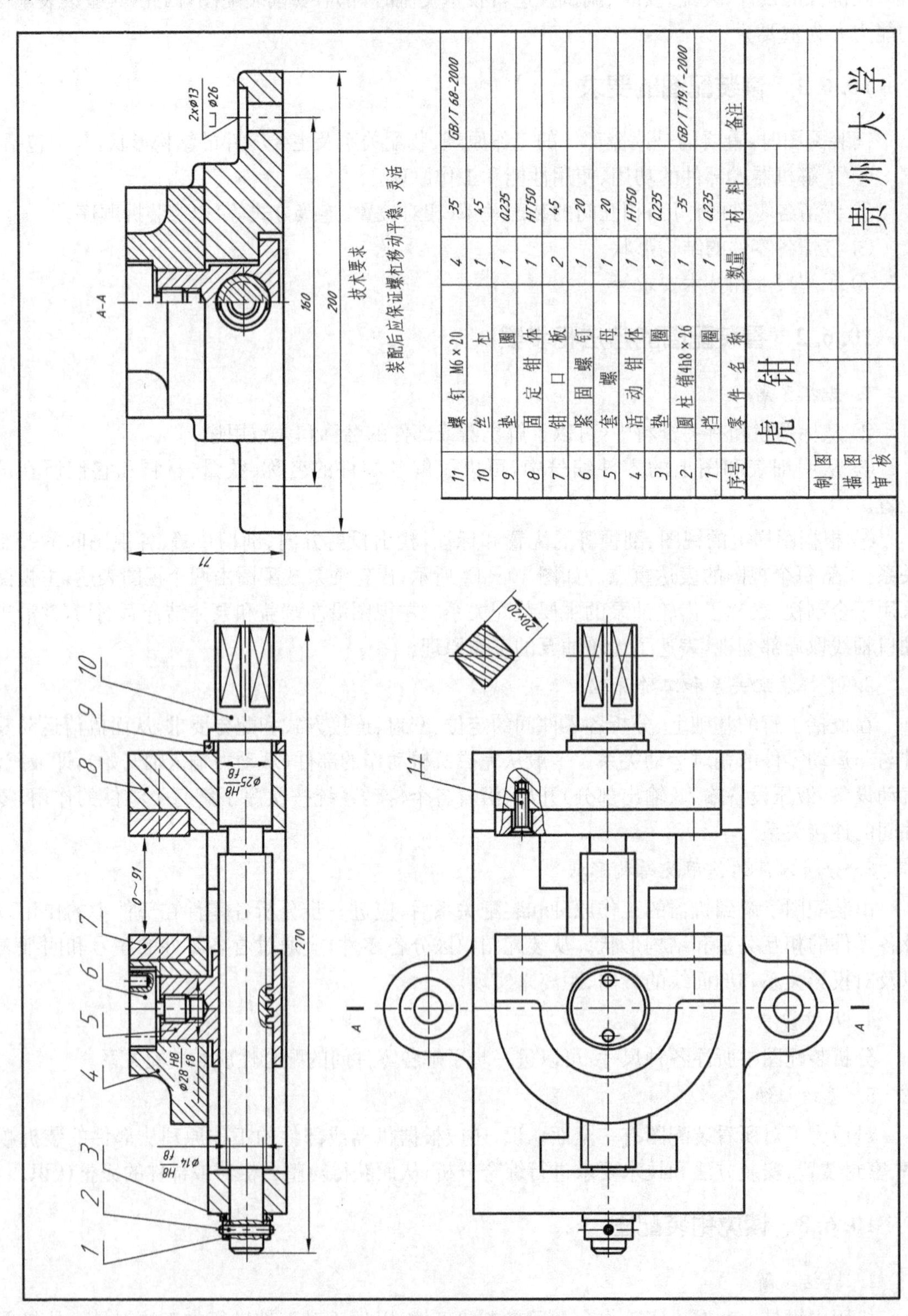

图 10－13　虎钳装配图

2. 了解装配关系和工作原理

由图中分析可知:机用虎钳由固定钳体 8、钳口板 7、活动钳体 4、丝杠 10 和套螺母 5 等零件组成。当用扳手转动丝杠 10 时,由于丝杠 10 的左边用圆柱销卡住,使它只能在固定钳座 8 的两圆柱孔中转动,而不能沿轴向移动,这时丝杠 10 就带动套螺母 5,使活动钳体 4 沿固定钳座 8 的内腔作直线运动。套螺母 5 与活动钳体 4 用螺钉 6 连成整体,这样使钳口闭合或开放,便于夹紧和卸下零件。从主视图可以看到机用虎钳的活动范围为 0～91 mm。两块钳口板 7 分别用螺钉 11 紧固在固定钳体 8 和活动钳体 4 上,以便磨损后更换,如图 10－13 俯视图所示。

3. 分析零件的作用及结构形状

固定钳体 8 在装配件中起支承钳口板 7、活动钳体 4、丝杠 10 和套螺母 5 等零件的作用,丝杠 10 与固定钳体 8 的左、右端分别以 ϕ14H8/f8 和 ϕ25H8/f8 间隙配合。活动钳体 4 与套螺母 5 以 ϕ28H8/f8 间隙配合。

固定钳体 8 的左、右两端是由 ϕ14H8 和 ϕ25H8 水平的两圆柱孔组成,它支承丝杠 10 在两圆柱孔中转动,其中间是空腔,使套螺母 5 带动活动钳体 4 沿固定钳体 8 作直线运动。为了使机用虎钳固定在机床工作台上,以便用来夹持工件,固定钳座 8 的前、后有两个凸台。

10.7 由装配图拆画零件图

在设计过程中,首先画出装配图,然后根据装配图拆画零件图,这是设计中的一个重要环节。

10.7.1 由装配图拆画零件图的步骤

1. 把零件从装配图中分离出来

① 根据剖面线的方向和间隔的不同及视图间的投影关系等确定被拆零件的内外轮廓。

② 看零件编号,分离不剖零件。

③ 看尺寸,综合考虑零件的功用、加工、装配等情况,然后确定零件的形状。

2. 构思零件形状

对装配图中未表达完全的结构,要根据零件的作用和装配关系重新设计。对装配图中未画出的工艺结构,如铸造圆角、拔模斜度、倒角和退刀槽等,都应在零件图中表达清楚,使零件的结构形状表达得更为完整。

3. 确定表达方案

由于装配图和零件图的作用不同,在拆图时,零件的视图选择和表达方法不能盲目地照抄装配图,而应根据第 9 章中“零件的视图选择”中的要求重新考虑。例如,轴套类零件应按加工位置安放,箱体类零件、叉架类零件应按工作位置安放,以选取主视图的投影方向。

4. 确定零件的尺寸

拆图时,零件的尺寸应从以下几方面考虑:

① 装配图上注出的尺寸,可以直接移到相关零件图上。凡注有配合代号的尺寸,应该根据配合类别、公差等级注出上下偏差。

② 对一些标准结构如沉孔、螺栓通孔的直径、键槽尺寸、螺纹、倒角等应查阅有关标准。对齿轮应根据模数、齿数通过计算确定其参数和尺寸。

③ 在装配图中未标出的零件各部分尺寸,可以从装配图上按比例直接量取。

在标注零件图上的尺寸时,对有装配关系的尺寸要注意相互协调,不要互相矛盾。

5. *确定零件的技术要求*

包括表面粗糙度、形位公差以及热处理和表面处理等技术要求,应根据零件的作用、装配关系和装配图上提出的要求来确定技术要求或参考同类型产品的图样确定技术要求。

10.7.2 拆画虎钳装配图中的固定钳体示例

① 从装配图中分离出固定钳体 8 的轮廓,如图 10-14 所示。

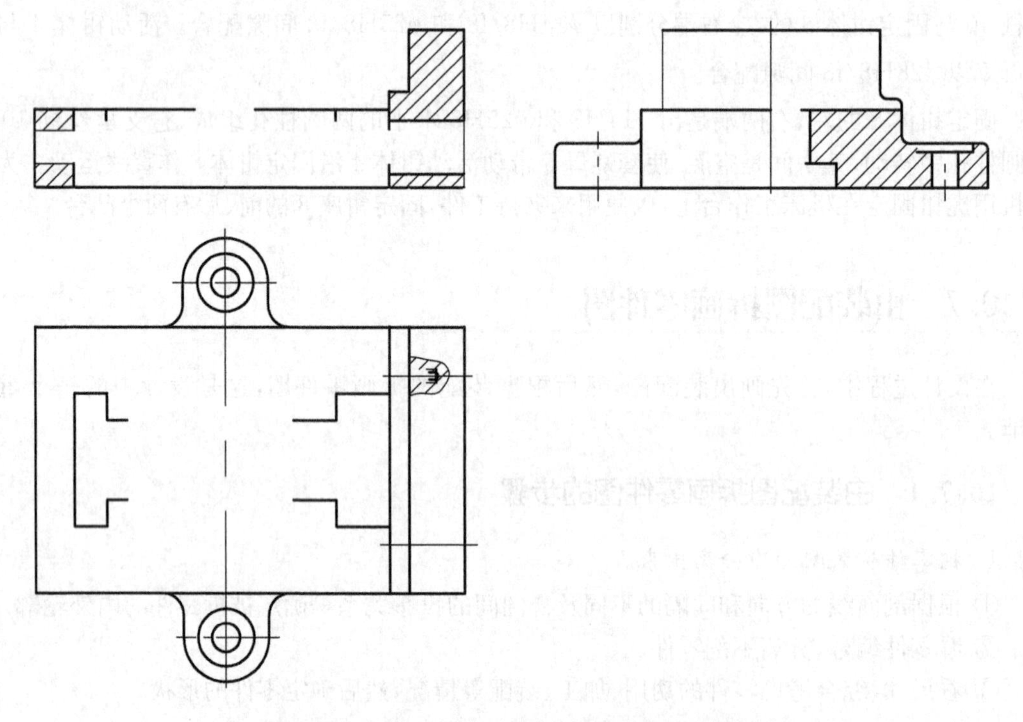

图 10-14 从装配图中分离出的固定钳体的轮廓

② 确定零件的表达方案。根据零件的视图表达方案选取原则,主视图按装配图中主视图的摆放位置全剖视画出,左视图采用半剖视,俯视图采用局部剖视以表达螺孔的结构和固定钳体 8 的外形。

③ 补全视图中的漏线。

④ 标注尺寸和技术要求,如图 10-15 所示,是根据虎钳装配图拆画的固定钳体 8 的零件图。

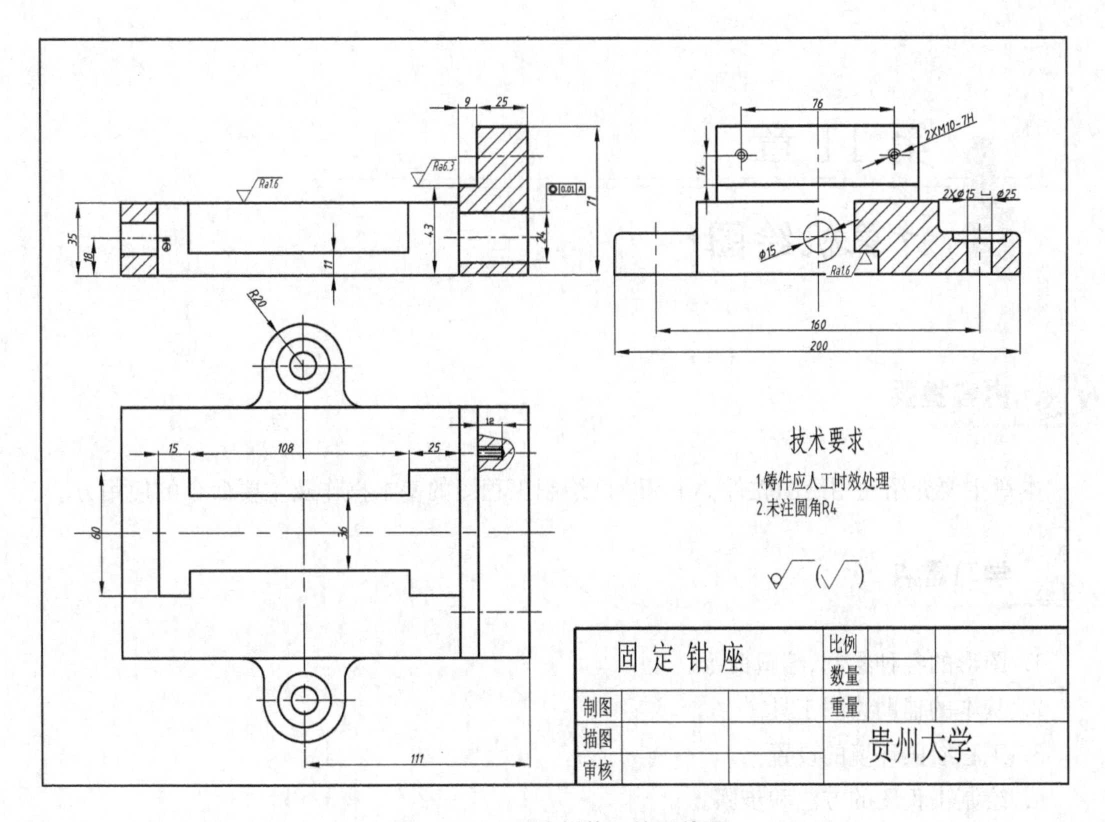

图 10－15　固定钳体 8 的零件图

第11章 计算机绘图

内容提要

本章主要介绍通用绘图软件 AutoCAD 绘制工程图的基本操作及主要命令的使用方法。

学习重点

1. 图形的各种绘制、编辑命令。
2. 基本的辅助绘图工具。
3. 工程绘图环境的设置。
4. 绘制工程图的方法和步骤。

目的和要求

能利用 AutoCAD 软件，快速地绘制出符合国家规范的工程图样。

随着科学技术的飞跃发展，产品不断地在更新换代，这就使得设计绘制的图纸量大大增加。如果仍采用手工制图，则绘制周期长、效率低。而采用计算机绘图则会缩短设计和制图时间周期，加快产品的生产，提高产品的经济效益。

计算机绘图的优点主要是：绘图速度快、精度高，修改方便，便于保存、查找和交流，可极大地提高设计质量，减轻劳动强度。因而，计算机绘图被广泛应用于航空工业、造船、机械、建筑等各行业中。

11.1 计算机绘图系统组成

计算机绘图系统由硬件（组成结构如图 11-1 所示）和软件两部分组成。

11.1.1 计算机绘图系统的硬件组成

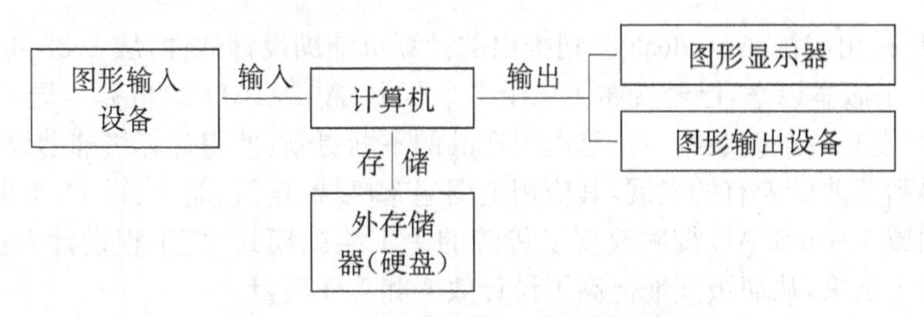

图11-1 计算机绘图系统硬件组成图

1. 计算机(主机)

计算机是整个计算机绘图系统的核心,是我们实现计算机绘图所必需的硬件条件。

2. 图形输入设备

图形输入设备包括键盘、鼠标(机械式和光电式)、数字化仪(图形输入板)、扫描仪、光笔等,绘图所必需的数据、信息等资料都由它们输入给计算机。

3. 图形输出设备

图形输出设备包含图形显示器、绘图机、图形打印机,等等,绘制好的图形由图形输出设备显示出来或绘制在图纸上。

11.1.2 软件系统

计算机绘图软件系统的主要功能是使计算机能够进行编辑、编译、计算,并实现图形输出,是一种信息加工处理系统,一般包括系统软件、数据库、绘图语言、子程序库等。近年来,由于微型计算机在设计和制造领域中的广泛应用,各种国外通用绘图软件纷纷被引进,国产的绘图软件也应运而生。通用绘图软件是指能直接提供给用户使用,并能以此为基础进一步进行用户应用开发的商品化软件。

绘图软件主要有以下种类:

(1) 图形软件包 它们为用户提供了一套能绘制直线、圆、字符等各种用途的图形子程序,可以在规定的某种高级语言中调用。它们的代表有 PLOT-10,CALCOMP 等绘图软件。

(2) 基本图形资源软件 它们是根据图形标准或规范推出的供应用程序调用的底层图形子程序包或函数库,属于能被用户利用的基本图形资源。它们的代表有 GKS 和 PHIGS 等标准软件包。

(3) 交互图形软件 这类软件主要用来解决各种二维、三维图形的绘制问题,具有很强的人机交互作图功能,是当前微机系统上使用最广泛的通用绘图软件。目前市场上的交互绘图软件较多,例如,国产系统有清华同方的 OpenCAD 和 MDS2000,华中科技大学的开目 CAD 和 CADtool,北航海尔的 CAXA 等,国外系统有 Autodesk 公司的 AutoCAD,Micro Control System 公司的 CADKEY,Unigraphics Solutiongs 公司的 Solid Edge 等。

在这些软件中,Autodesk 公司的 AutoCAD 较为普及,本书主要介绍 AutoCAD 软件的应用。

11.2 AutoCAD 2006 简介

AutoCAD是由美国Autodesk公司推出的计算机辅助设计软件,从1982年开发的AutoCAD推出第一个版本以来,已经发布了二十多个版本,AutoCAD 2006是美国Autodesk公司于2005年6月发布的最新版本。正是由于产品的不断更新,使得计算机辅助设计及绘图技术在许多领域得到了前所未有的发展,其应用范围遍布机械、建筑、航天、轻工、军事、电子、服装、模具等设计领域。AutoCAD彻底改变了传统的手工绘图模式,把工程设计人员从繁重的手工绘图中解放了出来,从而极大地提高了设计效率和工作质量。

AutoCAD 2006是一个优秀的计算机图形数字化设计软件,它已经具有广大的用户群。对于初学者而言,在学习这个软件的过程中,应当在掌握其基本功能的基础上,学会如何使用AutoCAD来绘制符合国家规范的工程图样。

11.2.1 工作界面介绍

当正确安装了AutoCAD 2006之后,系统就会自动在Windows桌面上生成一个快捷图标,如图11-2所示,双击该图标即可启动AutoCAD 2006。

图11-2 Auto CAD 2006 快捷图标

进入AutoCAD 2006系统后,呈现在我们眼前是如图11-3所示的工作界面。它主要由标题栏、下拉菜单、工具栏、绘图区、十字光标、命令行和状态栏等部分组成。

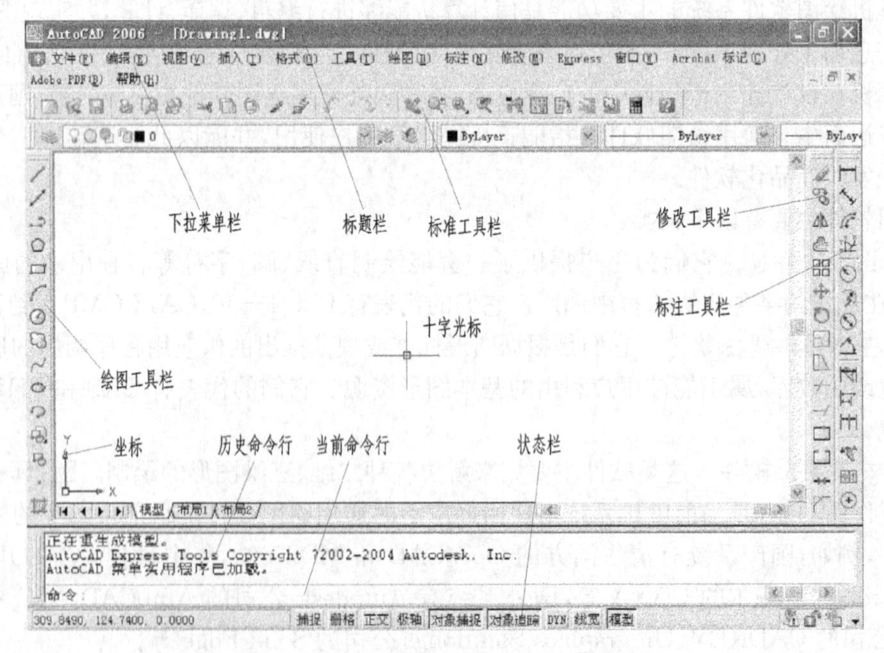

图11-3 中文版AutoCAD 2006工作界面

1. 标题栏

标题栏中显示的是当前图形文件的名称,中文版AutoCAD 2006默认的文件名为“Drawing1.dwg”。标题栏右上角有3个按钮, 可分别对AutoCAD 2006窗口进行最小化、正常化和关闭操作。

2. 绘图区

绘图区也称为视图窗口，位于屏幕中央空白区域，是进行绘图的主要工作区，所有的工作结果都将随时显示在该窗口。

3. 菜单

在 AutoCAD2006 中，菜单分为下拉菜单和快捷菜单两种。单击下拉菜单栏上的任一主菜单，即可弹出相应的子菜单。通过单击子菜单中的任一命令选项，即可完成与该项目对应的操作。

AutoCAD 下拉菜单选项有以下几种行式：

① 如果菜单项后带有“ ▶ ”符号，表示该项还包括下一级联菜单，可进一步选定下一级联菜单中的选项。

② 如果菜单项后带有省略号“…”，表示选取该项后将会打开一个对话框，通过对话框可为该命令的操作指定参数。

③ 菜单项中用黑色字符标明的选项表示该项可用，用灰色字符标明的菜单选项则表示该项暂时不可用，需要选定合乎要求的对象之后才能使用。

4. 工具栏

工具栏是 AutoCAD 提供的又一输入命令和执行命令的方法。它包括了许多功能不同的图标按钮，只需单击某个按钮，即可执行相应的操作。

5. 命令行

命令行位于操作界面下方，进入 AutoCAD 2006 以后，在命令行中显示“命令：”提示，该提示表明系统等待用户输入命令。当系统处于命令执行过程中时，命令行将显示各种操作提示（如错误、命令分析等信息）；当命令执行后，命令行又回到“命令：”状态，等待用户输入新的命令。

命令行是用户与 AutoCAD 进行直接对话的窗口。在绘图的整个过程中，初学者应该密切留意命令行中的提示内容，因为它是 AutoCAD 与用户进行交流信息的渠道，这些信息记录了 AutoCAD 与用户的交流过程。

6. 状态栏

状态栏位于命令行下方，如图 11－4 所示，主要用来显示 AutoCAD 当前的状态。如当前十字光标在绘图区所处的绝对坐标位置，绘图时是否打开了正交、捕捉、对象捕捉、栅格显示和自动追踪等功能，当前的绘图空间以及菜单和工具按钮的帮助说明等。用户可以根据需要设置显示在屏幕上的状态选项。

440.0985, 49.3009 , 0.0000 | 捕捉 | 栅格 | 正交 | 极轴 | 对象捕捉 | 对象追踪

图 11－4 状态栏

11.2.2 命令执行方式

在 AutoCAD 2006 中命令的执行方式有多种，可以通过命令按钮的方式执行、通过下拉菜单命令的方式执行或通过键盘输入的方式执行等。用户在作图时，应根据实际情况选择最佳的执行方式，从而提高作图效率。

1. 以命令按钮的方式执行

以命令按钮的方式执行命令即在工具栏上单击所要执行命令相应的工具按钮，然后根据命令行的提示完成绘图操作。与其他方式不同的是,该方式执行命令是通过单击工具栏中的按钮来完成的。例如,要绘制直线,只需在“绘图”工具栏中单击“直线”工具按钮 ,然后根据命令行提示完成直线的绘制即可。

2. 以菜单命令的方式执行

以菜单命令的方式执行命令即通过选择下拉菜单或快捷菜单中相应的命令选项来绘制图形,当用户不知道某个命令的命令形式,也不知道该命令的工具按钮属于哪个工具栏时,就可通过该方式来绘制图形。

以菜单命令的方式执行命令应视其命令的形式来快速选择相应的菜单。如要使用某个绘图命令,则可在“绘图”菜单中选择相应的绘图命令。如要对文字样式进行设置,因为样式的设置与格式有关,因此可在“格式”菜单下进行选择。

3. 以键盘方式执行

通过键盘方式执行命令是最常用的一种绘图方法,当要使用某个命令进行绘图时,只需在命令行中输入该命令,然后根据系统提示即可完成绘图。

例如,要绘制多边形,只需在命令行提示的状态下输入 POLYGON 命令,然后按回车键即可,如图 11-5 所示。

```
命令: _polygon 输入边的数目 <4>:
指定正多边形的中心点或 [边(E)]:
需要点或选项关键字。
指定正多边形的中心点或 [边(E)]:
输入选项 [内接于圆(I)/外切于圆(C)] <I>: I
指定圆的半径:

命令:
```

图 11-5 当前命令行

11.2.3 世界坐标系统及数据输入方式

1. 世界坐标系(WCS)

AutoCAD 的世界坐标系(WCS)如图 11-6 所示,X 轴正方向向右,表示水平距离增加,Y 轴正方向向上,表示竖直距离增加。坐标系内的任何一点都可用其相应坐标值来描述。

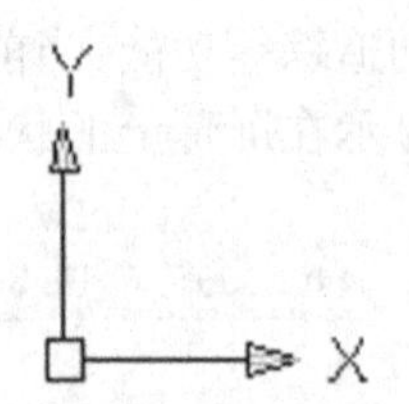

图 11-6 WCS 坐标

2. 数据输入方式

通常在调用一条 AutoCAD 命令时,还需要用户提供某些数据信息,以便指定该命令所要完成的工作或动作执行的方式、位置等。

数据的输入方式有:绝对直角坐标、相对直角坐标、相对极坐标、光标动态拾取、捕捉特征点。

(1) 绝对直角坐标

以坐标原点(0,0)为基点定位所有的点。用户可以通过输入(X,Y)坐标的方式来定义一个点的位置。

输入格式:X,Y↙

(2) 相对直角坐标

以相对特定坐标点(X,Y)的增量(△X,△Y)来定义一个点的位置。

输入格式:@△X,△Y↙

“@”字符表示使用相对坐标输入。

(3) 相对极坐标

以相对于参考极点的距离和角度来定义一个点的位置。

输入格式:@距离<角度↙

(4) 光标动态拾取

将光标移动到图中合适的位置,按鼠标左键,输入坐标。这种输入方法适合于图纸布局画基准线用。

输入格式:将光标移动到图中合适的位置↙

(5) 捕捉特征点

坐标的输入为某个图元的特征点。常用的图元特征点有:线段的端点(end)、线段的中点(mid)、线段的交点(int)、线段的切点(tan)、圆的圆心(cen)。

输入格式:直接输入特征点的英文缩写(如 end、mid、int、tan、cen)↙

在绘图中,上述五种坐标输入方式配合使用会使绘图更灵活。

11.2.4 图层

AutoCAD 利用图层可以管理和控制复杂的图形,不同属性的实体可建立在不同的图层上,若要对实体属性进行修改,通过图层即可快速、准确地达到目的。

1. 图层设置

选择下拉菜单【格式】→【图层】命令或单击“图层”工具栏上的 按钮或在命令行中输入 LAYER 命令,出现如图 11-7 所示的“图层特性管理器”对话框,该对话框各选项含义如下:

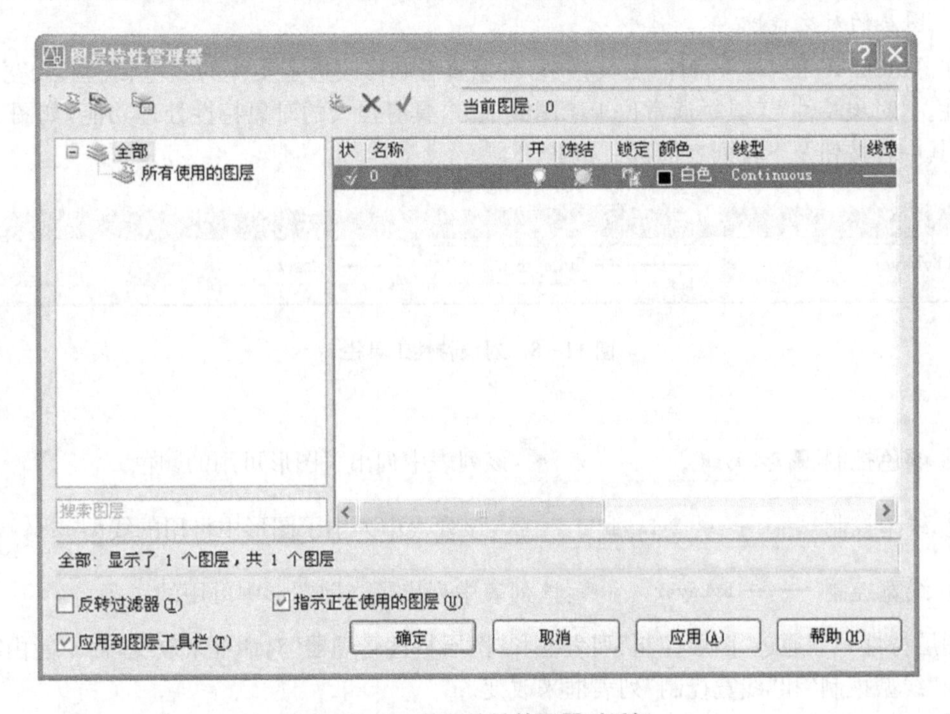

图 11-7 图层特性管理器对话框

① 新建图层 :创建新图层,系统默认新创建的图层名为"图层 1"。

② 置为当前 ✓:将所选图层设为当前图层。

③ 删除图层 ×:删除所选图层。

2. 图层属性

使用图层绘制图形不但可以提高绘图效率,而且还便于管理图形的线型、颜色等特性。

(1) 新建及删除图层

在绘图过程中,用户可根据需要建立新的图层,在"图层特性管理器"对话框中单击"新建"按钮,在图层列表中将自动生成名为"图层 1"的新图层。

(2) 设置当前层

用户只能在当前层上绘制图形,并且所绘制的实体将继承当前层的属性,当前图层的状态信息都显示在"对象特性"工具栏中,可通过以下几种方法来设置当前图层。

(3) 图层属性

AutoCAD 2006 为图层设置了多种属性,包括状态、颜色、线型、线宽、打印样式等,主要属性介绍如下。

① 状态控制 :AutoCAD 提供了状态开关,用以控制图层开关状态。

② 颜色控制 ■ 白色:为了区分不同图层上的实体,可以为图层设置颜色属性,所绘制的实体将继承图层的颜色属性。

③ 线型控制 Continuous :AutoCAD 可以根据需要为每个图层分配不同的线型,在默认情况下,各图层线型均为实线。

④ 线宽控制 —— 默认 :可以为直线设置不同的宽度。

3. 图层的对象特性

在 AutoCAD 的"对象特性"工具栏中,可以查看和修改选定实体的颜色、线型、线宽、图层等特性。"对象特性"工具栏通常位于绘图区上方,具有强大的对象特性处理功能,如图 11-8 所示,其中各按钮及下拉列表框含义如下。

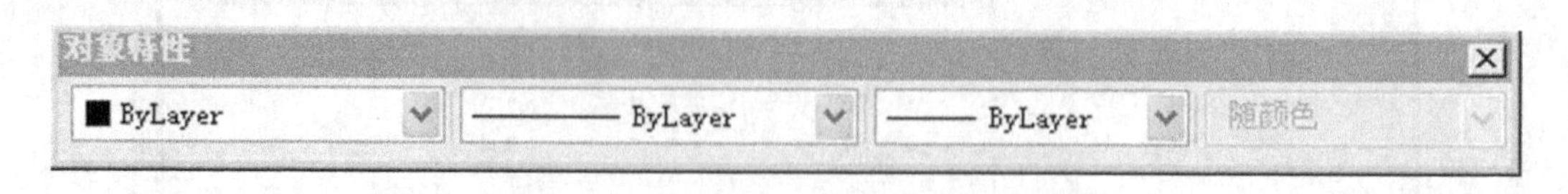

图 11-8 对象特性工具栏

① 颜色控制 ■ ByLayer :该列表中列出了图形可用的颜色。

② 线型控制 ———— ByLayer :该列表中列出了图形中可用的线型。

③ 线宽控制 —— ByLayer :该列表中列出了当前图形中可用的线宽。

图层特性只能通过"图层控制"列表框和"图层特性管理器"对话框来改变,而不能由"颜色控制"、"线型控制"和"线宽控制"列表框来改变。

4. 设置图形的线型

在工程绘图中,常常要用不同的线型,除了固有的连续实线以外,AutoCAD 2006 还提供了多达 45 种线型。

选择下拉菜单【格式】→【线型】命令或在命令行中输入 LINETYPE 命令，出现如图 11－9 所示"线型管理器"对话框，线型用加载方式选用。

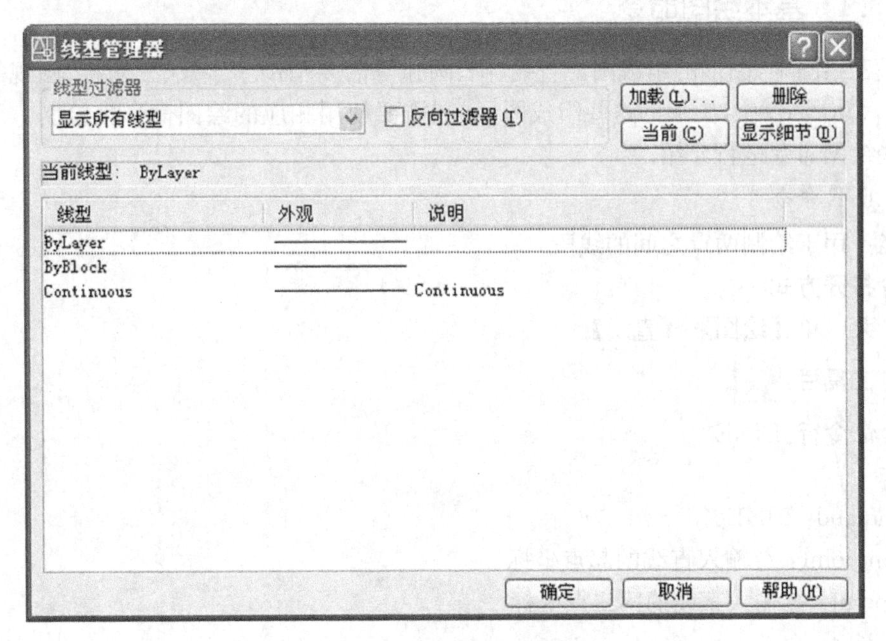

图 11－9　线型管理器对话框

5. 设置图形的线宽

选择下拉菜单【格式】→【线宽】命令或在命令行中输入 LWEIGHT 命令，出现如图 11－10 所示的"线宽设置"对话框，可在该对话框中设置线宽单位和线宽。对话框中各项含义如下：

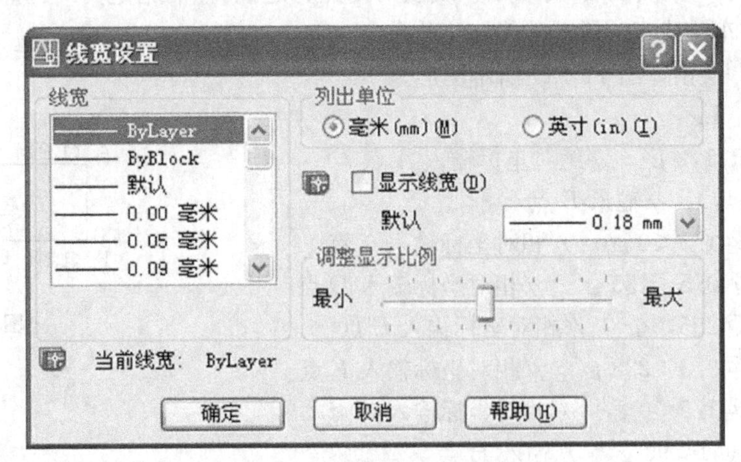

图 11－10　线宽设置对话框

① 线宽：在该栏中可为对象设置当前线宽值，也可改变图形中已存在对象的线宽值。

② 默认：在该下拉列表框中指定默认的线宽值，使用默认线宽值可以节省内存空间，提高工作效率。

③ 显示线宽：可通过单击"显示线宽"按钮来显示线宽。

11.3 AutoCAD 基本的绘图和修改命令

11.3.1 基本绘图命令

在手工绘图中,图形的组成图元直线、圆、圆弧等需要借助丁字尺、三角板、圆规等工具来绘制;在 AutoCAD 中,图形的这些组成图元,则需要使用相应的绘图命令来绘制。下面对常用的一些绘图命令进行介绍。

1. LINE 命令

功能 用于绘制两点之间的线段。

命令打开方式

菜 单:【绘图】→【直线】

工具栏:

命令行:LINE

操作

Command: LINE↙

From point: //输入直线的起点坐标

To point: //输入直线的第二点坐标

To point:↙

说明

① 在系统要求输坐标时,可输入绝对坐标值,可输入相对坐标值,可由鼠标直接点取,也可以捕捉图元的特征点。

② 当绘制了一条线段后,可以以该线段的终点为起点,然后指定另一终点来绘制另一条线段,直到按回车键或 Esc 键时才能终止此命令。

[程序举例]绘出如图 11-11 所示图形。

Command: L↙

From point:1,2 ↙ //绝对坐标输入 *A* 点

To point :1,1 //输入 *B* 点

To point:@1.5<0 ↙ //相对坐标输入 *C* 点

To point:@0.5<135 ↙ //相对坐标输入 *D* 点

To point:@2.5,0 ↙ //相对坐标输入 *E* 点

To point:@0.5<225 ↙ //相对坐标输入 *F* 点

To point:@1.5<0 ↙ //相对坐标输入 *G* 点

To point :@1<90 ↙ //输入 *H* 点

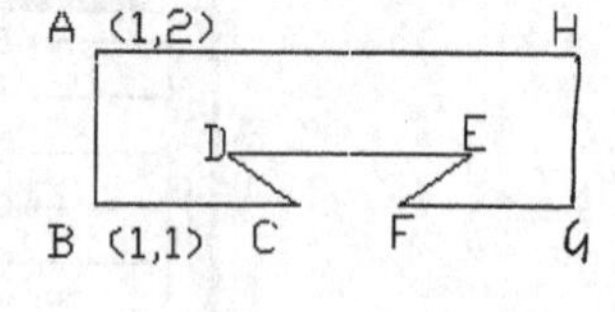

图 11-11

2. CIRCLE 命令

功能 绘制圆。

命令打开方式

菜 单:【绘图】→【圆】

工具栏:

命令行：CIRCLE

选项 ① 圆心：基于圆心和直径(或半径)绘制圆。

② 三点：基于圆周上的三点绘制圆。

③ 两点：基于圆直径上的两个端点绘制圆。

④ 相切、相切、半径(TTR)：基于指定半径和两个相切对象绘制圆。

说明 在机械制图中常用该命令绘制圆弧连接，系统默认的绘圆方法是通过圆心和半径的方式来进行。

3. ARC 命令

功能 绘制圆弧。

命令打开方式

菜　单：【绘图】→【圆弧】

工具栏：

命令行：ARC

选项 ① 三点画圆弧。

② 起点、圆心、终点；起点、圆心、角度；起点、圆心、弦长画圆弧。

③ 圆心、起点、终点；圆心、起点、角度；圆心、起点、弦长画圆弧。

④ 起点、终点、角度；起点、终点、方向；起点、终点、半径画圆弧。

说明 ① 缺省状态时，以逆时针画圆弧。若所画圆弧不符合需要，可以将起始点及终点倒换次序后再画。

② 如果用回车键回答第一提问，则以上次所画线或圆弧的终点及方向作为本次所画弧的起点及起始方向。这种方法特别适用于与上次所画线或圆弧相切的情况。

4. RECTANG 命令

功能 绘制矩形。

命令打开方式

菜　单：【绘图】→【矩形】

工具栏：

命令行：RECTANG

说明 使用该命令时，需指定矩形的两个对角点的位置。

5. POLYGON 命令

功能 绘制 3～1024 条边的正多边形。

命令打开方式

菜　单：【绘图】→【正多边形】

工具栏：

命令行：POLYGON

选项 ① 正多边形中心：先定义正多边形中心点，然后输入内切圆或外接圆选项和半径画出正多边形。

② 边：通过指定第一条边的端点来定义正多边形。

说明 在机械制图中常用该命令来绘制螺母等机械零件。

6. BHATCH 命令

功能 在指定的封闭边界内填充一定样式的图案,在进行填充时,可对填充图案的样式、比例、旋转角度等选项进行设置。

命令打开方式

菜 单:【绘图】→【图案填充】

工具栏:

命令行:BHATCH

输入命令后显示"图案填充"对话框,如图 11-12 所示。

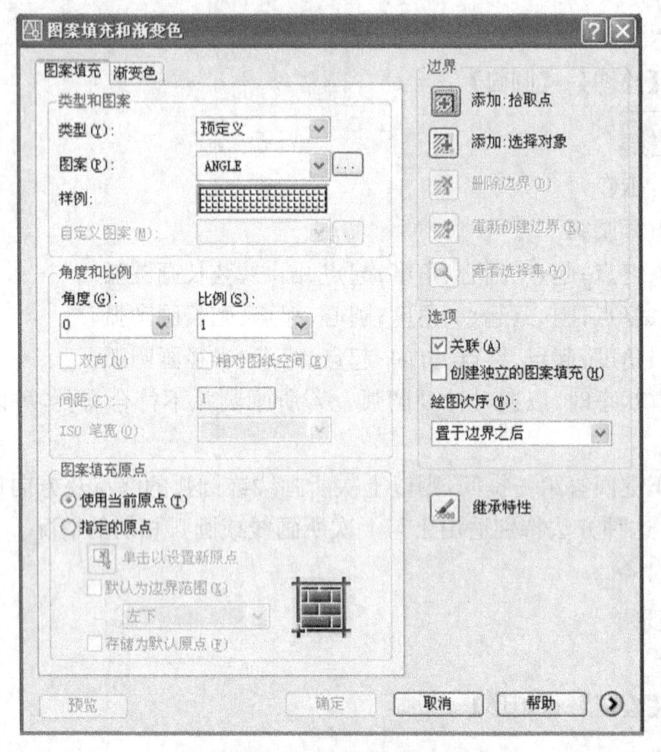

图 11-12 图案填充对话框

选项 ① 类型:设置图案类型。其中:"预定义"是指定一个预定义的 AutoCAD 图案,这些图案存储在 acad. pat 和 acadiso. pat 文件中,可以控制任何预定义图案的角度和缩放比例,对于预定义的 ISO 图案,还可以控制 ISO 笔宽;"用户定义"是基于图形的当前线型创建直线图案,可以控制用户定义图案中的角度和直线间距;"自定义"是指定自定义 PAT 文件中的一个图案,可以控制任何自定义图案中的角度和缩放比例。

② 图案:列表显示可用的预定义图案,六个最常用的用户预定义图案将出现在列表顶部。只有在"类型"中选择了"预定义",此选项才可用。双击[...]按钮将显示"填充图案调色板"对话框,从中可以同时查看所有预定义图案的预览图像,有助于用户作出选择。

③ 样例:显示选定图案的预算图像。单击"样例"则显示"填充图案调色板"对话框。

④ 自定义图案:列表显示可用的自定义图案,六个最常用的自定义图案将出现在列表顶部。只有在"类型"中选择了"自定义",此选项才可用。

⑤ 角度:指定填充图案的角度。

⑥ 比例:放大或缩小预定义或自定义填充图案。只有在“类型”中选择了“预定义”或“自定义”,此选项才可用。

其他选项 ① 拾取点:在所要填充图案的封闭区域内拾取一点,以确定封闭区域的边界。② 选择对象:选择要填充的特定对象。

说明 如果使用的是预定义的实体填充图案,其边界必须是封闭的,同时不能与其自身相交。另外,如果图案区域包含多个环,这些环也不能相交。这些限制对标准图案填充不起作用。

11.3.2 基本修改编辑命令

AutoCAD 的强大功能在于图形的修改编辑,即对已存在的图形进行复制、移动、镜像、修剪,擦除等。下面介绍常用图形修改编辑命令的功能和用法。

1. 确定需要修改编辑的目标

图形的修改编辑都需要确定被操作的目标。常用的选择目标方法有:

➢ 点选:用光标点选图元。

➢ W 窗口选(Window):选窗口对角两点形成窗口,则窗口内所围图元被选中。图元有任何一部分在窗外都不能被选中。

➢ C 窗口选(Crossing):选窗口对角两点形成窗口,则窗口内所围图元被选中。只要图元有任何一部分在窗内均被选中。

➢ WP 窗口选(WPolygon):与 Window 操作类似,但选择框为任一多边形。

➢ CP 窗口选(CPolygon):与 Crossing 操作类似,但选择框为任一多边形。

➢ 围栏选(Fence):选择与围栏相交的图元,围栏可以不封闭。

➢ 全部选(ALL):选中图形文件中的所有图元。

说明 AutoCAD 的被操作目标选择可以是上述方法的任意组合。

2. ERASE 命令

功能 将选中的实体删除。

若要恢复删除的对象,可使用 UNDO 或 OOPS 命令来进行。

命令打开方式

菜　单:【修改】→【删除】

工具栏:

命令行: ERASE

3. BREAK 命令

功能 可将直线、弧、圆、多段线等图元分成两个实体或删除某一部分。

命令打开方式

菜　单:【修改】→【打断】

工具栏:

命令行: BREAK

说明 ① 断开圆或圆弧时要注意两点的顺序,AutoCAD 总是依逆时针断开。② 第二点不一定要位于图元上。如果第二点位于图元内侧,AutoCAD 会自动找到图元上离该点的最近点,如果第二点位于图元外侧,则将第一点与离第二点最近的端点间的部分抹掉。

4. TRIM 命令

功能 以某些图元作为边界(剪刀),将另外某些图元不需要的部分剪掉。

命令打开方式

菜 单:【修改】→【修剪】

工具栏:

命令行:TRIM

说明 被修剪的对象可以是直线、圆、弧、多段线、样条线和射线等。使用时首先要选择剪切边,然后空回车,再选择要剪切的对象。

5. EXTEND 命令

功能 以某些图元为边界,将另外一些图元延伸到此边界。

命令打开方式

菜 单:【修改】→【延伸】

工具栏:

命令行:EXTEND

说明 这些边界可以是直线、圆弧或多段线等。在进行延伸操作时,系统会提示用户选择延伸边界,然后根据延伸边来延伸用户所选线段。

6. MOVE 命令

功能 将选定对象从当前位置移至新位置,这种移动并不改变对象的尺寸和方位。

命令打开方式

菜 单:【修改】→【移动】

工具栏:

命令行:MOVE

选项 移动对象选择完毕后,指定两个点定义了一个位移矢量,该矢量指明了被选定对象的移动距离和移动方向。如果在确定第二个点时按键,那么第一个点的坐标值就被认为是相对的 X、Y、Z 位移。

7. ROTATE 命令

功能 将选定对象绕某一基准点作旋转。

命令打开方式

菜 单:【修改】→【旋转】

工具栏:

命令行:ROTATE

选项 旋转对象选择完毕后指定基准点,然后选择:

① 旋转角度:决定对象绕基点旋转的角度。

② 参照:指定当前参照角度和所需的新角度。

8. SCALE 命令

功能 将图元按一定比例放大或缩小。

命令打开方式

菜　单:【修改】→【比例】

工具栏:

命令行:SCALE

选项　对象选择完毕后指定基准点(即缩放中心点),然后选择:

① 比例因子:按指定的比例缩放选定对象。大于1的比例因子使对象放大,介于0和1之间的比例因子使对象缩小。

② 参照:按参照长度和指定的新长度比例缩放所选对象。

9. STRETCH命令

功能　将图形某一部分拉伸、移动和变形,其余部分不动。

命令打开方式

菜　单:【修改】→【拉伸】

工具栏:

命令行:STRETCH

说明　可以被拉伸的对象有直线、圆弧、椭圆弧、多段线和样条曲线等,而圆、文本和图块则不能被拉伸。在对实体进行拉伸时,实体的选择只能用交叉窗口方式,与窗口相交的实体将被拉伸,窗口内的实体将随之移动。

10. LENGTHEN命令

功能　修改对象的长度和圆弧的包含角。

命令打开方式

菜　单:【修改】→【拉长】

工具栏:

命令行:LENGTHEN

选项　① 选择对象:显示对象的长度,如果对象有包含角,则一同显示包含角。

② 增量:以指定的增量改变对象的长度,从选定对象中距离选择点最近的端点处开始定距定数等分;以指定增量修改圆弧的角度,从圆弧的指定端点处开始定距定数等分。如果结果是正值,就拉伸对象;如果是负值,就修剪对象。

③ 百分数:通过指定对象总长度的百分比设置对象长度,通过指定圆弧总角度的百分比修改圆弧角度。

④ 全部:通过指定固定端点间总长度的绝对值设置选定对象的长度,通过指定总包含角设置选定对象的总角度。

⑤ 动态:打开动态拖动模式。根据被拖动的端点的位置改变选定对象的长度,将端点移动到所需的长度或角度,而另一端保持固定。

11. EXPLODE命令

功能　将被选定的图形分解成单个的实体,分解后可以对单个的实体进行编辑。

命令打开方式

菜　单:【修改】→【分解】

工具栏:

命令行:EXPLODE

12. COPY 命令

功能 可将一个或多个对象复制到指定位置,也可以将一个对象进行多次复制。该命令常用于机械制图中绘制多个相同的零部件。

命令打开方式

菜 单:【修改】→【复制】

工具栏:

命令行:COPY

选项 要复制的对象选择完毕后选项有:

① 基点和位移:生成单一副本。如果指定两点,将以两点所确定的位移放置单一副本。如果指定一点,然后按回车键,将以原点和指定点之间的位移放置一个单一副本。

② 多重:基点放置多个副本。

13. ARRAY 命令

功能 将选定的目标对象进行“矩形”或“环形”阵列复制。

命令打开方式

菜 单:【修改】→【阵列】

工具栏:

命令行:ARRAY

选项 要阵列的对象选择完毕后选项有:

① 矩形阵列:指定行数和列数,创建由选定对象副本组成的阵列。如果只指定了一行,则在指定列数时,列数一定要大于二,反之亦然。假设选定对象在绘图区域的左下角,并向上或向右生成阵列,指定的行列间距包含要排列对象的相应长度。

② 环形阵列:创建由指定中心点或基点定义的阵列,将在这些指定中心点或基点周围创建选定对象副本。如果输入项目数,必须指定填充角度或项目间角度之一。如果按回车键(且不提供项目数),两者均必须指定。

14. MIRROR 命令

功能 将选定的对象按指定的镜像线进行镜像复制,常用于复制具有对称性的图形。

命令打开方式

菜 单:【修改】→【镜像】

工具栏:

命令行:MIRROR

说明 要镜像的对象选择完毕后输入镜像线,输入是否删除源对象即可产生镜像。

15. OFFSET 命令

功能 将直线、圆、多段线等对象作同心复制。

如果要进行偏移的对象是封闭的图形,则偏移后的对象将被放大或缩小。

命令打开方式

菜 单:【修改】→【偏移】

工具栏：

命令行：OFFSET

选项 偏移对象选择完毕后选项有：

① 偏移距离：在距现有对象指定的距离处创建新对象。

② 通过：创建通过指定点的新对象。

16. FILLET 命令

功能 将两个对象用圆弧进行连接。

命令打开方式

菜 单：【修改】→【圆角】

工具栏：

命令行：FILLET

说明 使用此命令应先设定圆弧半径，再进行圆角。

17. CHAMFER 命令

功能 用于将两条非平行的直线加倒角。

命令打开方式

菜 单：【修改】→【倒角】

工具栏：

命令行：CHAMFER

说明 使用该命令时应先设定倒角距离，然后再指定需要进行倒角的线段。

11.4 AutoCAD 的尺寸标注

AutoCAD 提供了完善的尺寸标注和尺寸样式定义功能。只要指出标注对象，即可根据所选尺寸样式自动计算尺寸大小以进行标注。AutoCAD 的基本尺寸标注有：线性、对齐、直径、半径、角度和坐标标注，另外还有旁注线标注等。AutoCAD 的尺寸标注形式完全由尺寸标注样式控制，因此，在尺寸标注前，需要事先设定好尺寸标注样式。

11.4.1 标注样式管理

1. DIMSTYLE 命令

功能 创建或修改标注样式。

命令打开方式

菜 单：【标注】→【样式】或【格式】→【标注样式】

工具栏：

命令行：DIMSTYLE

标注样式是一组已命名的标注设置，这些标注设置用来决定标注的外观。通过创建样式，可以快速方便地设置所有相关的标注系统变量，并且控制任何标注的布局和外观。AutoCAD 的标注样式管理器如图 11－13 所示。

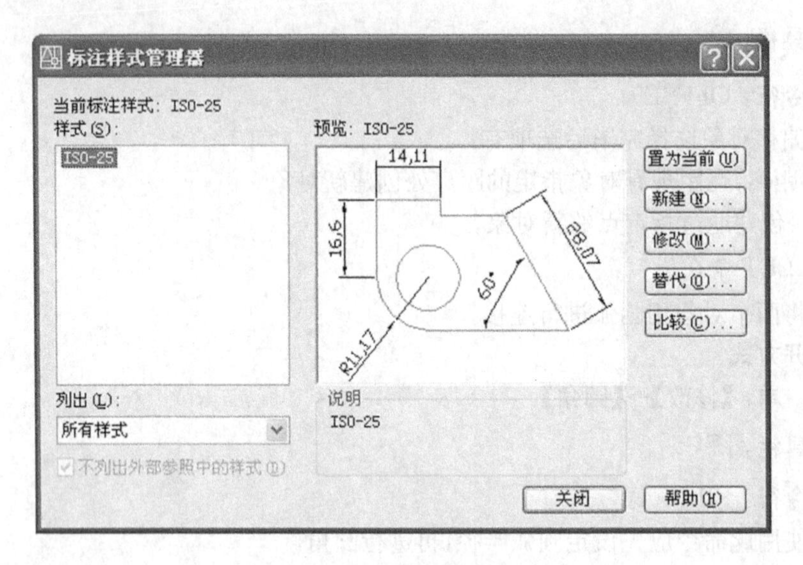

图 11－13　标注样式管理器

选项　① 当前标注样式:显示当前标注样式。AutoCAD 对所有的标注都指定样式。如果不改变当前标注样式,指定 STANDARD 为默认标注样式。

② 样式:显示当前图形的所有标注样式。当显示此对话框时,AutoCAD 突出显示当前标注样式。在"列出"下的选项控制显示的标注样式,要设置别的样式为当前标注样式,可以从"样式"下选择一种样式,然后选择"置为当前"。

③ 列出:提供显示标注样式的选项。

④ 新建:显示"创建新标注样式"对话框,在此可以定义新的标注样式,参见"修改标注样式"对话框。

⑤ 修改:显示"修改标注样式"对话框,在此可以修改标注样式。

⑥ 替代:显示"替代当前样式"对话框,在此可以设置标注样式的临时替代值。对话框的选项与"修改标注样式"对话框的选项相同。

⑦ 比较:显示"比较标注样式"对话框,在此可以比较两种标注样式的特性或浏览一种标注样式的全部特性。

2. 修改标注样式介绍

单击标注式样管理器中"修改"选项,出现修改标注式样对话框,如图 11－14 所示。

(1)"直线和箭头"选项卡　设置尺寸线、尺寸界线、箭头和圆心标记的格式和特性。

① 尺寸线: 设置尺寸线的特性。其中,"颜色"显示并设置尺寸线的颜色;"线宽"设置尺寸线的线宽;"超出标记"指定当箭头使用斜尺寸界线、建筑标记、完整标记和无标记时尺寸线超过尺寸界线的距离;"基线间距"设置基线标注的尺寸线间的距离,对应系统变量 DIMDLI;"隐藏"是当尺寸一侧尺寸起止符号不需要时给以隐藏,"尺寸线 1"、"尺寸线 2"分别隐藏一侧尺寸起止符号。

② 尺寸界线:控制尺寸界线的外观。其中,"颜色"、"线宽"与尺寸线相同;"超出尺寸线"指定尺寸界线在尺寸线上方伸出的距离,对应系统变量为 DIMEXE;"起点偏移量"指定尺寸界线到定义该标注的原点的偏移距离,对应系统变量为 DIMEXO;"隐藏"是抑制尺寸界线,"尺寸界线 1"、"尺寸界线 2"分别隐藏一条尺寸界线,对应系统变量为 DIMSE1 和 DIMSE2。

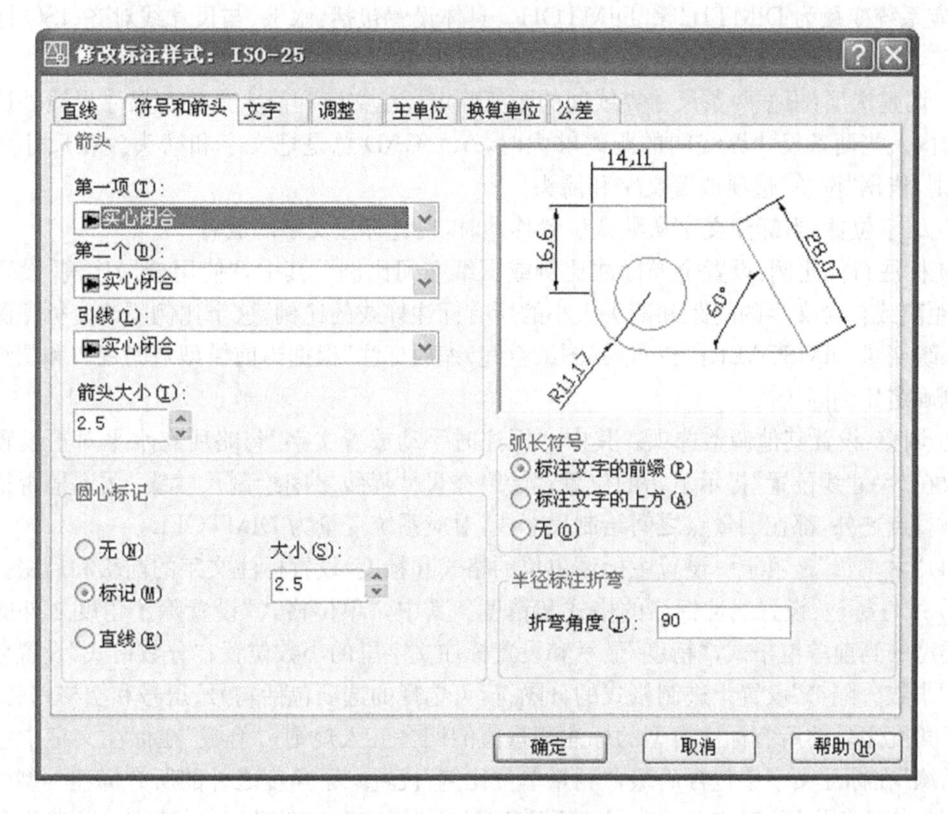

图 11－14　修改标注样式

③ 箭头:控制标注箭头的外观,也可以为第一条尺寸线和第二条尺寸线指定不同的箭头。其中,“第一个”设置第一条尺寸线的箭头,当改变第一个箭头的类型时,第二个箭头自动改变以匹配第一个箭头,对应系统变量为 DIMBLK1;“第二个”设置第二条尺寸线的箭头,对应系统变量为 DIMBLK2;“箭头大小”显示和设置箭头的大小,对应系统变量为 DIMASZ。

④圆心标记:控制直径标注和半径标注的圆心标记和中心线的外观。其中,“类型”提供三种圆心标记类型选项:标记(创建圆心标记)、直线(创建中心线)、无(不创建圆心标记或中心线);“大小”显示和设置圆心标记或中心线的大小,对应系统变量为 DIMCEN。

(2)“文字”选项卡　设置标注文字的格式,放置和对齐方式。

① 文字外观:控制标注文字的格式和大小。其中,“文字样式”显示和设置当前标注文字样式;“文字颜色”显示和设置标注文字样式的颜色;“文字高度”显示和设置当前标注文字样式的高度,对应系统变量为 DIMTXT;“分数高度比例”设置与标注文字相关那部分的比例;“绘制文字边框”在标注文字的周围绘制一个边框。

② 文字位置:控制标注文字的放置。其中,“垂直”控制标注文字沿着尺寸线垂直对正,对应系统变量为 DIMTAD,“垂直”包含置中、上方、外部、JIS(按照日本工业标准放置标注文字);“水平”控制标注文字沿着尺寸线和尺寸界线的水平对正,对应系统变量为 DIMJUST,“水平”包括置中、第一条尺寸界线(沿尺寸线与第一条尺寸界线左对正)、第二条尺寸界线、第一条尺寸界线上方、第二条尺寸界线上方;“从尺寸线偏移”显示和设置当前文字间距,文字间距就是尺寸线与标注文字间的距离,对应系统变量为 DIMGAP。

③ 文字对齐:控制标注文字放在尺寸界线外边或里边时的方向是保持水平还是尺寸线平

行,对应系统变量为DIMTIH和DIMTOH。具体设置包括:水平、与尺寸线对齐、ISO标准。

(3)“调整”选项卡　控制标注文字、箭头、引线和尺寸线的放置。

① 调整选项:根据两条尺寸界线间的距离确定标注文字和箭头是放在尺寸界线外还是尺寸界线内。当两条尺寸界线间的距离够大时,AutoCAD总是把文字和箭头放在尺寸界线之间,否则,根据“调整”选项放置文字和箭头。

② 文字位置:当标注文字从默认位置移动时,设置标注文字的放置。

③ 标注特征比例:设置全局标注比例或图纸空间比例。其中,“使用全局比例”设置指定大小、距离或包含文字的间距和箭头大小的所有标注样式的比例,这个比例不改变标注测量值对应系统变量DIMSCALE;“按布局(图纸空间)缩放标注”根据当前模型空间视口和图纸空间的比例确定比例因子。

④ 调整:设置其他调整选项。其中,“标注时手动放置文字”忽略所有水平对正设置并把文字放在“尺寸线位置”提示下指的位置;“始终在尺寸界线之间绘制尺寸线”无论是否把箭头放在测量点之外,都在测量点之间绘制尺寸线,对应系统变量为DIMTOFL。

(4)“主单位”选项卡　设置主标注单位的格式和精度,设置标注文字的前缀和后缀。

① 线性标注:设置线性标注的格式和精度。其中,“单位格式”设置除了角度之外的所有标注类型的当前单位格式;“精度”显示和设置标注文字里的小数位置;“分数格式”设置分数的格式;“小数分隔符”设置十进制格式的分隔符,可选择的选项包括句号、逗号和空格;“舍入”设置除了角度之外的所有标注类型的标注测量值的四舍五入规则;“前缀”在标注文字中包含前缀;“后缀”在标注文字中包含后缀;“测量单位比例”设置除了角度之外的所有标注类型的线性标注测量值比例因子,对应系统变量为DIMLFAC;“消零”控制前导和后续零以及英尺和英寸里的零是否输出,对应系统变量为DIMZIN。

② 角度标注:显示和设置角度标注的当前标注格式。其中,“单位格式”设置角度单位格式,包括“十进制度数”、“度/分/秒”、“百分度”和“弧度”;“精度”显示和设置角度标注的小数位数;“消零”不输出前导零和后续零。

(5)“换算单位”选项卡　设置角度标注单位的格式、精度以及换算测量单位的比例。

(6)“公差”选项卡　控制公差格式。

11.4.2　尺寸标注命令

1. DIMLINEAR命令

功能　标注线性尺寸。

命令打开方式

菜　单:【标注】→【线性】

工具栏:⊢⊣

命令行:DIMLINEAR

选项　① 尺寸界线起点:指定第一条尺寸界线起点,接着指定第二条尺寸界线起点,然后选择:“尺寸线位置”是使用指定的点来定位尺寸线并确定绘制尺寸界线的方向,指定位置之后完成尺寸标注;“多行文字”是用来编辑标注文字;“文字”提示在命令行输入新的标注文字;“角度”是指修改标注文字的角度;“水平”创建水平尺寸标注;“垂直”创建垂直尺寸标注;“旋转”创建旋转型尺寸标注。

② 对象选择：选择要标注尺寸的对象。对多段线和其他可分解对象，仅标注独立的直线段和弧段。如果选择了直线段和弧段，用直线段或弧段的端点作为尺寸界线偏移的起点。如果选择圆，用圆的直径端点作为尺寸界线的起点，用来选择圆的那个点被定义为第一条尺寸界线的起点。其他选项与前相同。

2. DIMALIGNED 命令

功能 标注对齐线性尺寸。

命令打开方式

菜 单：【标注】→【对齐】

工具栏：

命令行：DIMALIGNED

选项 ① 尺寸界线起点：指定第一条尺寸界线起点，接着指定第二条尺寸界线起点，然后选择："尺寸线位置"是使用指定的点来定位尺寸线并确定绘制尺寸界线的方向，指定位置之后完成尺寸标注；"多行文字"是用来编辑标注文字；"文字"提示在命令行输入新的标注文字；"角度"是指修改标注文字的角度。

② 对象选择：选择要标注尺寸的对象。对多段线和其他可分解对象，仅标注独立的直线段和弧段。如果选择了直线段和弧段，用直线段或弧段的端点作为尺寸界线偏移的起点；如果选择圆，用圆的直径端点作为尺寸界线的起点。用来选择圆的那个点被定义为第一条尺寸界线的起点。其他选项与前相同。

3. DIMRADIUS 命令

功能 标注圆和圆弧的半径尺寸。

命令打开方式

菜 单：【标注】→【半径】

工具栏：

命令行：DIMRADIUS

选项 选择圆或圆弧后选项有：

① 尺寸线位置：指定一点，并使用该点定位尺寸线。指定了尺寸线位置之后完成标注。

② 多行文字：显示多行文字编辑器，可用它来编辑标注文字。

③ 文字：提示在命令行输入新的标注文字。

④ 角度：修改标注文字的角度。

4. DIMDIAMETER 命令

功能 标注圆和圆弧的直径尺寸。

命令打开方式

菜 单：【标注】→【直径】

工具栏：

命令行：DIMDIAMETER

选项 同 DIMRADIUS 命令。

5. DIMANGULAR 命令

功能 标注角度。

命令打开方式

菜　单:【标注】→【角度】

工具栏:

命令行:DIMANGULAR

选项　① 选择圆弧:使用选中圆弧上的点作为三点角度标注的定义点。圆弧的圆心是角度的顶点,圆弧端点成为尺寸界线的起点。在尺寸界线之间绘制一段圆弧作为尺寸线。尺寸界线从角度端点绘制到与尺寸线的交点。

② 选择圆:使用选中的圆确定标注的两个定义点。圆的圆心是角度的顶点,选择点用作第一条尺寸界线的起点,选择第二条边的端点(不一定在圆上)作为第二条尺寸界线的起点。

③ 选择直线:用两条直线定义角度。如果选择了一条直线,那么必须选择另一条(不与第一条直线平行的)直线以确定它们之间的角度。

④ 指定三点:使用指定的三点创建角度标注,其中第一个指定点为角度的顶点。

6. DIMBASELINE 命令

功能　从上一个或选定标注的基线处创建线性或角度标注。

命令打开方式

菜　单:【标注】→【基线】

工具栏:

命令行:DIMBASELINE

说明　① DIMBASELINE 命令绘制基于同一条尺寸界线的一系列相关标注。AutoCAD 让每个新的尺寸线偏离一段距离,以避免与前一条尺寸线重合。

② 指定第二条尺寸界线的位置后,接下来的提示取决于当前任务中最后一次创建的尺寸标注的类型。

③ 在默认情况下,使用基线标注的第一条尺寸界线作为基线标注的基准尺寸界线。可以通过显式地选择基线标注来替换默认情况,这时作为基准的尺寸界线是离选择拾取点最近的尺寸界线。

7. DIMCONTINUE 命令

功能　从上一个或选定标注的第二尺寸界线处创建线性或角度标注。

命令打开方式

菜　单:【标注】→【连续】

工具栏:

命令行:DIMCONTINUE

说明　① DIMCONTINUE 命令绘制一系列相关的尺寸标注,如添加到整个尺寸标注系统中的一些短尺寸标注。连续标注也称为链式标注。

② 当创建线性连续尺寸标注时,第一条尺寸界线被省略。接下来的提示取决于当前任务中最后创建的标注类型。

8. LEADER 命令

功能　绘制各种样式的引出线。

命令打开方式

菜　单:【标注】→【引线】

工具栏：

命令行：LEADER

选项 绘制一条到指定点的引线段后，继续提示选项如下：

① 指定点：绘制一条到指定点的引线段，然后继续提示下一点和选项。

② 注释：在引线的末端插入注释，注释可以是单行文字或多行文字。

③ 格式：控制引线的绘制方式以及引线是否带有箭头。

④ 放弃：放弃引线上的最后一个顶点，然后重新显示前一个提示。

9. DIMTEDIT 命令

功能 移动和旋转标注文字。

命令打开方式

菜　单：【标注】→【对齐文字】

工具栏：

命令行：DIMTEDIT

选项 ① 指定标注文字的新位置：如果是通过光标来定位标注文字并且 DIMSHO 系统变量是打开的，那么标注在拖动时会动态更新。垂直放置设置控制标注文字是在尺寸线之上、之下还是中间。

② 左：沿尺寸线左移标注文字。本选项只适用于线性、直径和半径标注。

③ 中心：把标注文字放在尺寸线的中心。

④ 默认(默认)：将标注文字移回默认位置。

⑤ 角度：修改标注文字的角度。

11.5 使用 AutoCAD 的绘图步骤

用 AutoCAD 绘制一张工程图样，需要以下几个步骤：

步骤一 双击图标，启动 AutoCAD

步骤二 设置绘图环境

由于 AutoCAD 是通用绘图软件，因此，它的绘图环境不一定符合工程图的绘制，所以必须设置符合国家机械制制图标准的绘图环境，以便能快速地画出符合国家规范的工程图样。标准的具体要求详见本书上册第 1 章。

1. 画符合国标的样板图

所谓样板图就是画有图幅边线、图框线、标题栏，但是没有画任何图形的一张图纸。样板图可分为 A1、A2、A3、A4 等多种。有了这些样板图，以后画图时，只需在样板图上直接画所要表达的图形即可。

下面以画 A4 样板图为例，介绍画样板图的方法和步骤。

(1) 图幅的设置

在绘制任何一张图之前，都必须选用一张图幅合适的图纸，用 AutoCAD 绘图也一样。在

AutoCAD 中,可用 LIMITS 命令来设图幅,从而实现选用合适图幅绘图的目的。

在计算机上设置一张 A4 图幅的操作:

命令:limits↙

指定左下角点或[开(ON)/关(OFF)]<0.0000,0.0000>:0,0↙

指定右上角点 <420.0000,297.0000>:297,210↙

(2) 绘制图幅边线

在计算机中,用 LIMITS 命令设置的图幅是看不见、摸不着的。为了能直观地看见所设的图幅,一般在图幅的边界处画一个矩形框。

具体操作:选择下拉菜单【绘图】→【矩形】,或点击图标:▭,或在命令行输入 RECTANG 命令,无论哪种命令输入方式,在命令窗口都有如下显示:

命令:rectang↙

指定第一个角点或[倒角(C)/标高(E)/圆角(F)/厚度(T)/宽度(W)]:0,0↙

指定另一个角点或[尺寸(D)]:297,210 ↙//绘制 A4 图幅边线

(3) 绘制图框线

根据制图标准知道,A4 图幅的图框线尺寸:$a=25$,$c=5$。

绘制 A4 图框线的操作:

命令:_rectang↙

指定第一个角点:25,5↙

指定另一个角点:292,205↙　　　　//绘制 A4 图框线

(4) 绘制标题栏

标题栏格式及尺寸按本书上册第 1 章给出的学生用标题栏来绘制,如图 11-15 所示。

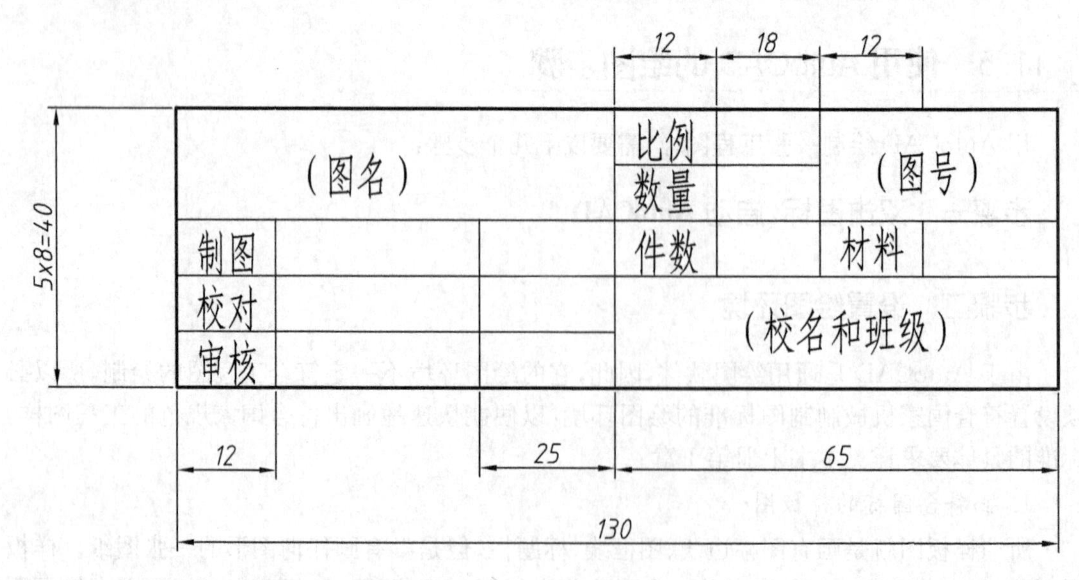

图 11-15　学生用标题栏

具体操作:

① 画标题栏外框线。

命令:_rectang↙

指定第一个角点：int↙ //捕捉图框的右下角点

指定另一个角点：@－130,40 //绘制标题栏外框线

② 画标题栏内的分隔线，使用 OFFSET 命令、TRIM 命令绘制标题栏内的这些分隔线。

(5) 设置图线宽度

① 单击图幅边线，在对象特性工具栏中选取“线宽”下拉列表，选择线宽“默认”。

② 单击图框线，在对象特性工具栏中选取“线宽”下拉列表，选择线宽“0.5 毫米”。

③ 单击“线宽”按钮，可以看到线宽发生了变化，结果就获得一张标准的 A4 样板图，如图 11－16 所示。

用相同的方法，还可画出标准的 A1、A2、A3 等样板图，以供后面绘图时调用。

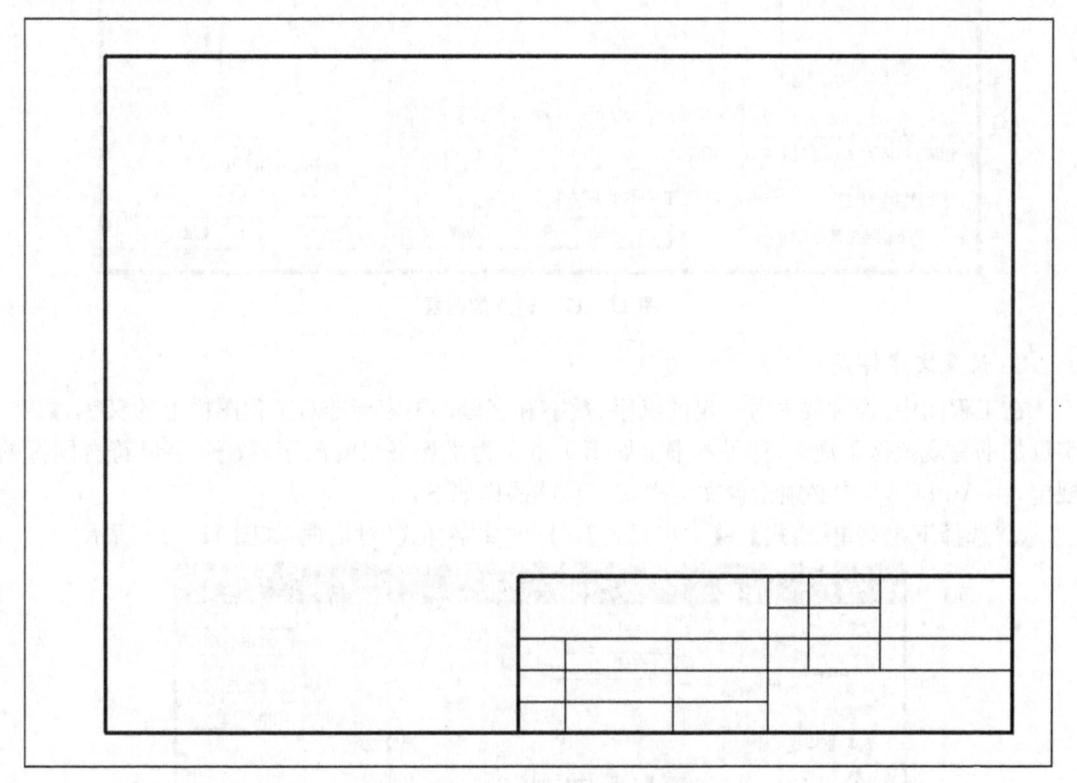

图 11－16 标准的 A4 样板图

2. 建立图层

按前节 11.2.4 中的图层的设置方法，建立如下图层，如图 11－17 所示。

图 11-17　建立的图层

3. 设置文字样式

在工程图中，经常要书写一定的汉字、数字和字母。国家标准对工程图样上的汉字、数字、字母的书写规范做了规定，详见本书上册第1章。为了让书写的汉字、数字、字母符合国标的规定，在AutoCAD中必须设置文字样式。具体操作如下：

① 选择下拉菜单【格式】→【文字样式】，打开“文字样式”对话框，如图11-18所示。

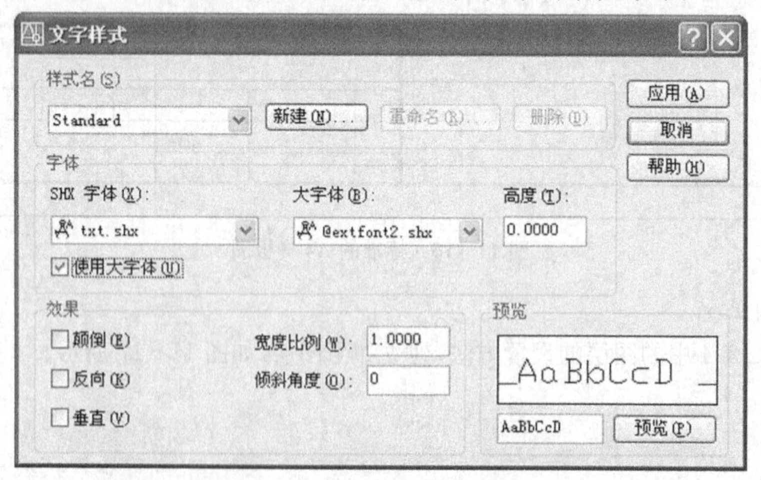

图 11-18　文字样式对话框

② 在工程图中，至少需要建立两个文字样式：一个是用于书写汉字的文字样式，另一个是用于书写数字和字母的文字样式。

在“样式名”选项区单击“新建”按钮，在“新建文字样式”的“样式名”文本框中输入“汉字1”，单击“确定”，如图11-19所示。

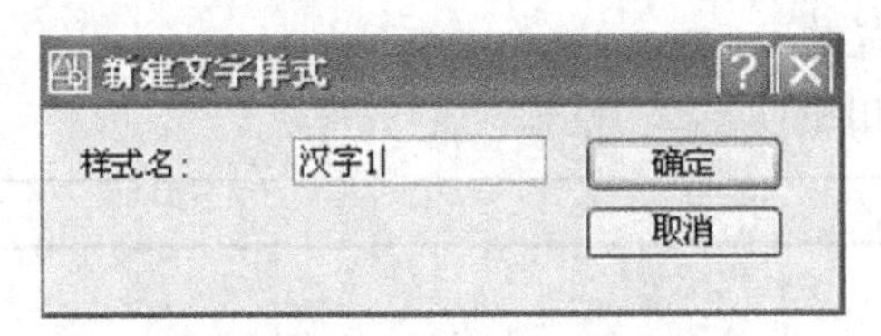

图 11－19　新建文字样式

在“字体”选项区单击下拉列表框，选取“仿宋_GB2312”，输入字高“10”，输入宽度比例“0.7”，如图 11－20 所示，完成汉字样式的建立。

图 11－20　设置字体和字高

重复上述步骤，建立数字字母文字样式，但是选取的字体为“gbeitc. shx”，设置的字高为 3.5。最后，单击“应用”，再单击“关闭”按钮，完成文字样式的设置。

4. 填写标题栏文字

(1) 打开“文字格式”对话框

选择下拉菜单【绘图】→【文字】→【多行文字】，打开“文字格式”对话框，或点击工具栏中的 A 图标，如图 11－21 所示。

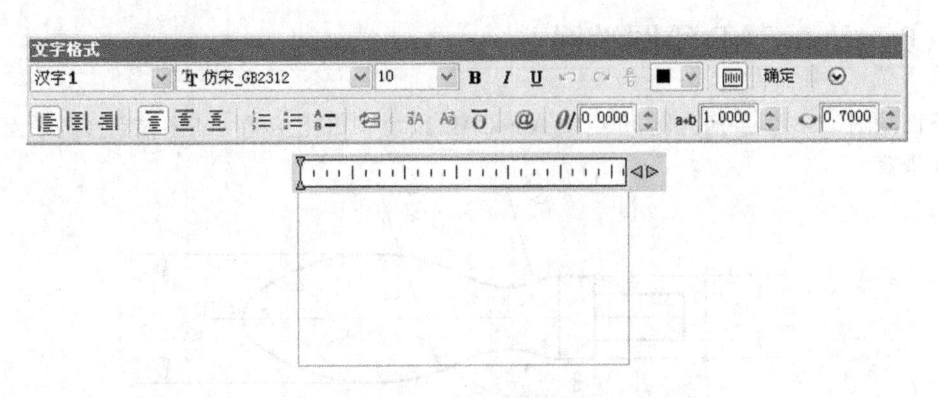

图 11－21　文字书写对话框

(2) 输入文字

在文字框内输入“贵州大学”，单击“确定”按钮。

(3) 重复“多行文字”操作

分别输入其他文字,如图 11-22 所示。

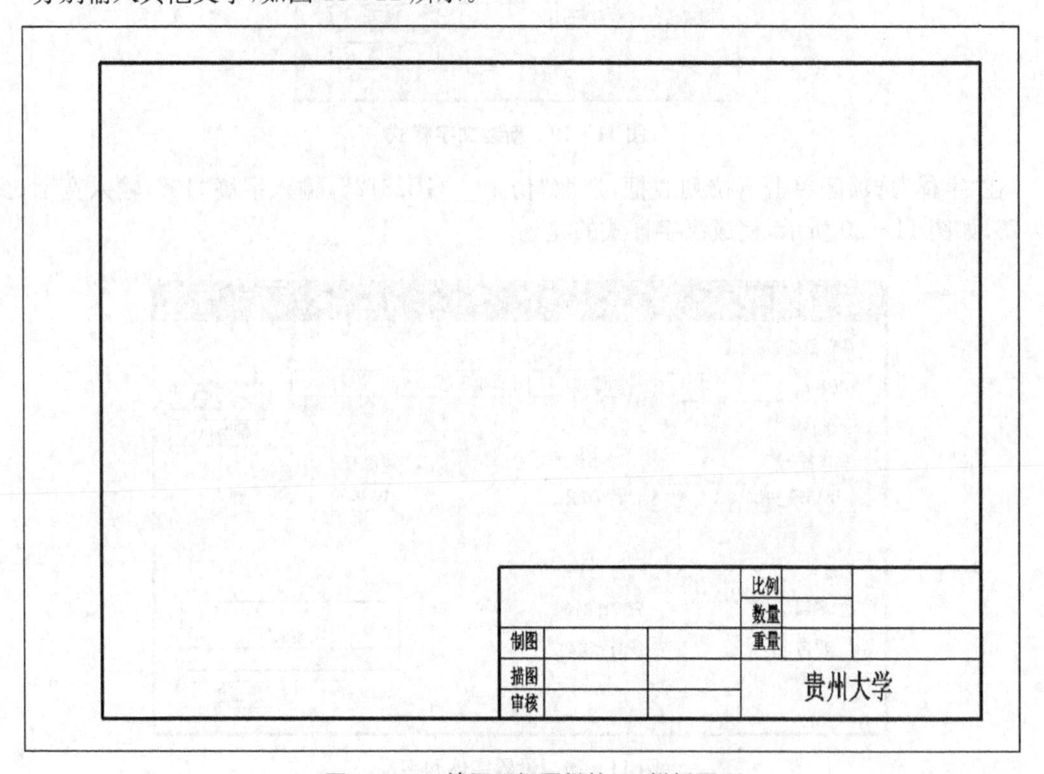

图 11-22 填写了标题栏的 A4 样板图

步骤三 绘制所需的图形

在绘图区,用绘图命令、修改编辑命令、尺寸标注等各种命令,还可借助 AutoCAD 提供的各种作图辅助工具(如正交、捕捉、栅格、对象跟踪等)来完成所需要绘制的图形。

步骤四 最后保存文件、退出 AutoCAD 系统

11.6 AutoCAD 绘图举例

下面以图 11-23 手柄为例,介绍用 AutoCAD 以 2∶1 的比例在 A4 图幅上抄画平面图形的方法和步骤。

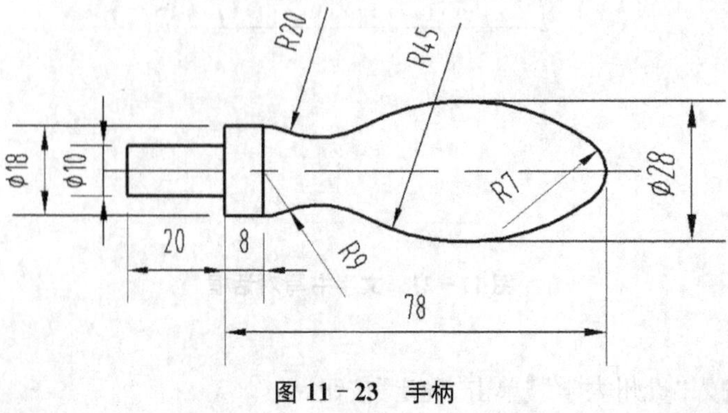

图 11-23 手柄

该平面图形由直线、圆弧组成，主要涉及的 AutoCAD 系统绘图命令有直线(LINE)、圆(CIRLE)，在绘图过程中还会用到修剪(TRIM)、镜像(MIRROR)等编辑命令。同学们可根据自己的作图习惯，综合应用多种绘图和编辑命令掌握二维工程图样的绘制。

1. 双击图标，启动 AutoCAD
2. 选择下拉菜单【文件】→【打开】，打开已准备好的 A4 样板图
3. 选择下拉菜单【缩放】→【全部】，使 A4 样板图全局显示
4. 绘制图形(如图 11－24)

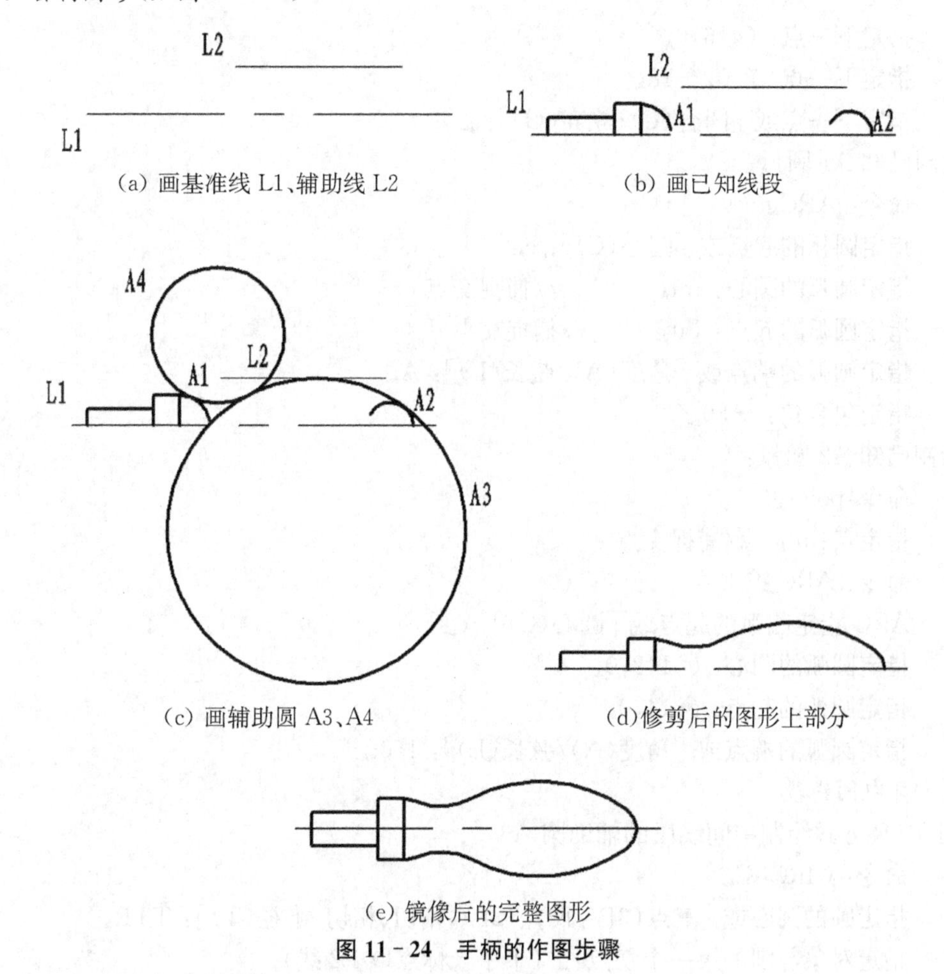

(e) 镜像后的完整图形

图 11－24　手柄的作图步骤

(1) 画作图基准线、作图辅助线

① 画作图基准线 L1：

设当前层为中心线层，打开正交按钮 Ortho，使用 LINE 命令在图纸的适当位置绘制一条水平中心线 L1。

② 画作图辅助线 L2：

命令：OFFSET↙

指定偏移距离：24↙

选择要偏移的对象：用光标点选 L1↙

指定点以确定偏移所在一侧：在 L1 上方点击光标↙

(2) 画已知线段

设当前层为粗实线层。绘制已知直线段:

命令:LINE↙

指定第一点:nea↙ //捕捉 L1 上左侧一点

指定下一点:@0,10↙

指定下一点:@40,0↙

指定下一点:@0,8↙

指定下一点:@16,0↙

指定下一点:@0,-18↙

指定下一点或[闭合(C)/放弃(U)]:↙

绘制已知 A1 圆弧:

命令:ARC↙

指定圆弧的起点或[圆心(C)]:c↙

指定圆弧的圆心:int↙ //捕捉交点 c

指定圆弧的起点:int↙ //捕捉交点 d

指定圆弧的端点或[角度(A)/弦长(L)]:A↙

指定包含角:-80↙

绘制已知 A2 圆弧:

命令:point↙

指定点:int↙ //捕捉交点 e

命令:ARC↙

ARC 指定圆弧的起点或[圆心(C)]:c↙

指定圆弧的圆心:@142,0↙

指定圆弧的起点:@14,0↙

指定圆弧的端点或[角度(A)/弦长(L)]:150 ↙

(3) 画中间线段

用 TTR 方式绘制中间线段的辅助圆 A3。

命令:CIRCLE↙

指定圆的圆心或[三点(3P)/两点(2P)/相切、相切、半径(T)]:TTR↙

指定对象与圆的第一个切点:↙(十字光标点取 L2 线)

指定对象与圆的第二个切点:↙(十字光标点取 A2 弧)

指定圆的半径:90↙

(4) 画连接线段

用 TTR 方式绘制连接线段的辅助圆 A4 。

命令:CIRCLE↙

指定圆的圆心或[三点(3P)/两点(2P)/相切、相切、半径(T)]:TTR↙

指定对象与圆的第一个切点:↙(十字光标点取 A1 弧)

指定对象与圆的第二个切点:↙(十字光标点取 A3 弧)

指定圆的半径 <45.0000>:40↙

(5) 修剪图形

用 TIRM 修剪命令修剪掉多余的图线，得手柄上部分图形。

(6) 调用镜像命令

以中心线为对称轴镜像，完成另一半的图形绘制，获得完整的图形。

命令：MIRROR↙

选择对象：光标点选所有线条↙

选择对象：↙

指定镜像线的第一点：end↙　　//L1 左端点

指定镜像线的第二点：end↙　　//L1 右端点

要删除源对象吗？[是(Y)/否(N)] <N>：↙

5. 标注尺寸

设置当前层为尺寸标注层，选择下拉菜单【格式】→【标注样式】命令，打开标注样式管理器调整尺寸的格式及大小，然后用尺寸标注命令标注尺寸，最后的绘图结果如图 11-25 所示。

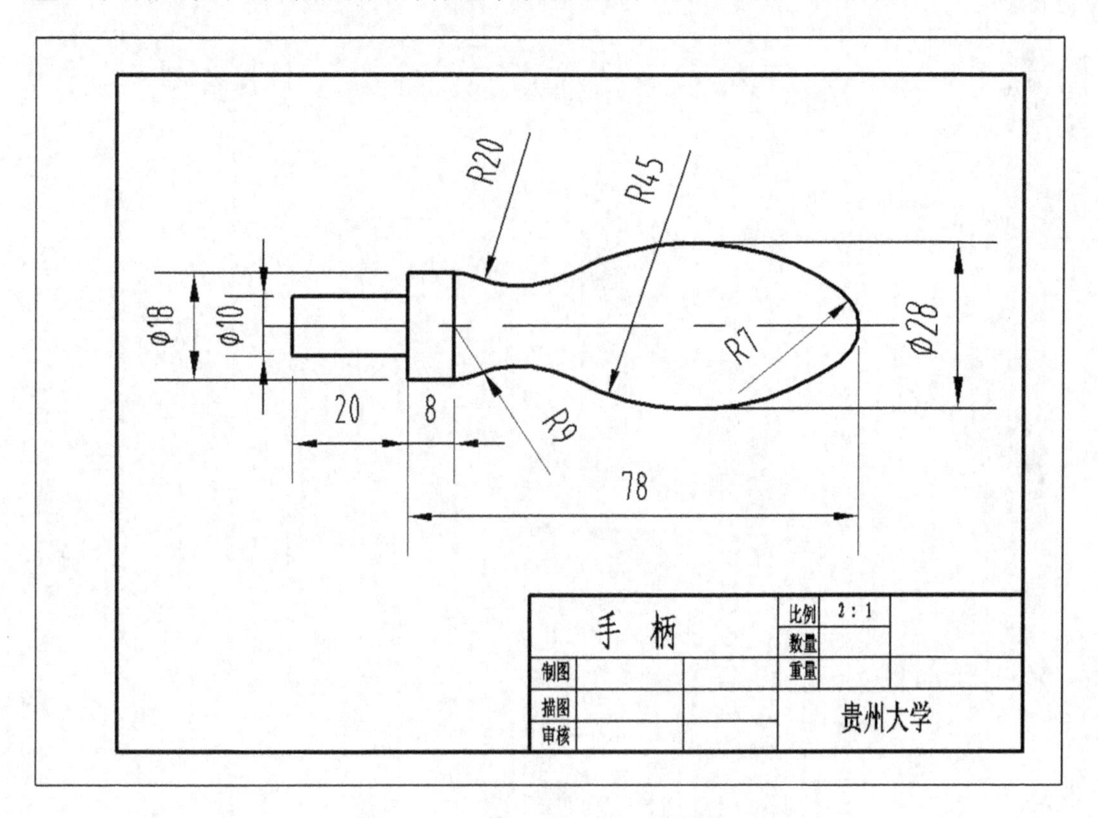

图 11-25　最后完成的手柄平面图形

第二部分　实践性习题

工程制图是一门实践性很强的课程，需要学生进行大量的练习，以巩固和掌握所学的理论知识，因此，特编写实践性习题部分。

本部分的编排顺序与“第一部分　理论知识”的顺序保持一致，相互配合，使教与学相统一，学与练相促进。

第7章 机械图样的画法习题（一）

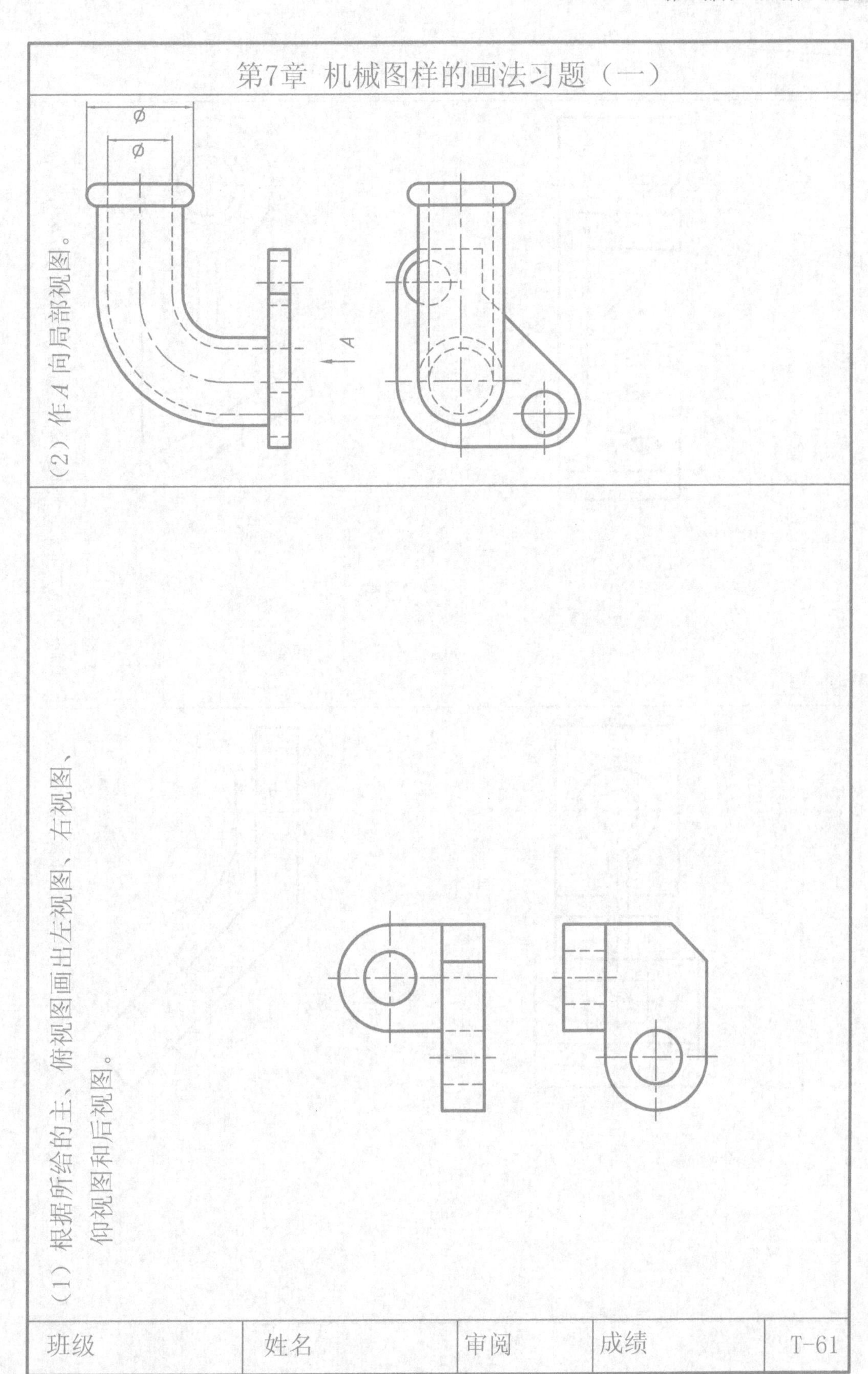

（2）作A向局部视图。

（1）根据所给的主、俯视图画出左视图、右视图、仰视图和后视图。

班级	姓名	审阅	成绩	T-61

第7章 机械图样的画法习题（二）

（1）作A向斜视图（右端安装板圆角半径为2.5mm）。

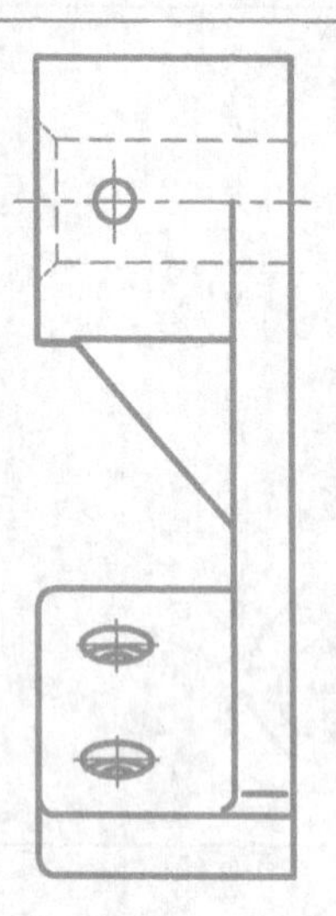

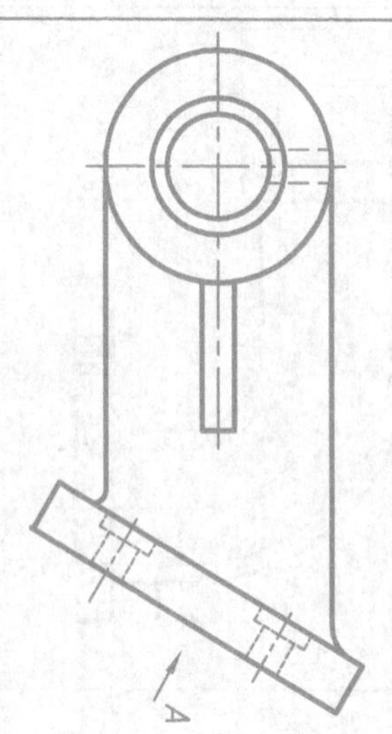

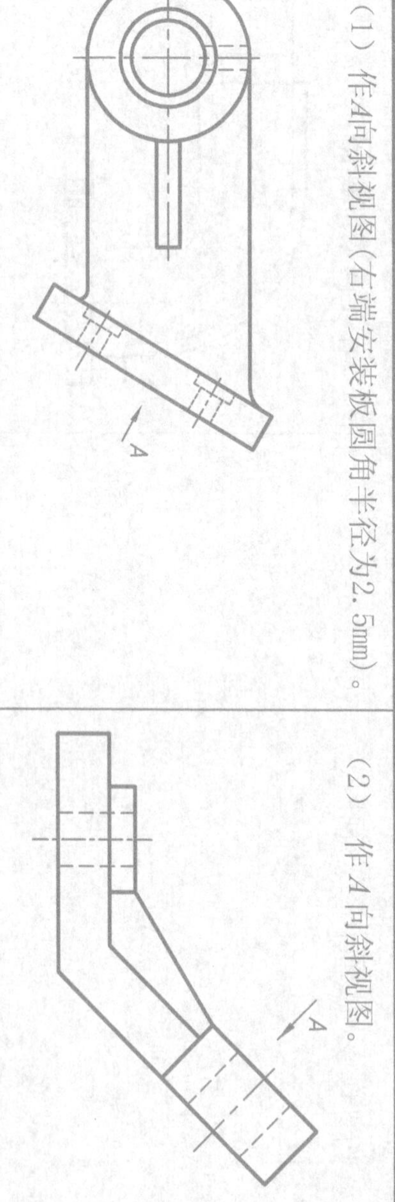

（2）作A向斜视图。

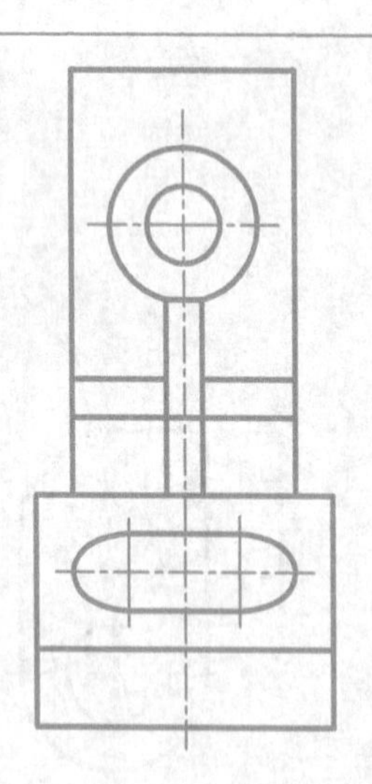

T-62	班级	姓名	审阅	成绩

第7章　机械图样的画法习题（三）

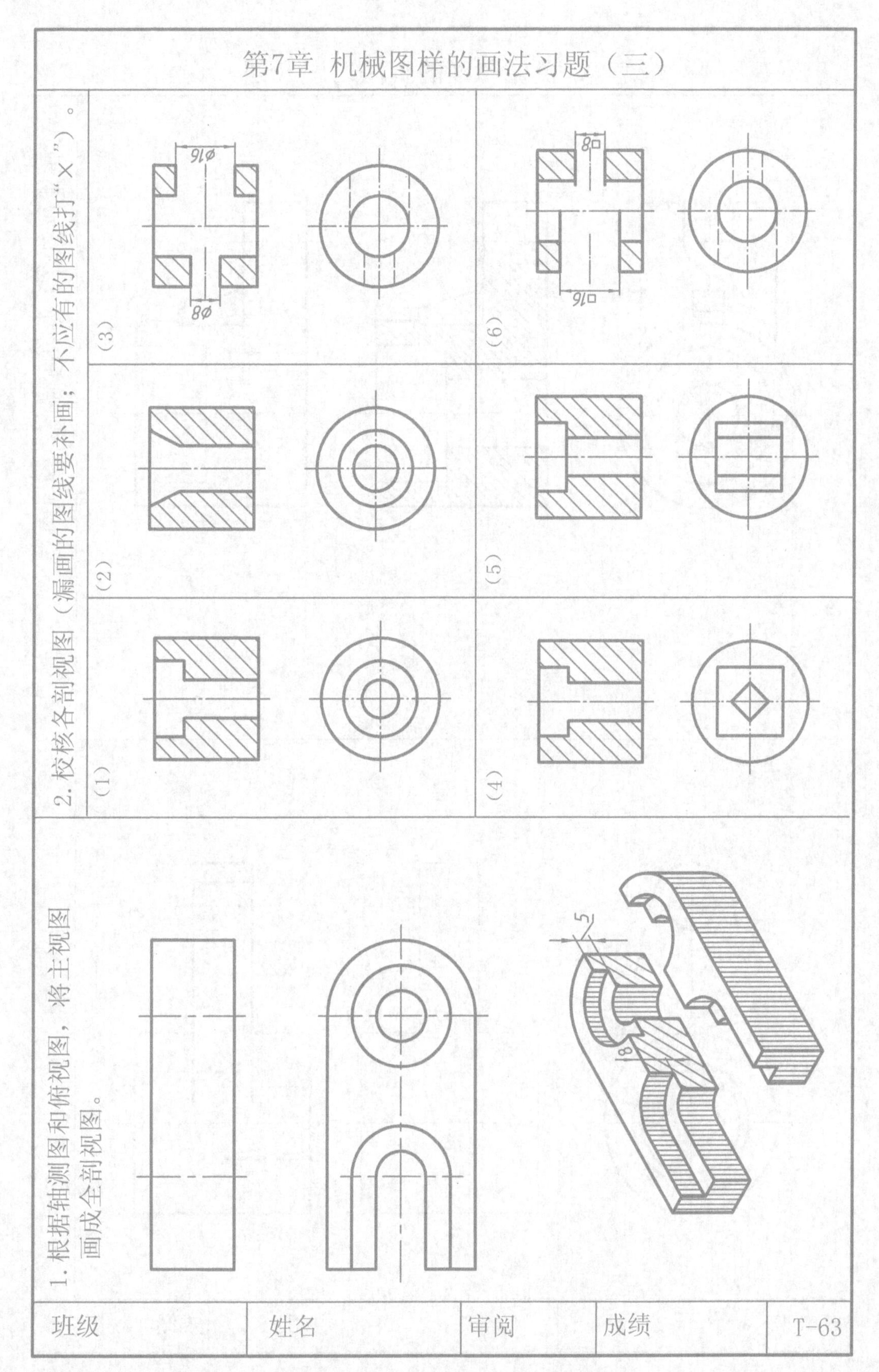

班级	姓名	审阅	成绩	T-63

第7章 机械图样的画法习题（四）

在指定位置将主视图改画成全剖视图。

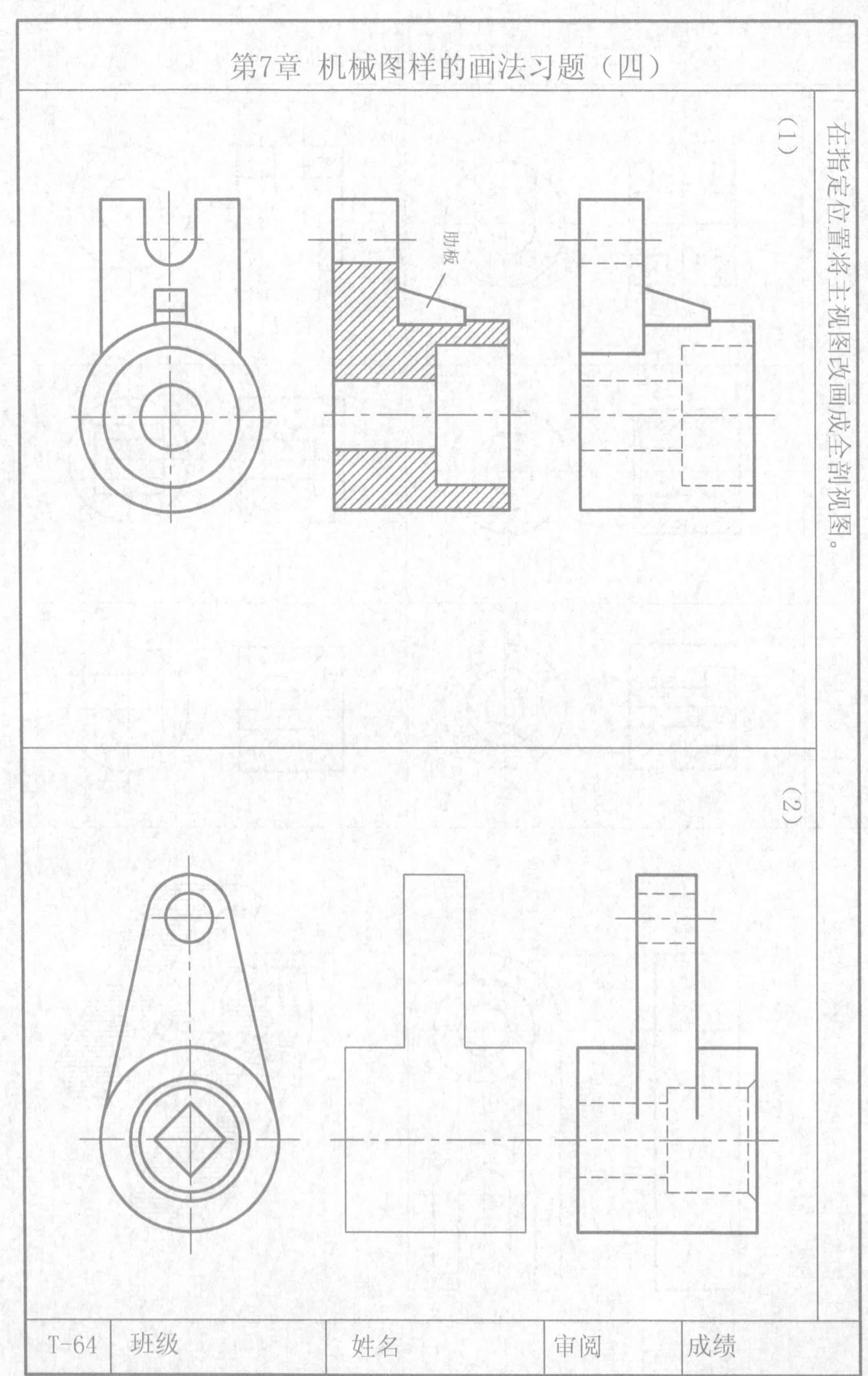

T-64	班级	姓名	审阅	成绩

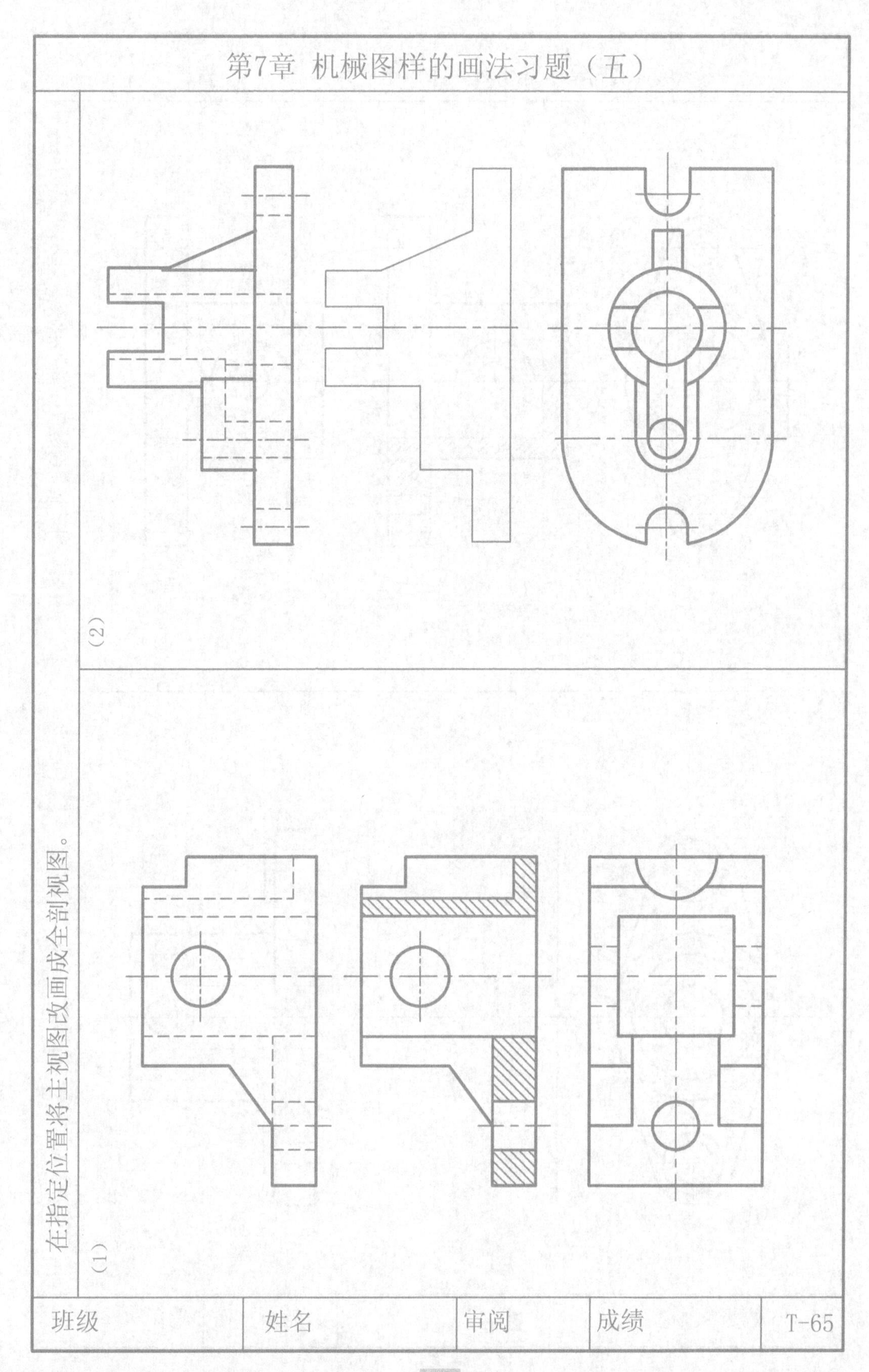
第7章 机械图样的画法习题（五）
在指定位置将主视图改画成全剖视图。
(1)
(2)
班级
姓名
审阅
成绩
T-65

第7章 机械图样的画法习题（六）

在指定位置将主视图改画成半剖视图。

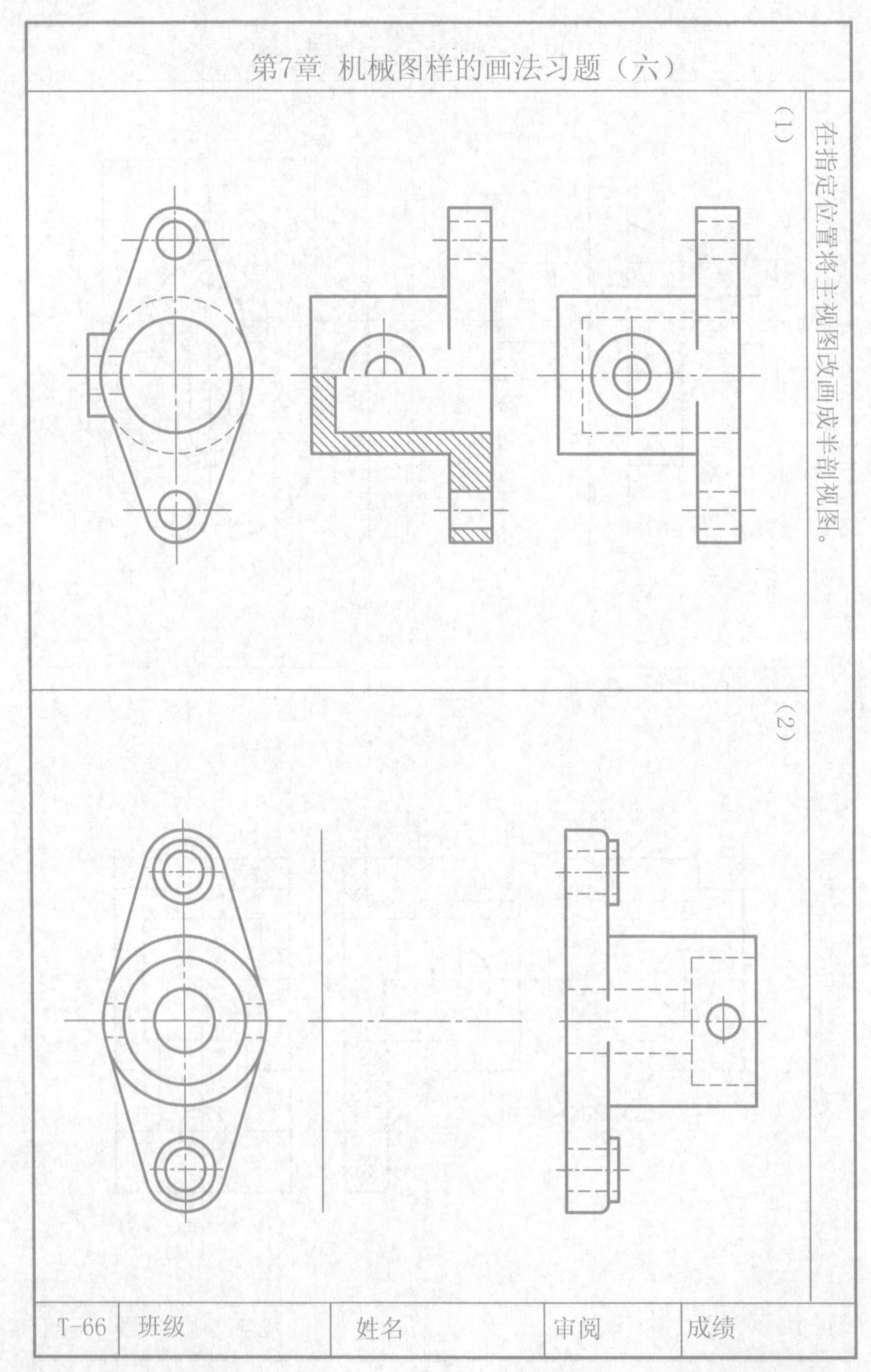

T-66	班级	姓名	审阅	成绩

第7章 机械图样的画法习题（七）

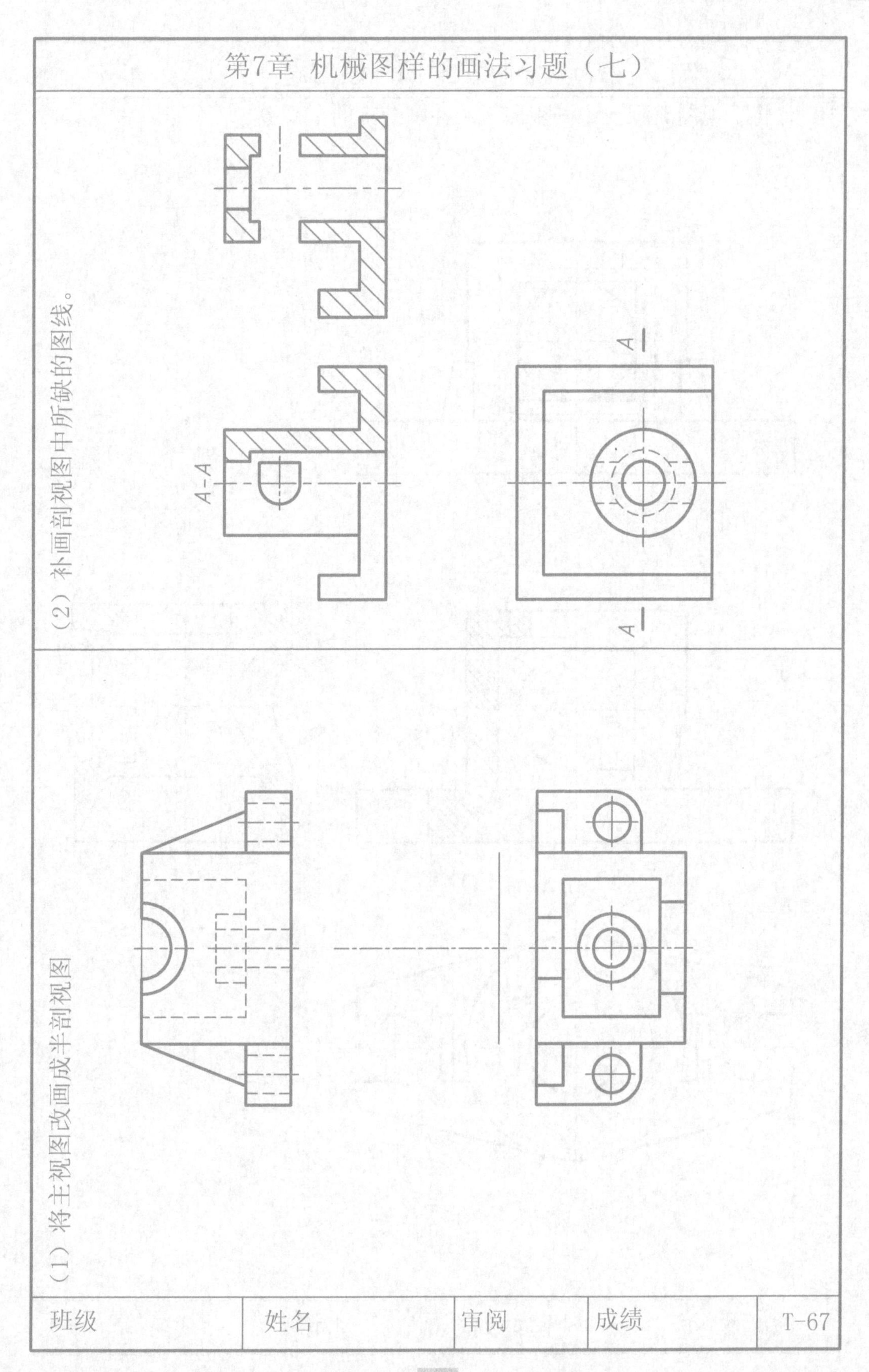

班级	姓名	审阅	成绩	T-67

第7章 机械图样的画法习题(八)

将主视图改画成半剖视图，并补画全剖的左视图。

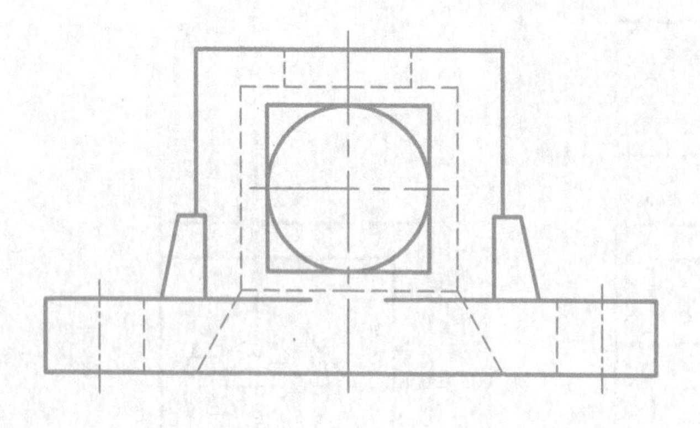

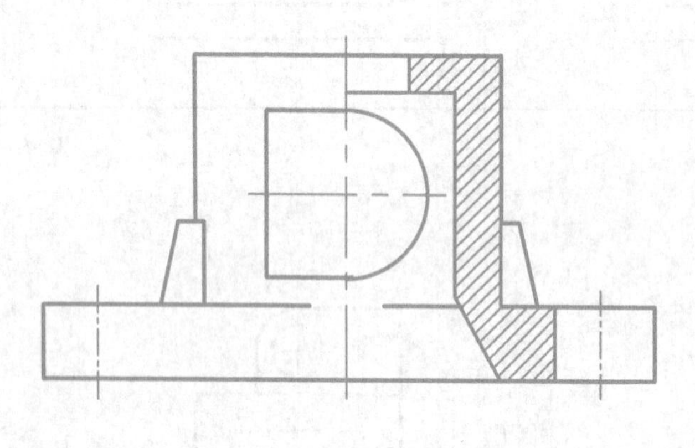

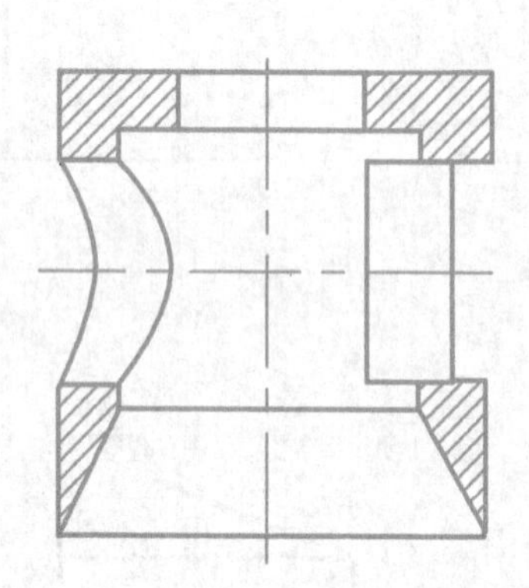

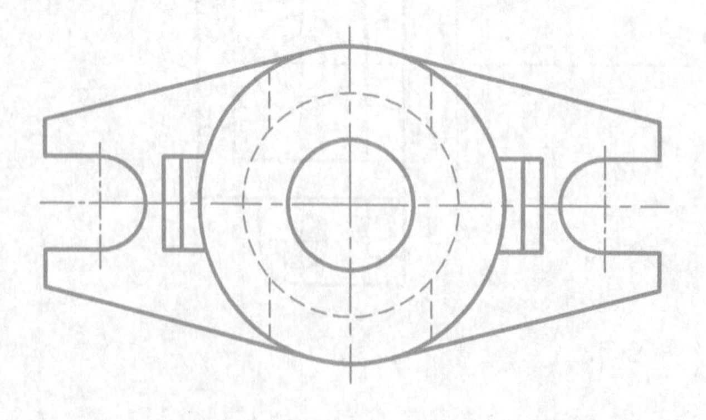

T-68	班级	姓名	审阅	成绩

第7章　机械图样的画法习题（九）

将主视图改画成全剖视图，并补画半剖的左视图。

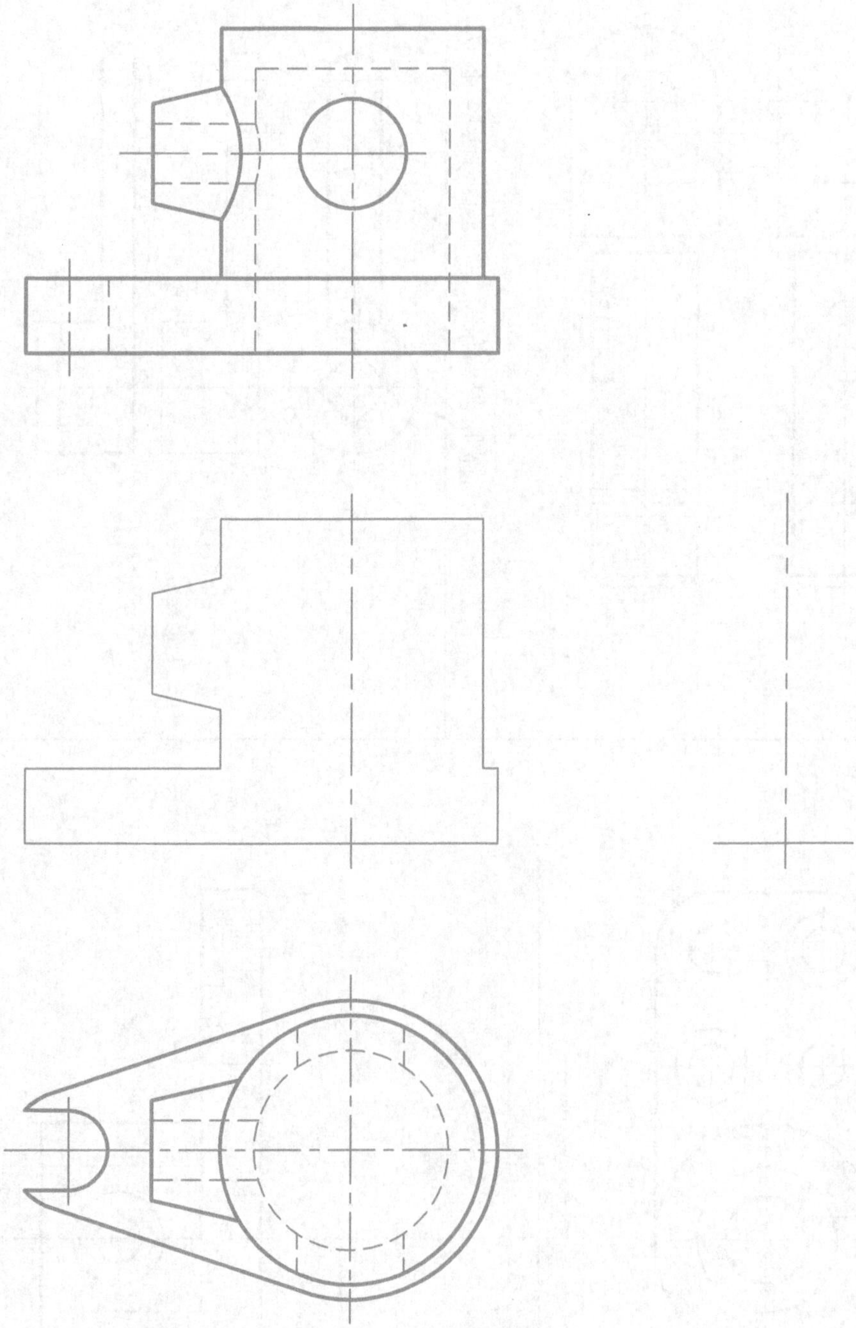

班级	姓名	审阅	成绩	T-69

第7章 机械图样的画法习题（十）

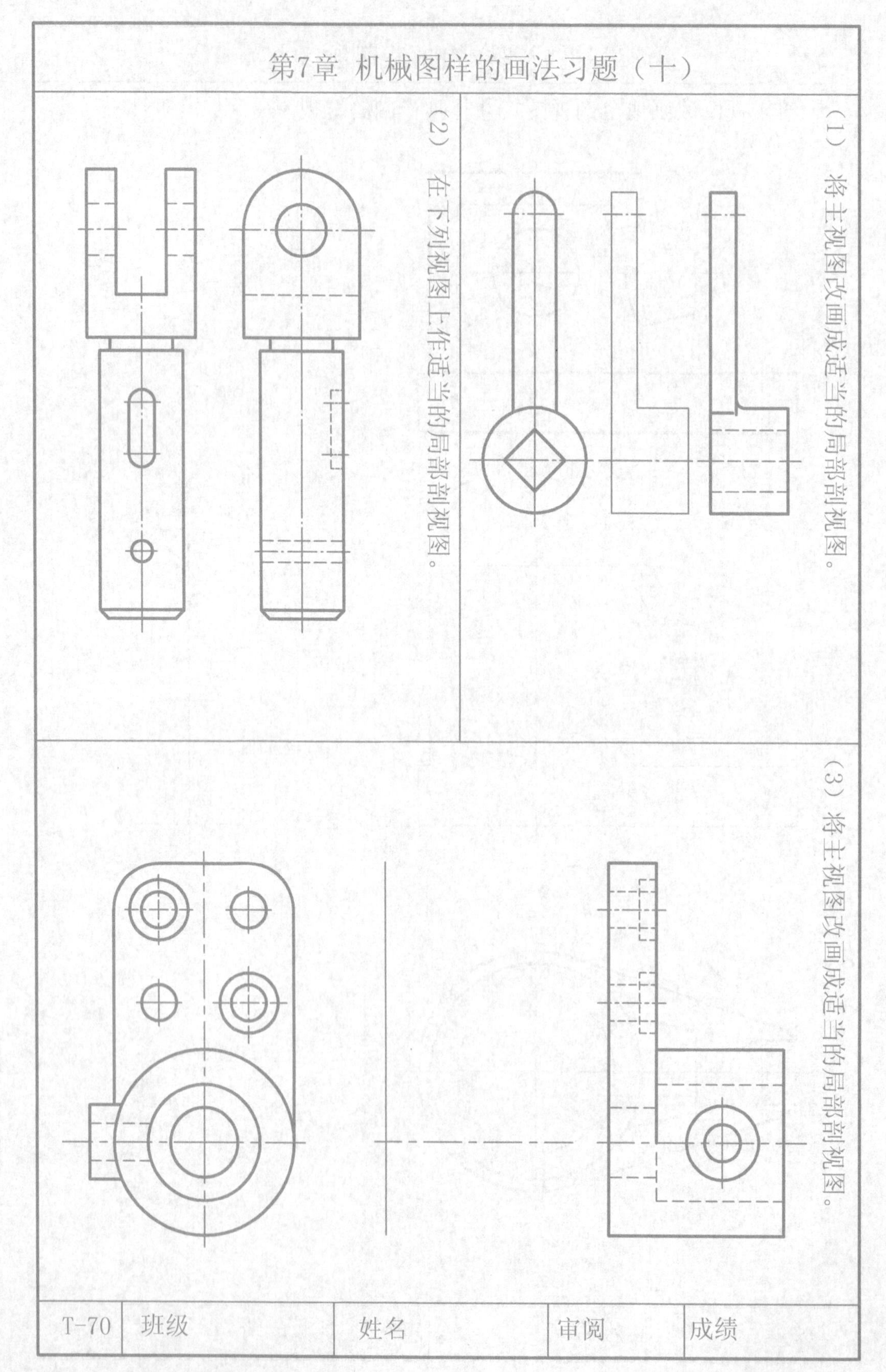

第7章 机械图样的画法习题（十一）

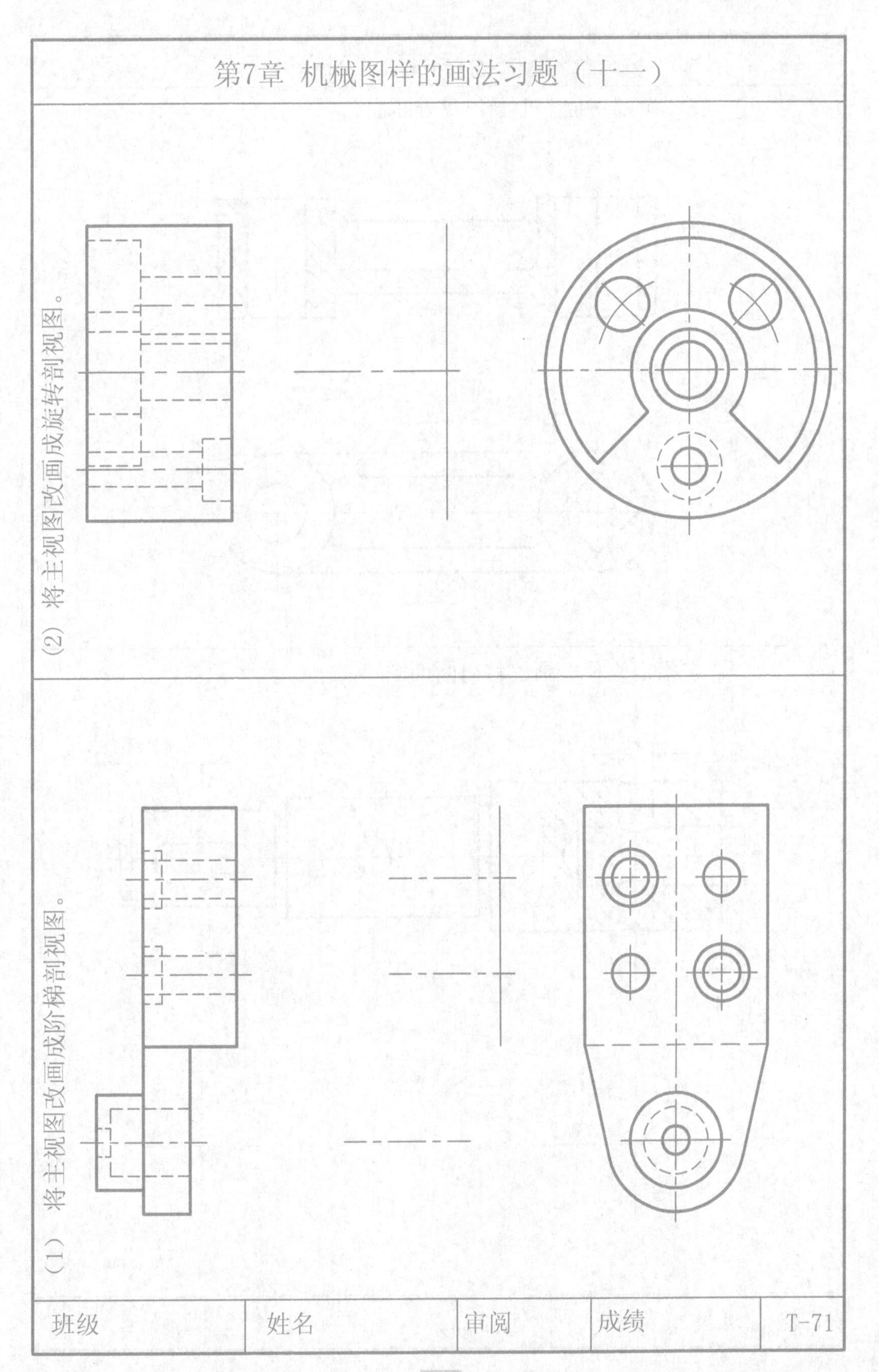

（1）将主视图改画成阶梯剖视图。

（2）将主视图改画成旋转剖视图。

班级	姓名	审阅	成绩	T-71

第7章 机械图样的画法习题（十二）

（1） 在图示剖切位置上画出重合断面图。

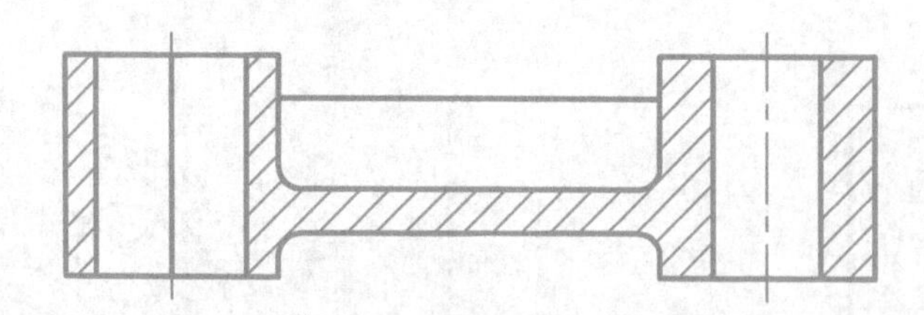

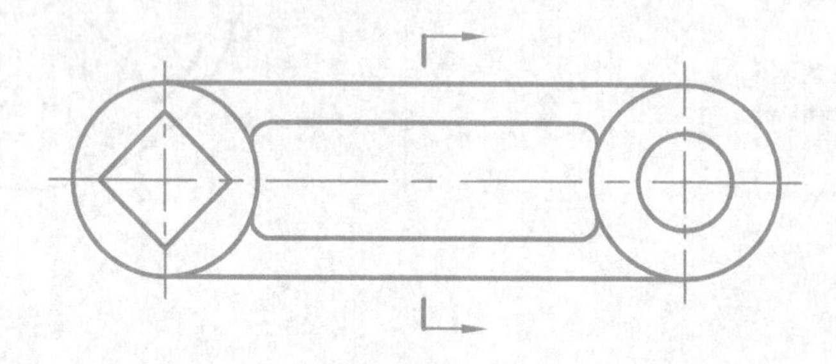

（2） 在指定位置上画出移出断面图。

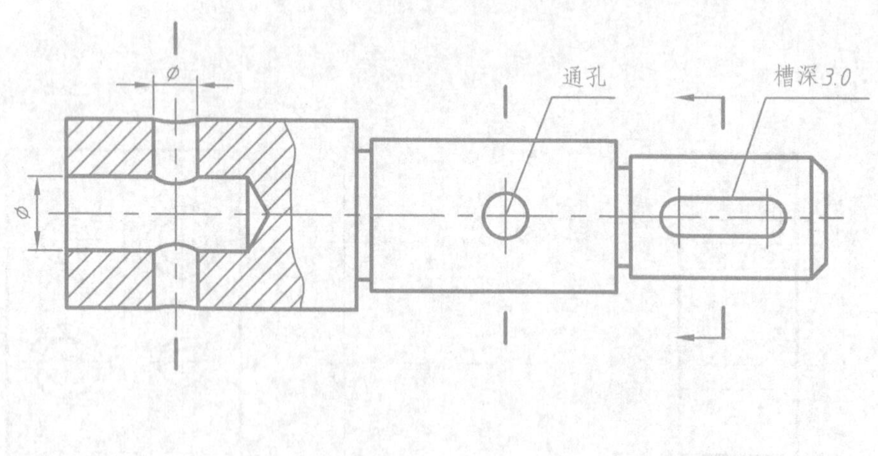

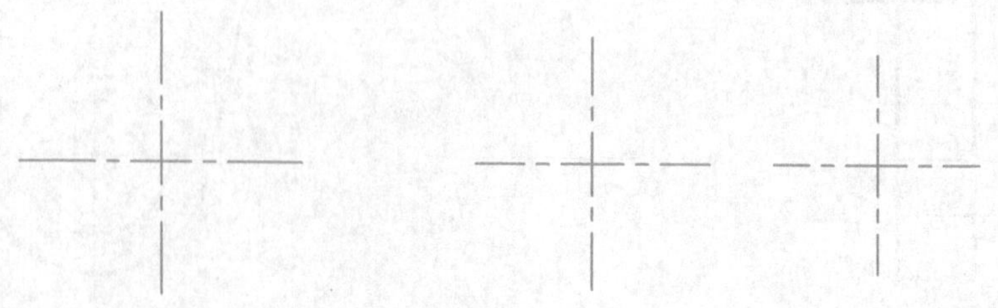

T-72	班级	姓名	审阅	成绩

第7章 机械图样的画法习题（十三）

(1) 在指定位置上画移出断面图，并作必要的标注。

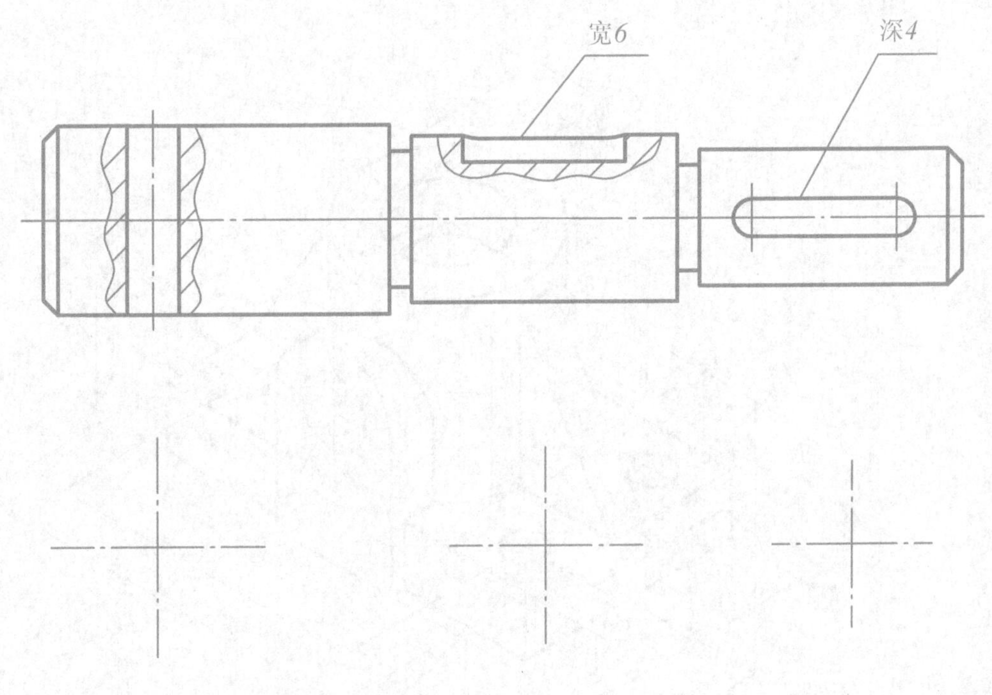

(2) 在下列图中选择正确的断面图并完成标注。

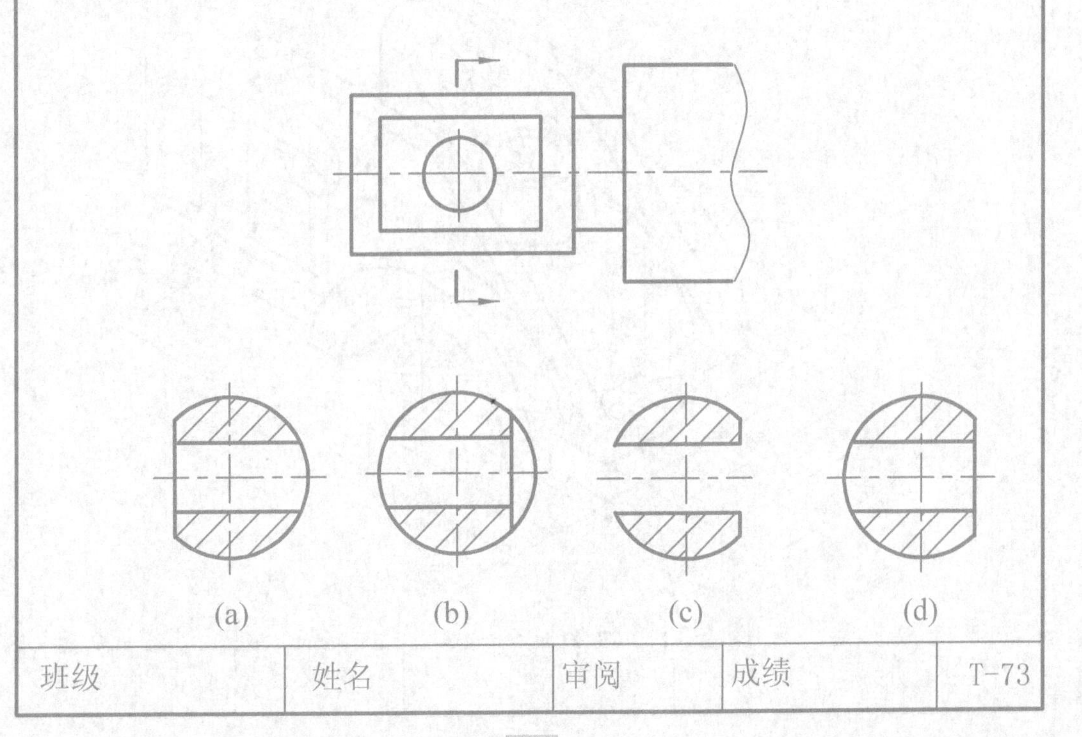

班级	姓名	审阅	成绩	T-73

第7章 机械图样的画法大作业

按给定的比例，在A3纸上画出三视图（作适当的剖视），并标注尺寸。图名为“剖视图”。

（1）

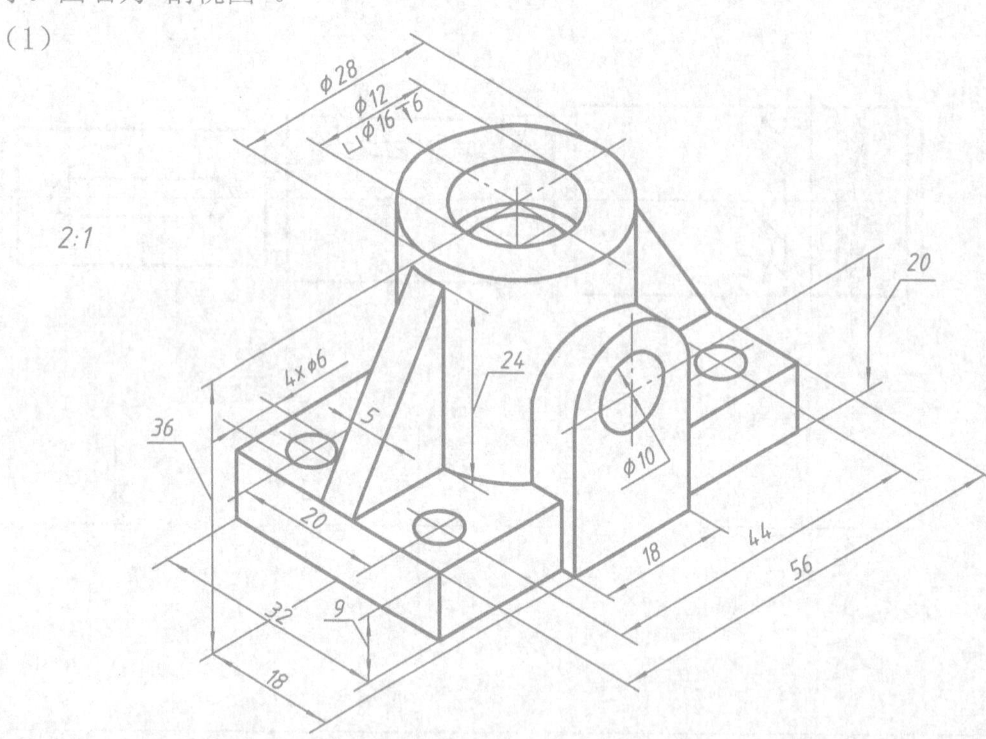

（2）

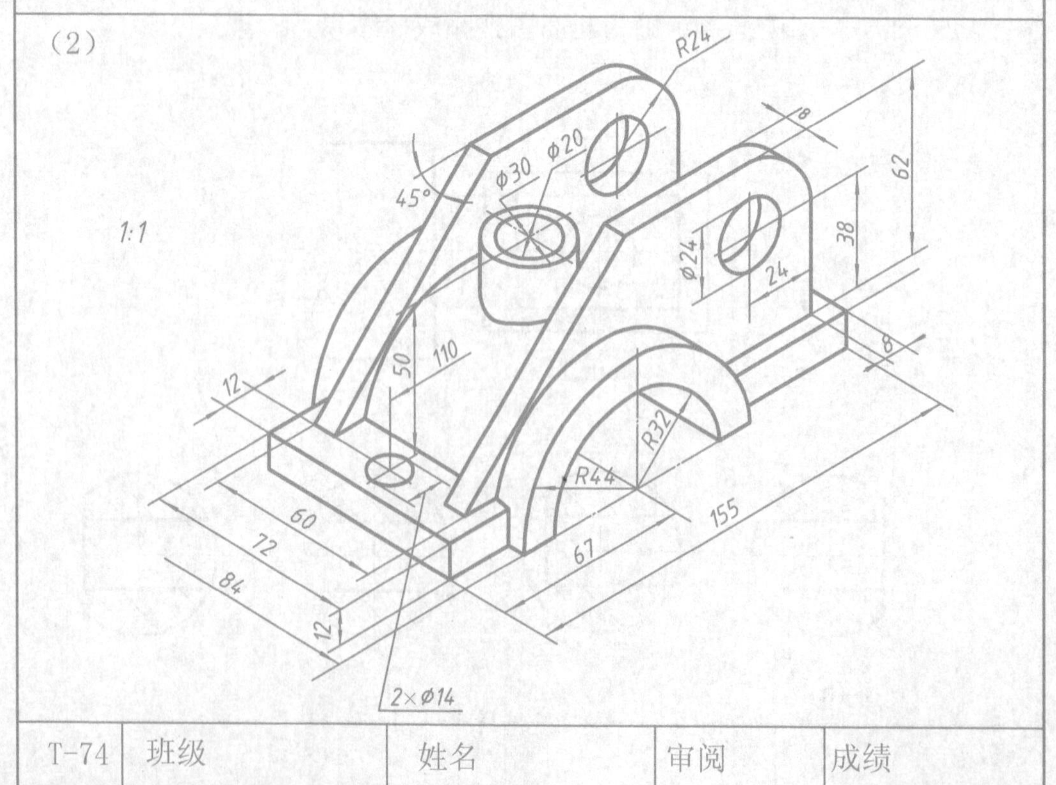

T-74	班级	姓名	审阅	成绩

第8章 连接件及常用件的表达习题（一）

（1）已知外螺纹长32，大径24，倒角为C2,粗牙普通螺纹，中径和顶径的公差带代号均为6f,试画出螺杆的主、左视图（螺纹小径按0.85d绘制），并标注上述尺寸。

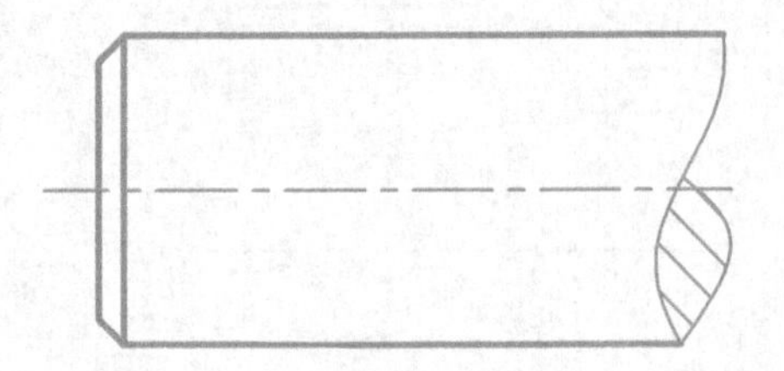

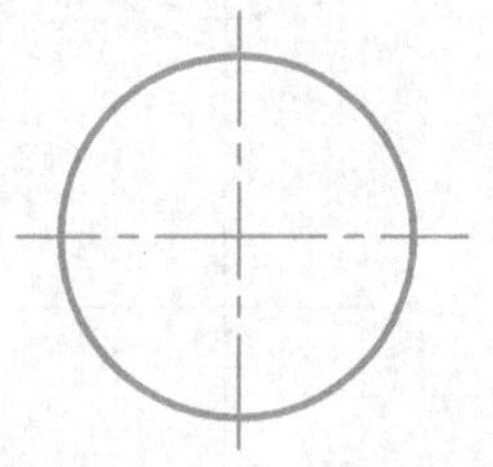

（2）已知不通螺孔，公称直径为24，倒角为C2，螺孔深度为28，钻孔深度为36，中径和顶径的公差带代号均为6H，试画出螺孔的主、左视图，并标注上述尺寸。

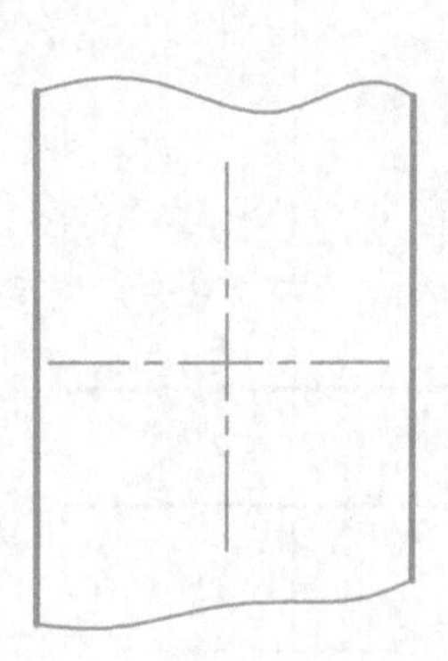

（3）将题（1）、（2）的螺杆和不通螺孔画成连接图，它们的旋合长度为20mm。试画出螺纹连接的主、左视图（主、左视图采用全剖视图，左视图的剖切位置自选）。

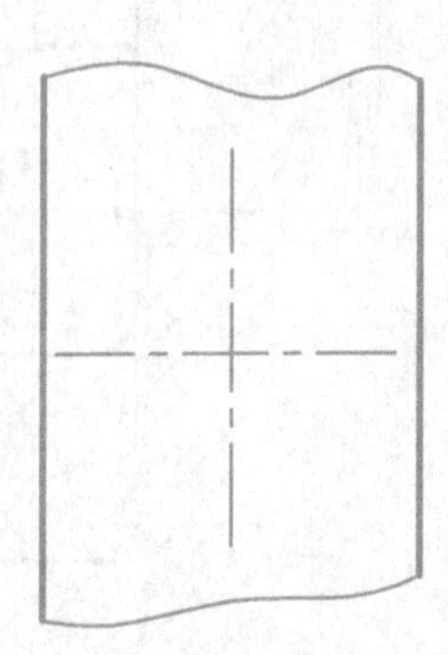

班级	姓名	审阅	成绩	T-75

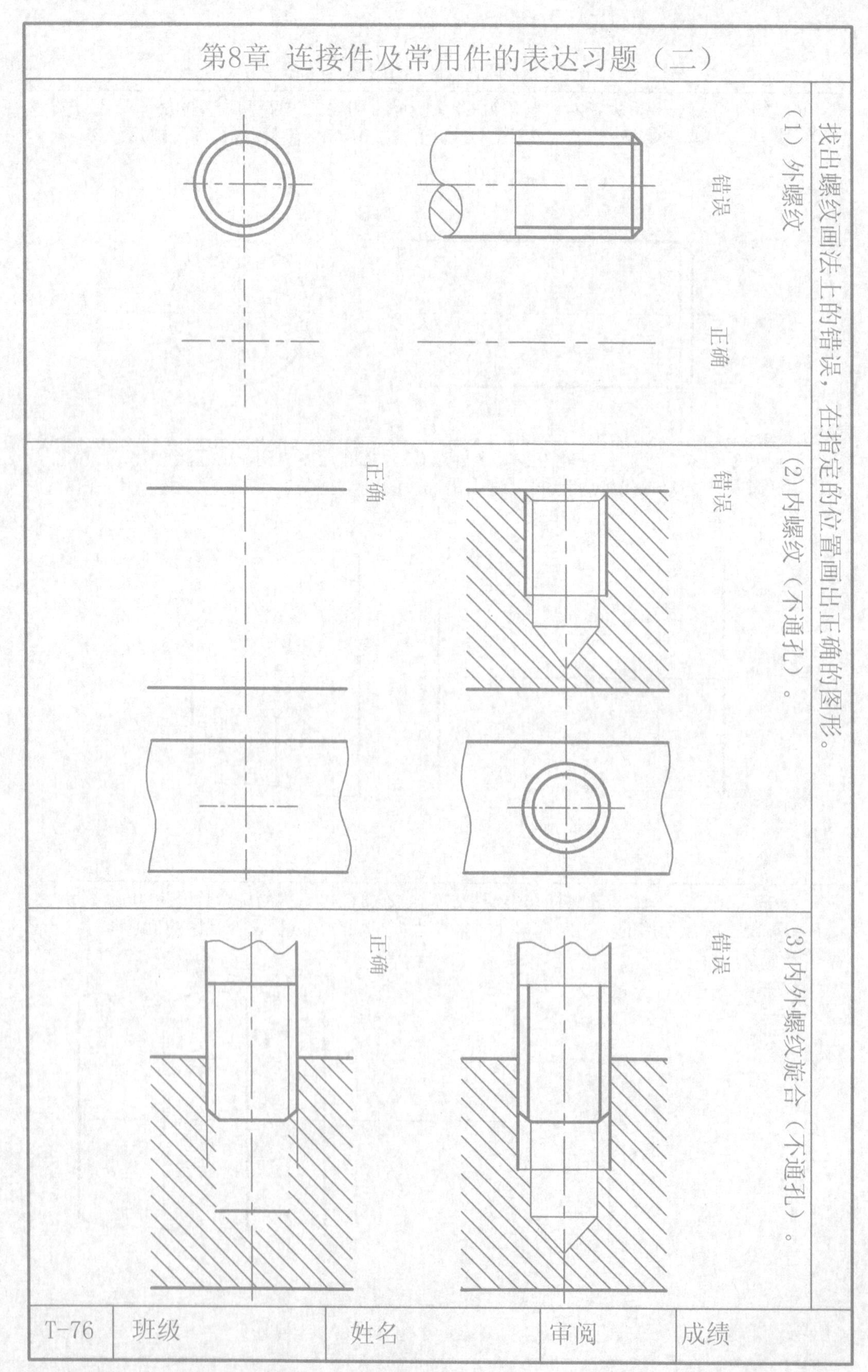
第8章 连接件及常用件的表达习题（二）
找出螺纹画法上的错误，在指定的位置画出正确的图形。
（1）外螺纹
错误
正确
(2) 内螺纹（不通孔）。
错误
正确
(3) 内外螺纹旋合（不通孔）。
错误
正确
T-76
班级
姓名
审阅
成绩

第8章 连接件及常用件的表达习题（三）

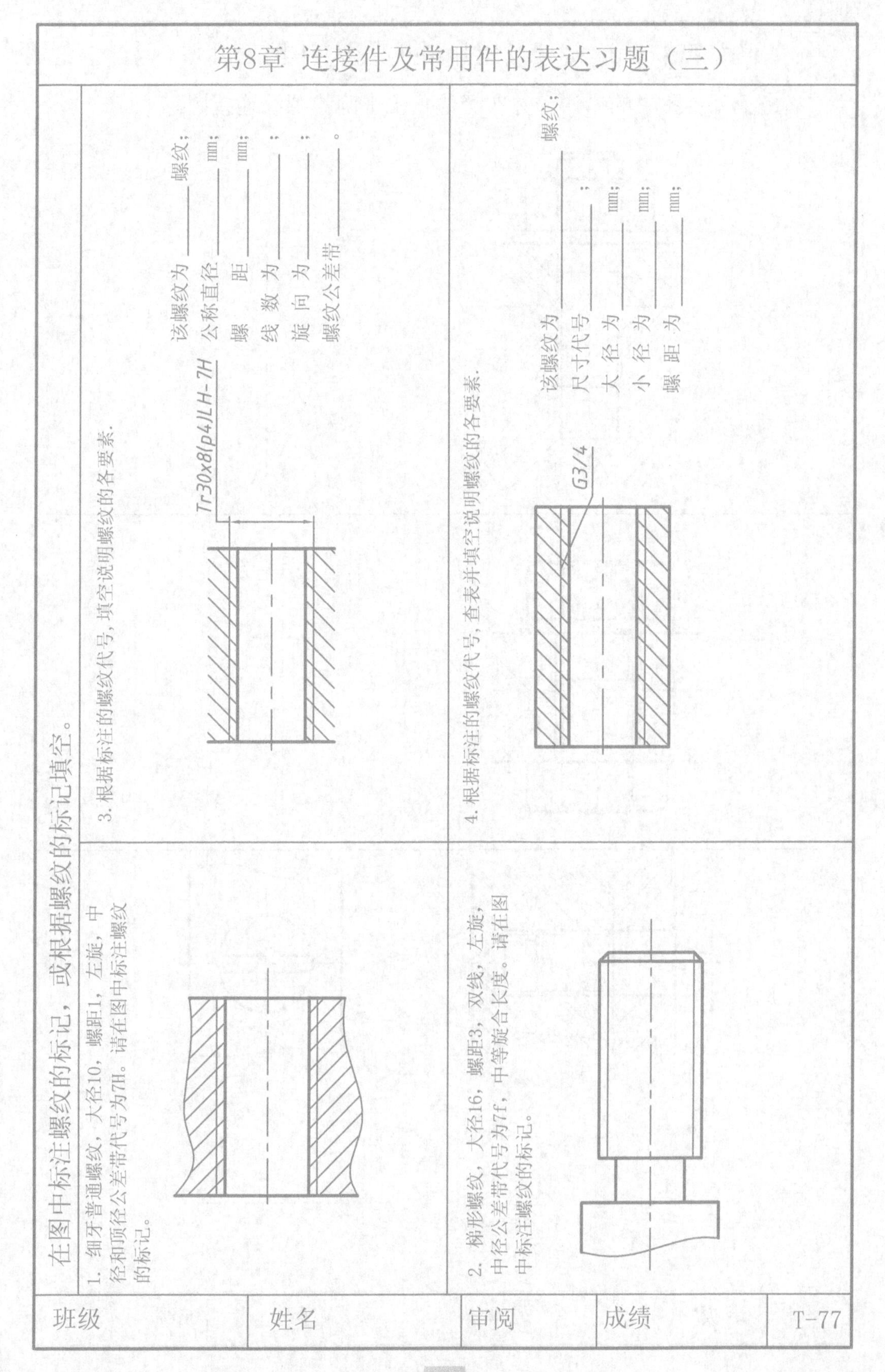

班级	姓名	审阅	成绩	T-77

第8章 连接件及常用件的表达习题（四）

指出下列各图中的错误，并在旁边画出正确的螺纹连接图。

(1)

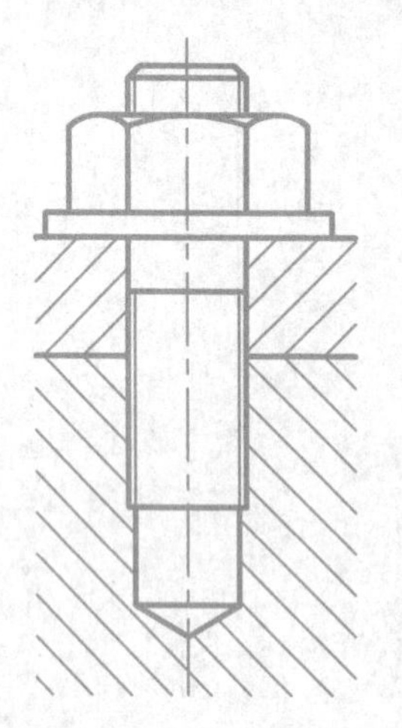

(2)

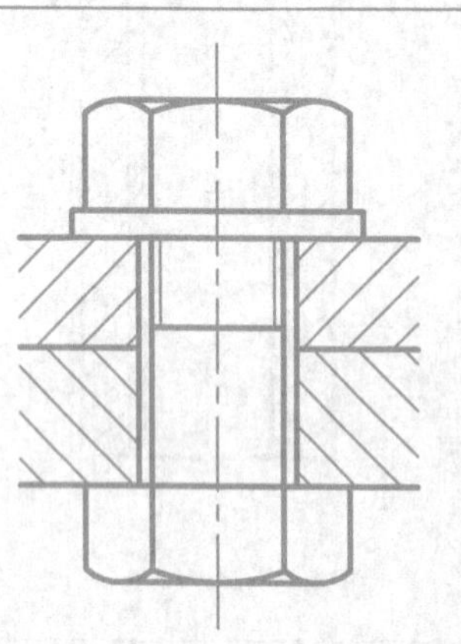

(3)

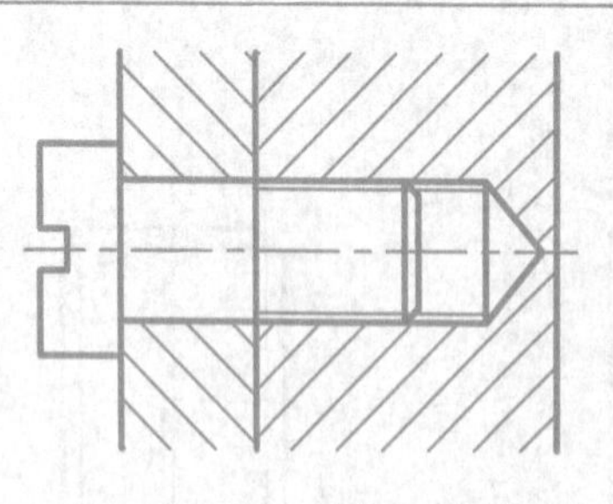

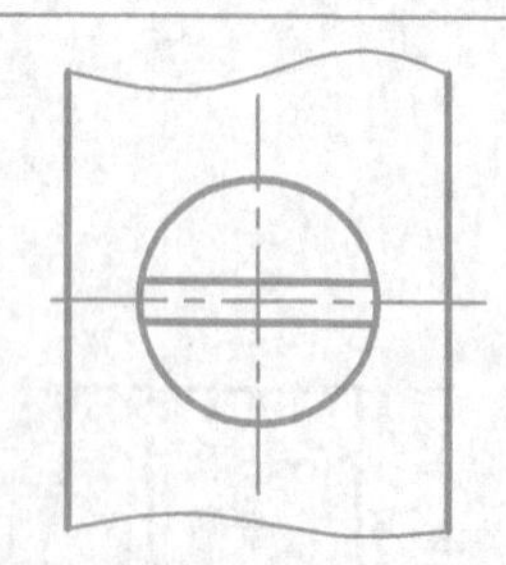

T-78	班级	姓名	审阅	成绩

第8章 连接件及常用件的表达习题（五）

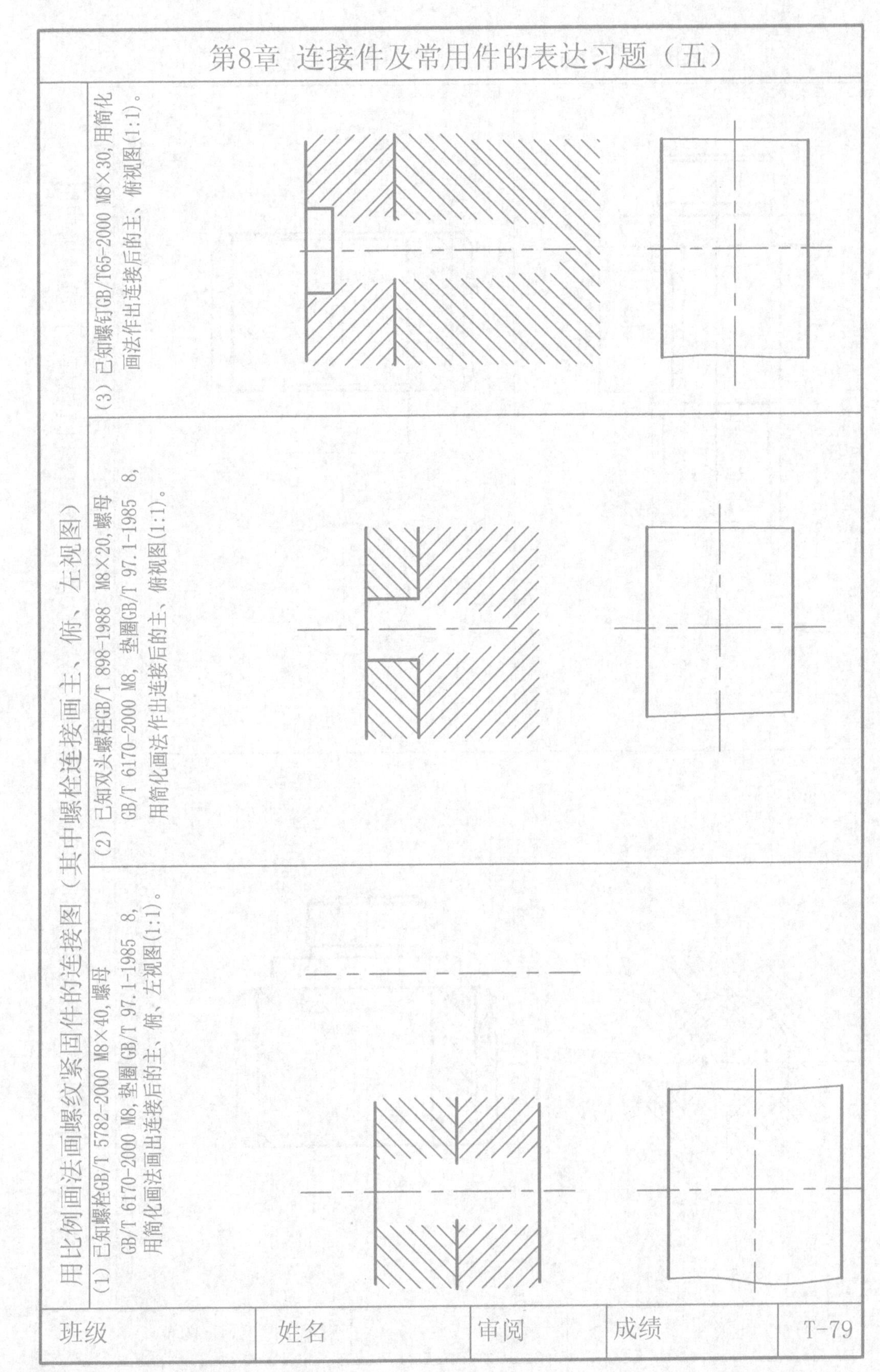

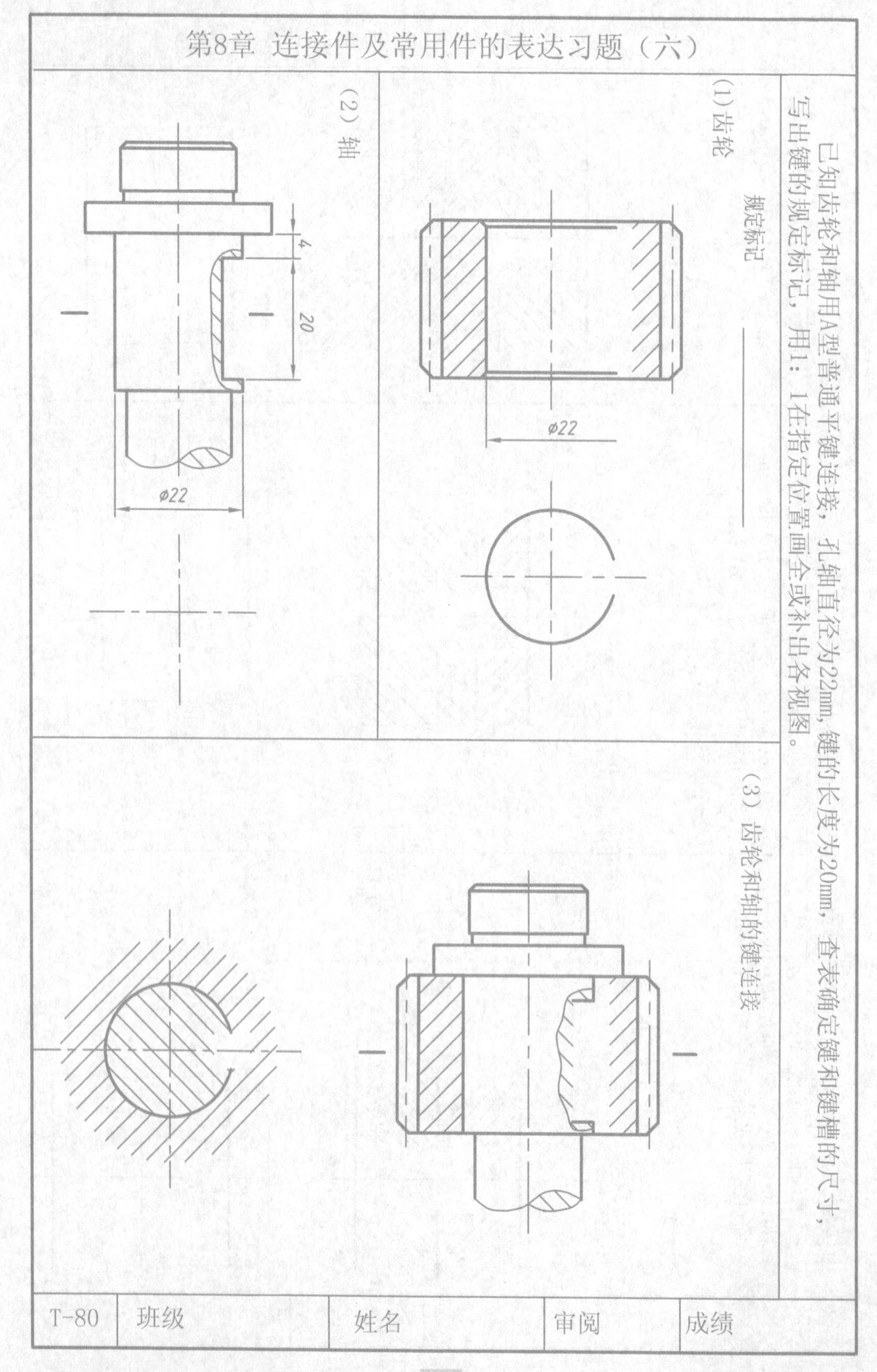

第8章 连接件及常用件的表达习题（六）
已知齿轮和轴用A型普通平键连接，孔轴直径为22mm，键的长度为20mm，查表确定键和键槽的尺寸，写出键的规定标记，用1：1在指定位置画全或补出各视图。
（1）齿轮
规定标记
ϕ22
（2）轴
4
20
ϕ22
（3）齿轮和轴的键连接
T-80
班级
姓名
审阅
成绩

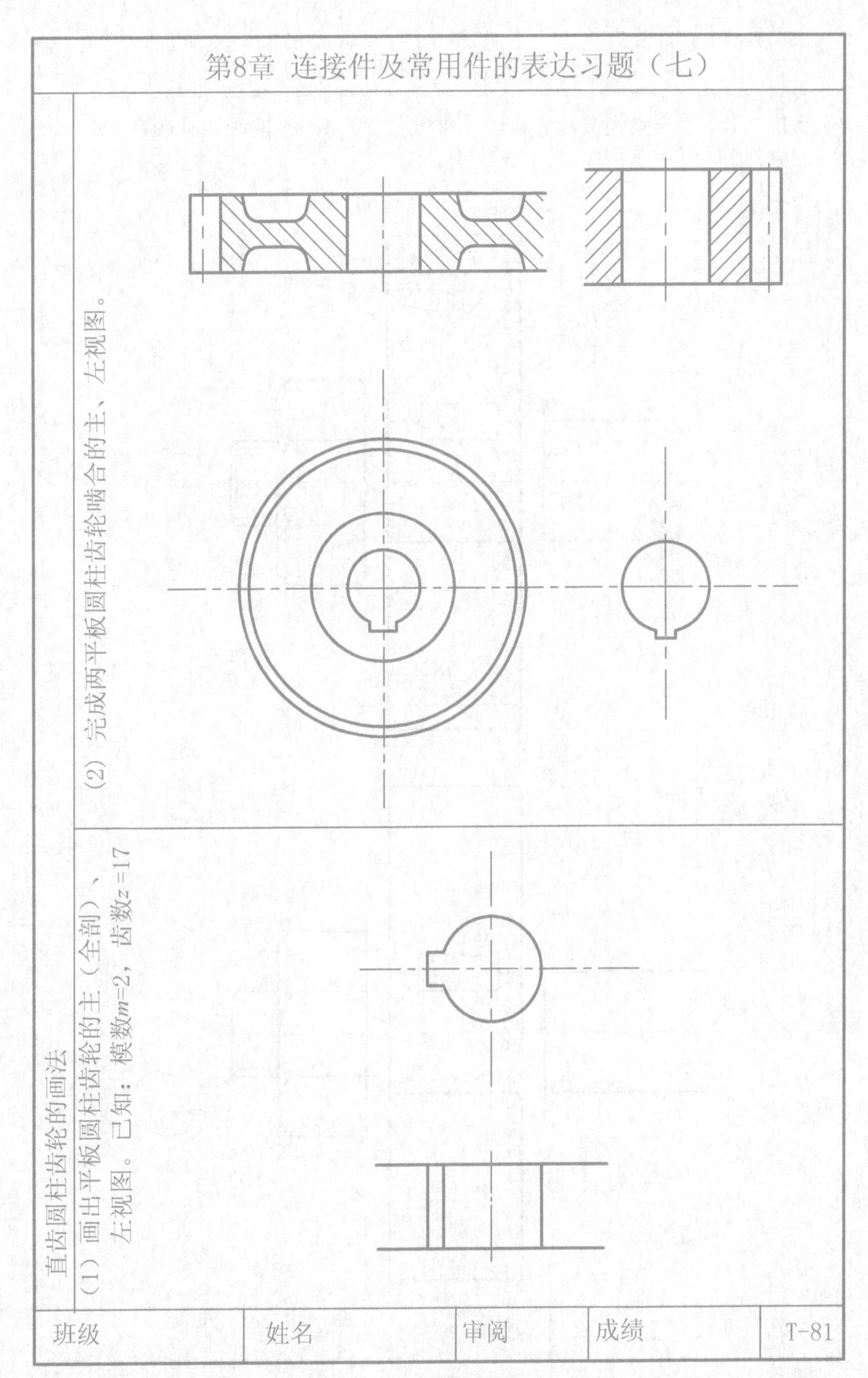
第8章　连接件及常用件的表达习题（七）
直齿圆柱齿轮的画法
（1）画出平板圆柱齿轮的主（全剖）、左视图。已知：模数m=2，齿数z=17
（2）完成两平板圆柱齿轮啮合的主、左视图。
班级
姓名
审阅
成绩
T-81

第8章 连接件及常用件的表达习题(八)

找出(1)图中键连接和齿轮画法中的错误,将正确的画法补画在(2)图中,齿轮尺寸直接在(1)图中取。

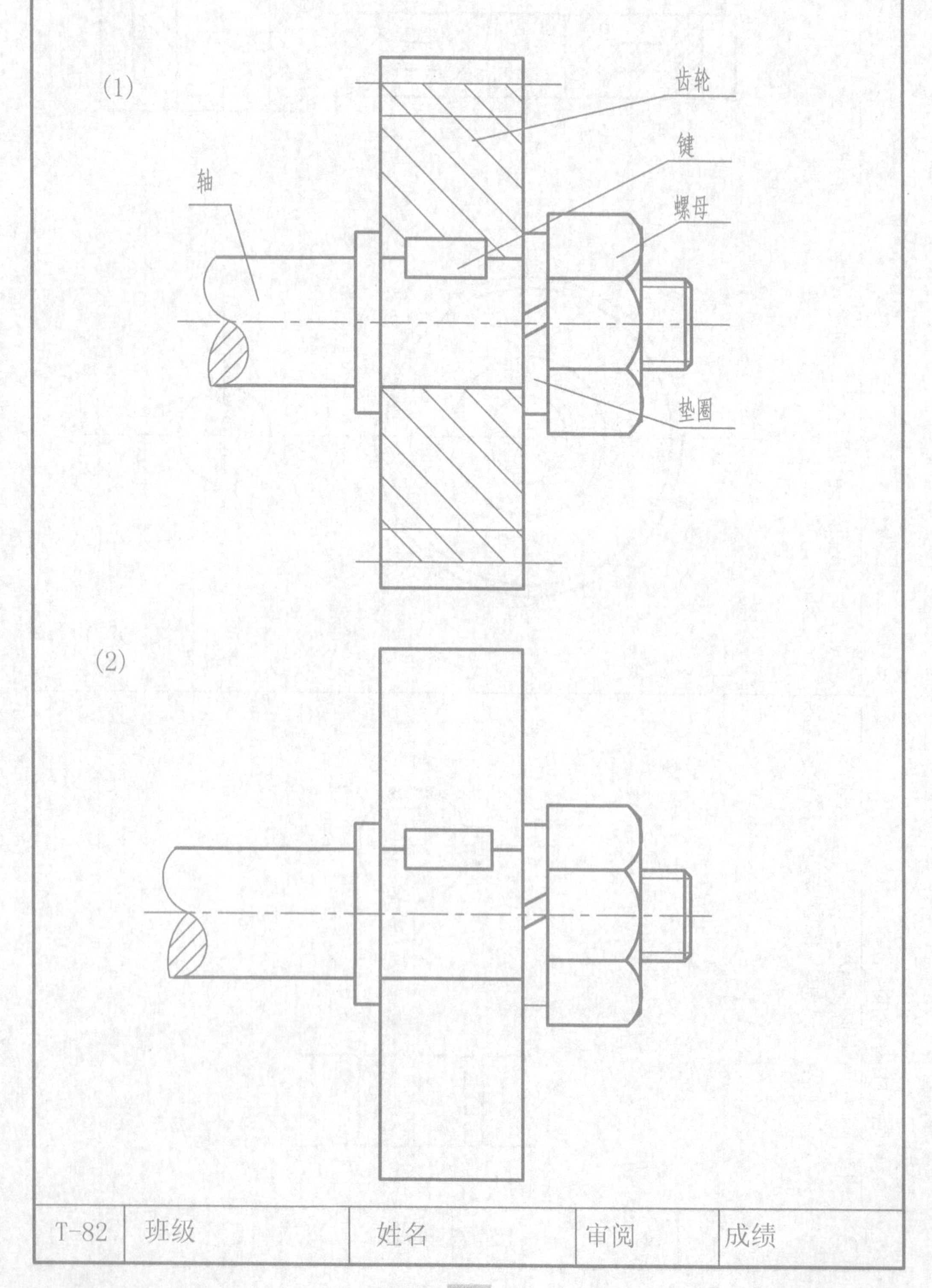

T-82	班级	姓名	审阅	成绩

第9章　零件图习题（一）

表面粗糙度练习。

（1）根据表中所给定的表面粗糙度的数值，在视图中标注相应的表面粗糙度代号。

（2）改正图中表面粗糙度代号标注的错误，将正确的表面粗糙度代号标注在下图中。

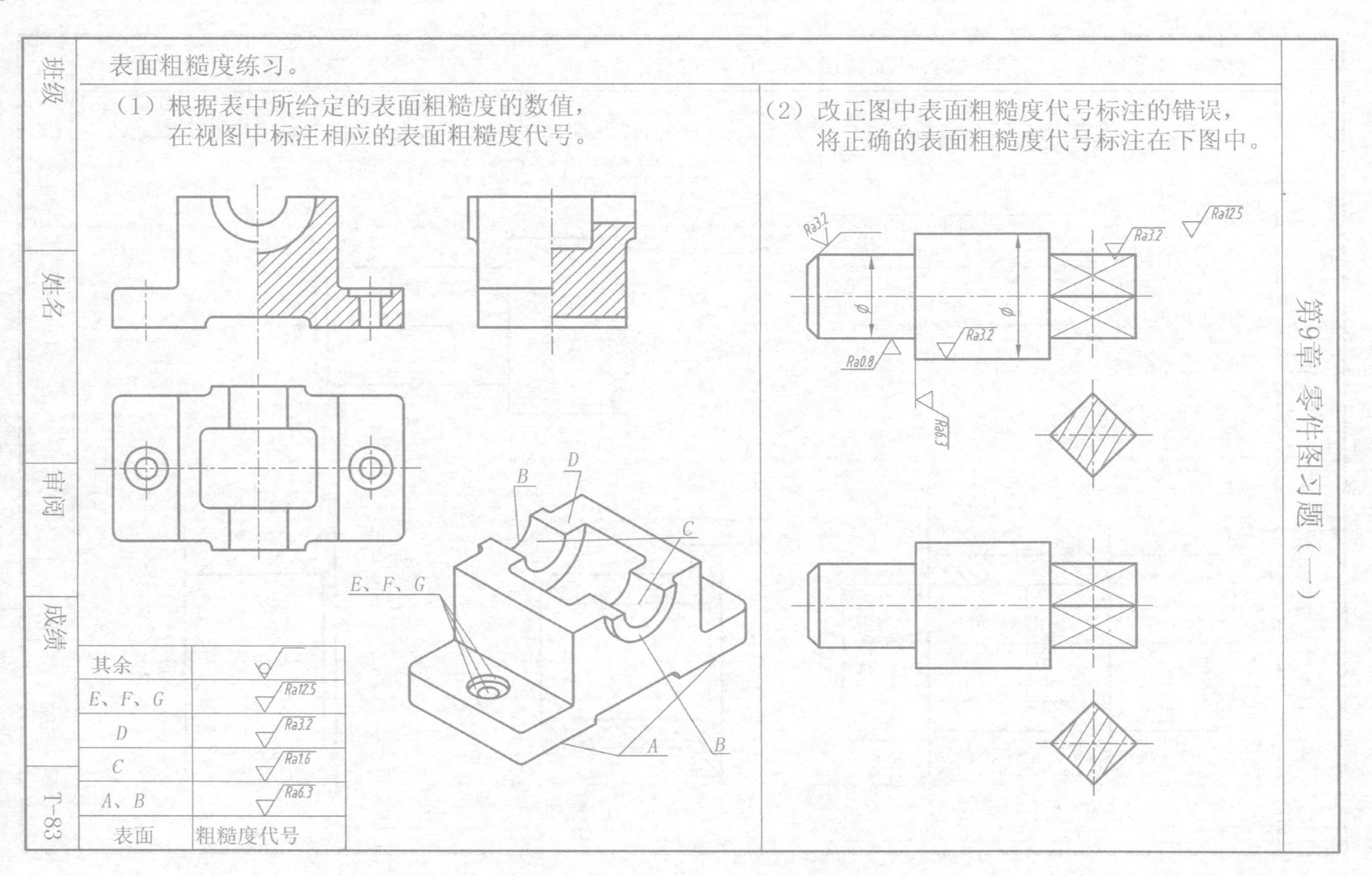

表面	粗糙度代号
其余	（不去除材料符号）
E、F、G	Ra12.5
D	Ra3.2
C	Ra1.6
A、B	Ra6.3

班级	姓名	审阅	成绩	T-83

第9章 零件图习题（二）

已知某组件中零件间的配合尺寸如图所示，填空并标注尺寸。

（1）试说明配合尺寸 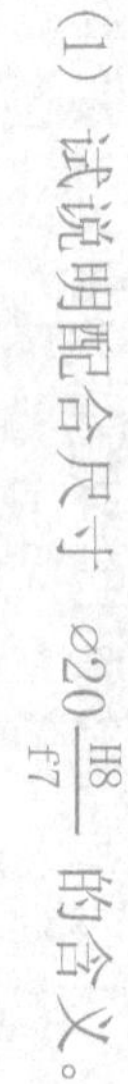 $\phi 20\frac{H8}{f7}$ 的含义。

（a）ϕ20表示________。

（b）f表示________。

（c）此配合是________制________配合。

（d）7表示________。

（2）根据装配图中所注的配合尺寸，分别在相应的零件图上注出基本尺寸和偏差数值。

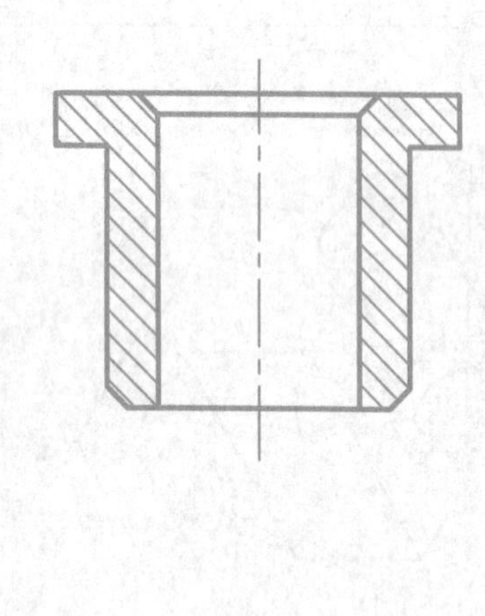

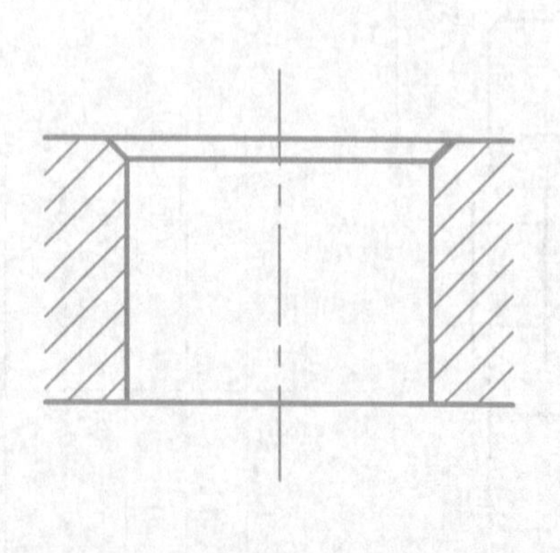

T-84	班级	姓名	审阅	成绩

第9章 零件图习题（三）

看懂主动齿轮轴零件图，回答下列问题。

模数	m	3
齿数	z	18

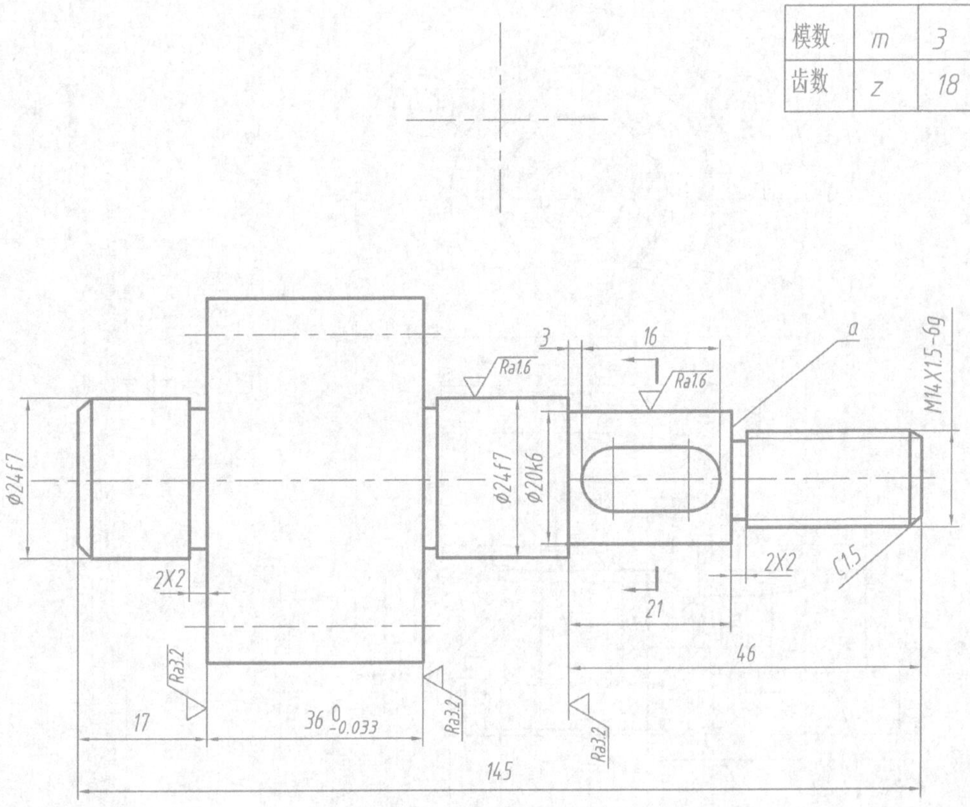

$\sqrt{Ra12.5}$ ($\sqrt{\ }$)

零件名称	材料
主动齿轮轴	45

问答题：

1. 根据图中给定的尺寸在指定位置处画出移出剖面，槽深画3mm。
2. 齿轮的齿顶圆直径是__________，分度圆直径是__________。
3. 齿轮宽度$36^{\ 0}_{-0.033}$，最大和最小可以加工成______和______，其公差值是______，加工成36.05______（是/不）合格.
4. a所指端面的表面粗糙度符号是________。
5. 本零件图，共有___种表面粗糙度，其中最光洁的是____。

班级	姓名	审阅	成绩	T-85

第9章 零件图习题（四）

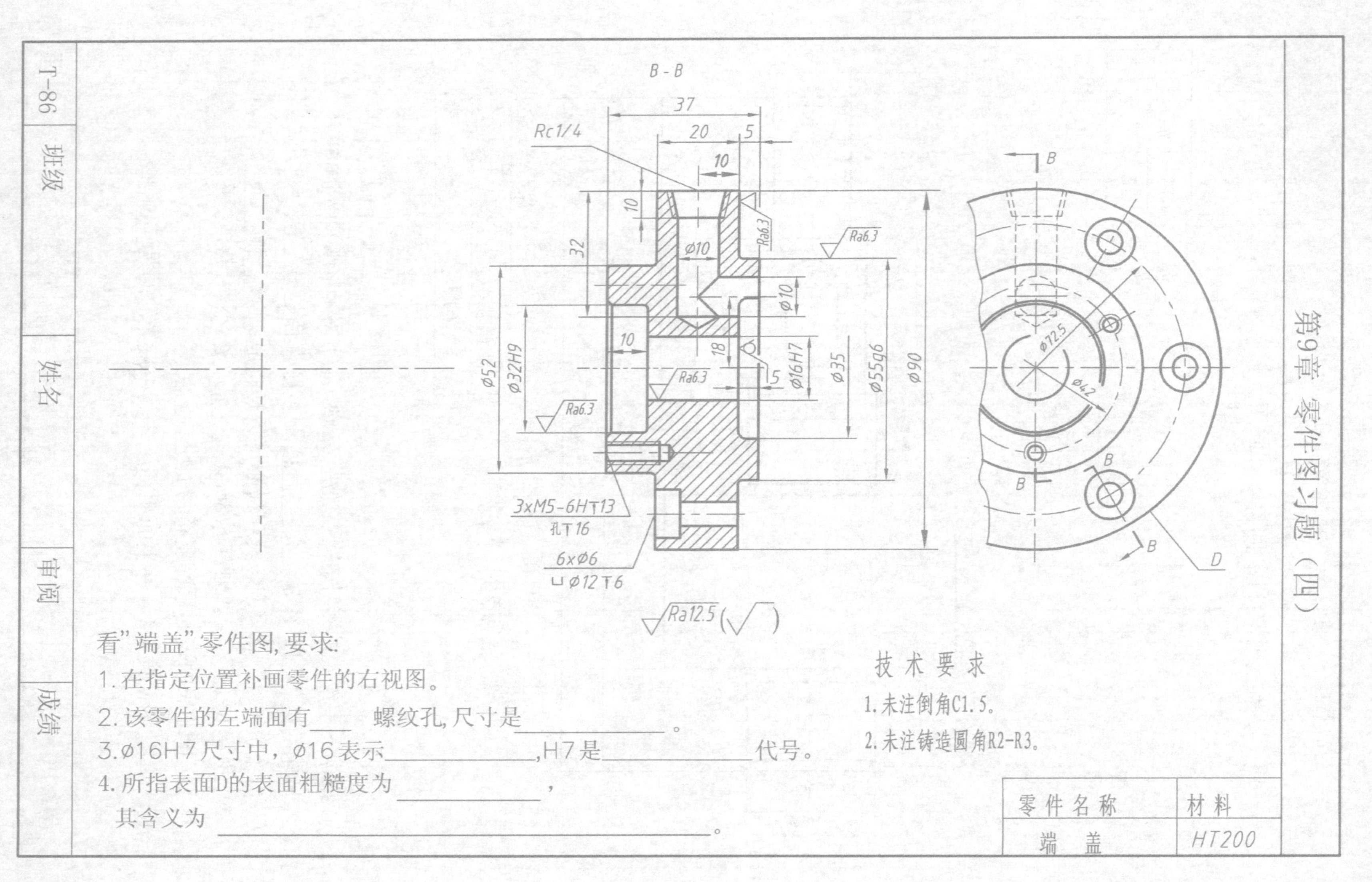

看"端盖"零件图，要求：

1. 在指定位置补画零件的右视图。
2. 该零件的左端面有____螺纹孔，尺寸是____。
3. ø16H7尺寸中，ø16表示____，H7是____代号。
4. 所指表面D的表面粗糙度为____，

   其含义为____。

技术要求

1. 未注倒角C1.5。
2. 未注铸造圆角R2-R3。

零件名称	材料
端盖	HT200

T-86	班级	姓名	审阅	成绩

第9章 零件图习题（五）

读托架零件图，完成填空题，在指定位置画出C向局部视图。

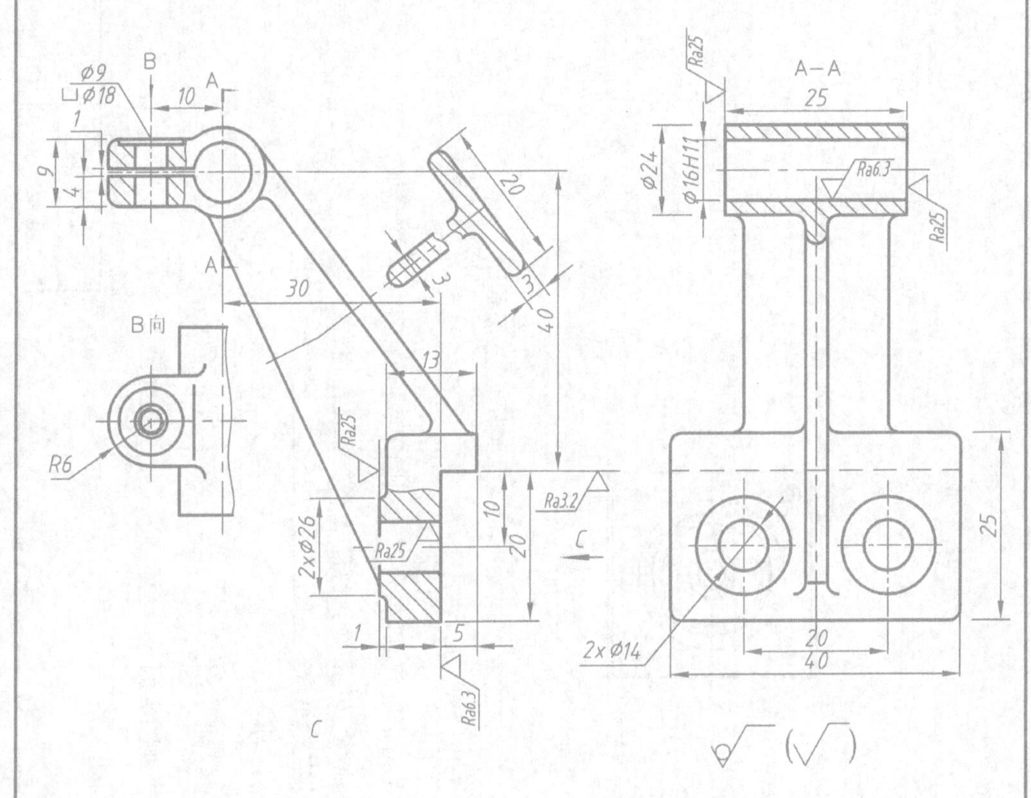

技术要求

1. 未注圆角为R3～R5。
2. 铸件不允许有砂眼、缩孔、裂纹等缺陷。

零件名称	材料
托架	45

填空题：

（1）零件的名称是________，材料为________，属于______类零件。

（2） 图中移出断面图的表达目的是________________________。

（3） 2xØ14 的定位尺寸是________，定形尺寸是________。

班级	姓名	审阅	成绩	T-87

第9章 零件图习题（六）

看懂“阀体”零件图，并回答下列问题。

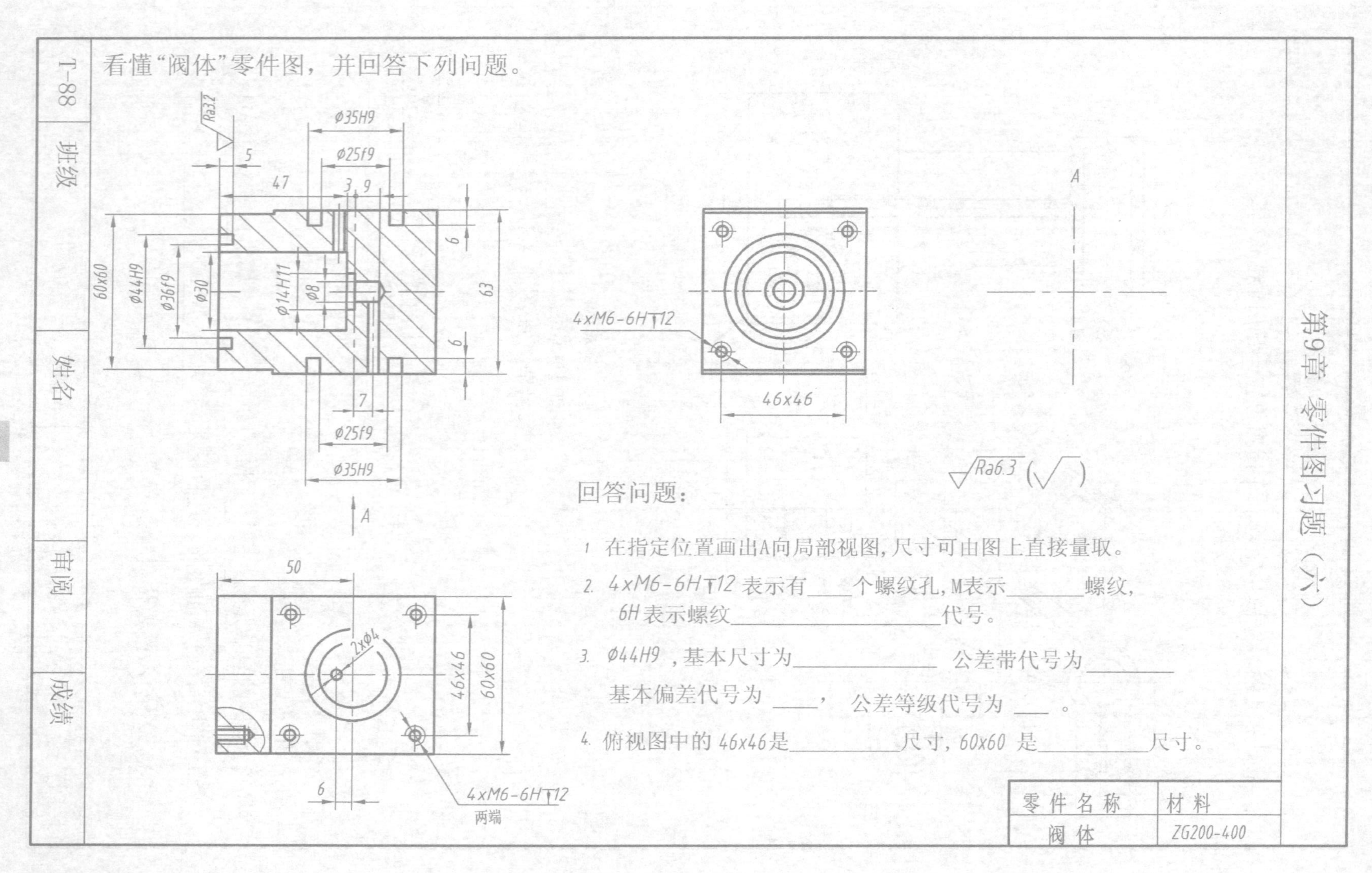

回答问题：

1. 在指定位置画出A向局部视图，尺寸可由图上直接量取。
2. 4xM6-6H⊤12 表示有____个螺纹孔，M表示________螺纹，6H表示螺纹____________________代号。
3. ϕ44H9，基本尺寸为______________ 公差带代号为________ 基本偏差代号为_____，公差等级代号为___。
4. 俯视图中的 46x46是__________尺寸，60x60 是__________尺寸。

零件名称	材料
阀体	ZG200-400

T-88	班级	姓名	审阅	成绩

第10章 装配图习题（一）

根据装配示意图，由零件图画装配图（零件图见后两页）。

序号	名　称	数量	材　料	备　注
6	阀　杆	1	45	
5	螺钉 M10×25	2	Q235	GB/T65-2000
4	填料压盖	1	Q235	
3	填　料	1	石棉绳	无　图
2	垫圈 A18	1	20	GB/T97.1-1985
1	阀　体	1	20	

阀		比例		
		件数		
制图		重量		第　张
描图				
审核				

技术要求

1. 阀杆在关闭时，不得有泄漏。
2. 工作压力为 2.5×10^5Pa。
3. 填料压紧后的高度为12毫米。

班级	姓名	审阅	成绩	T-89

第10章 装配图习题（一）(续)

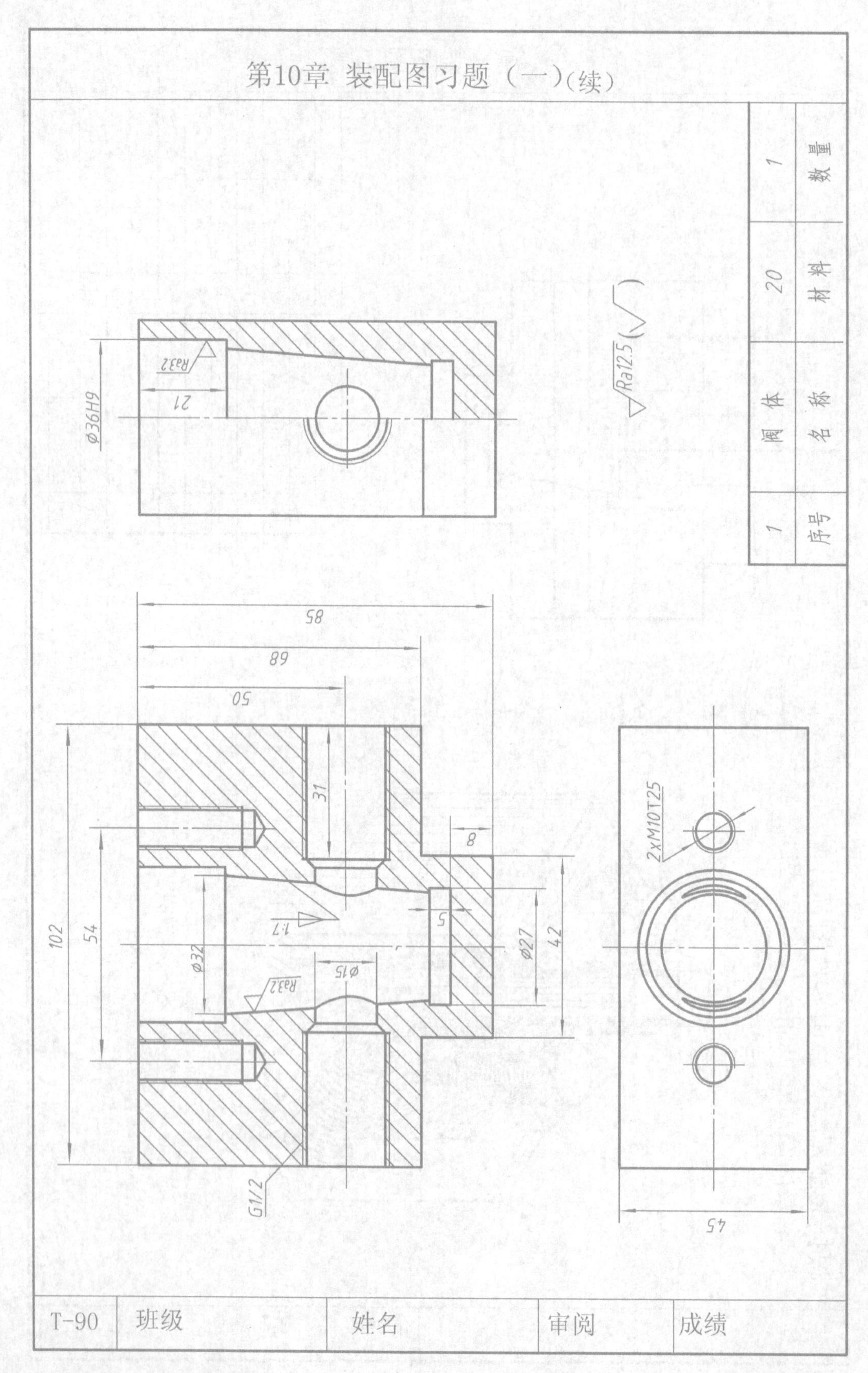

第10章 装配图习题（一）（续）

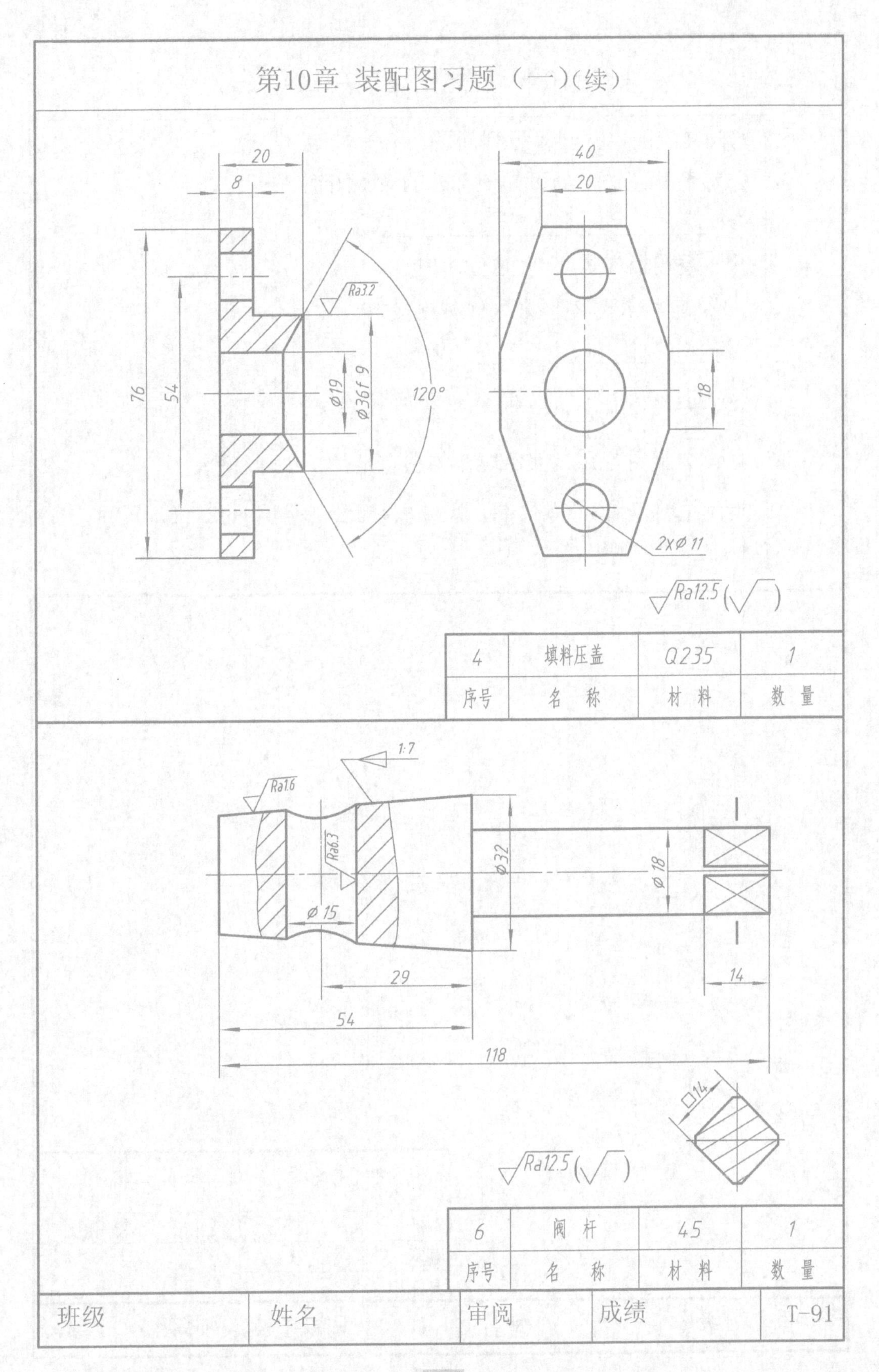

4	填料压盖	Q235	1
序号	名 称	材 料	数 量

6	阀 杆	45	1
序号	名 称	材 料	数 量

班级	姓名	审阅	成绩	T-91

第10章 装配图习题(二)

看旋塞阀装配图，并回答下列问题。

1. 从该装配图的何处可知该部件的大致用途。

答：____________________

2. 8号零件垫片起________作用。

3. 2号零件与3号零件采用何种连接？

答：________________

4. $\varnothing 22\frac{H11}{c11}$ 属于______制______配合。

5. 从该装配图可知该部件现在的状态是____(开/关)。

6. 拆画填料压盖3的零件图，尺寸取装配图中量取的2∶1，尺寸标注及表面粗糙度标注省略。

填料压盖			比例		
			件数		
制图			重量		共 张第 张
描图					
审核					

T-92	班级	姓名	审阅	成绩

第10章 装配图习题（二）（续）

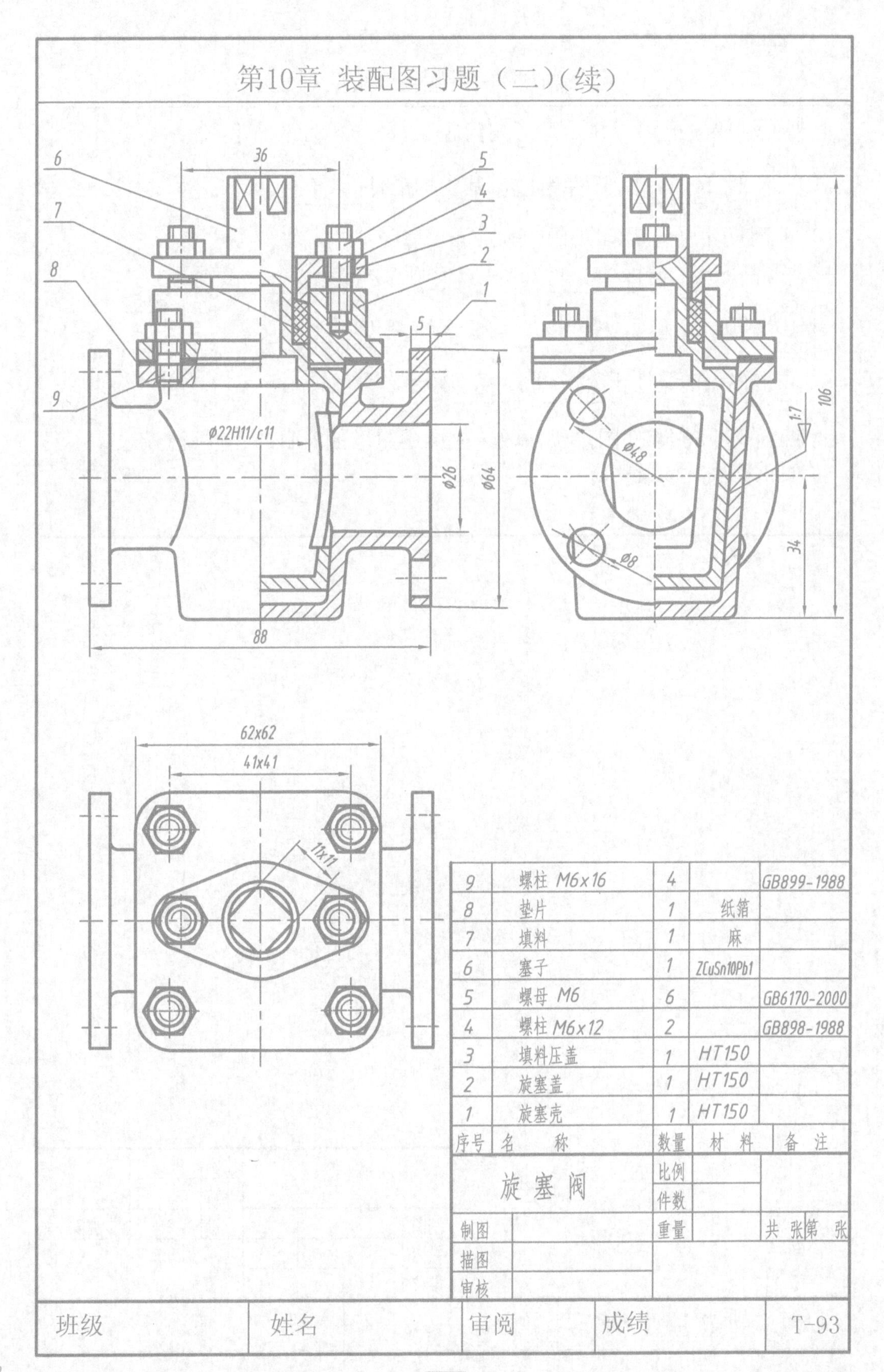

9	螺柱 M6x16	4		GB899-1988
8	垫片	1	纸箔	
7	填料	1	麻	
6	塞子	1	ZCuSn10Pb1	
5	螺母 M6	6		GB6170-2000
4	螺柱 M6x12	2		GB898-1988
3	填料压盖	1	HT150	
2	旋塞盖	1	HT150	
1	旋塞壳	1	HT150	
序号	名　称	数量	材　料	备　注

旋塞阀		比例		
		件数		
制图		重量		共　张第　张
描图				
审核				

班级	姓名	审阅	成绩	T-93

第10章 装配图习题（三）

看回油阀装配图，并回答下列问题。

1. 该部件由＿＿＿种零件组成，其中标准件＿＿＿种。

2. 下列尺寸属于装配图中的哪类尺寸。

(1) ⌀32H7/f7是＿＿＿尺寸；(2) 4×M6是＿＿＿尺寸

(3) 90 是＿＿＿尺寸；(4) ⌀50是＿＿＿尺寸

3. ⌀32H7/f7 是属于＿＿制＿＿配合。

4. 拆画阀盖5的零件图，尺寸取装配图中量取的2:1，尺寸标注及表面粗糙度标注省略。

阀 盖			比例		
			件数		
制图			重量		共 张第 张
描图					
审核					

T-94	班级	姓名	审阅	成绩

第10章　装配图习题（三）（续）

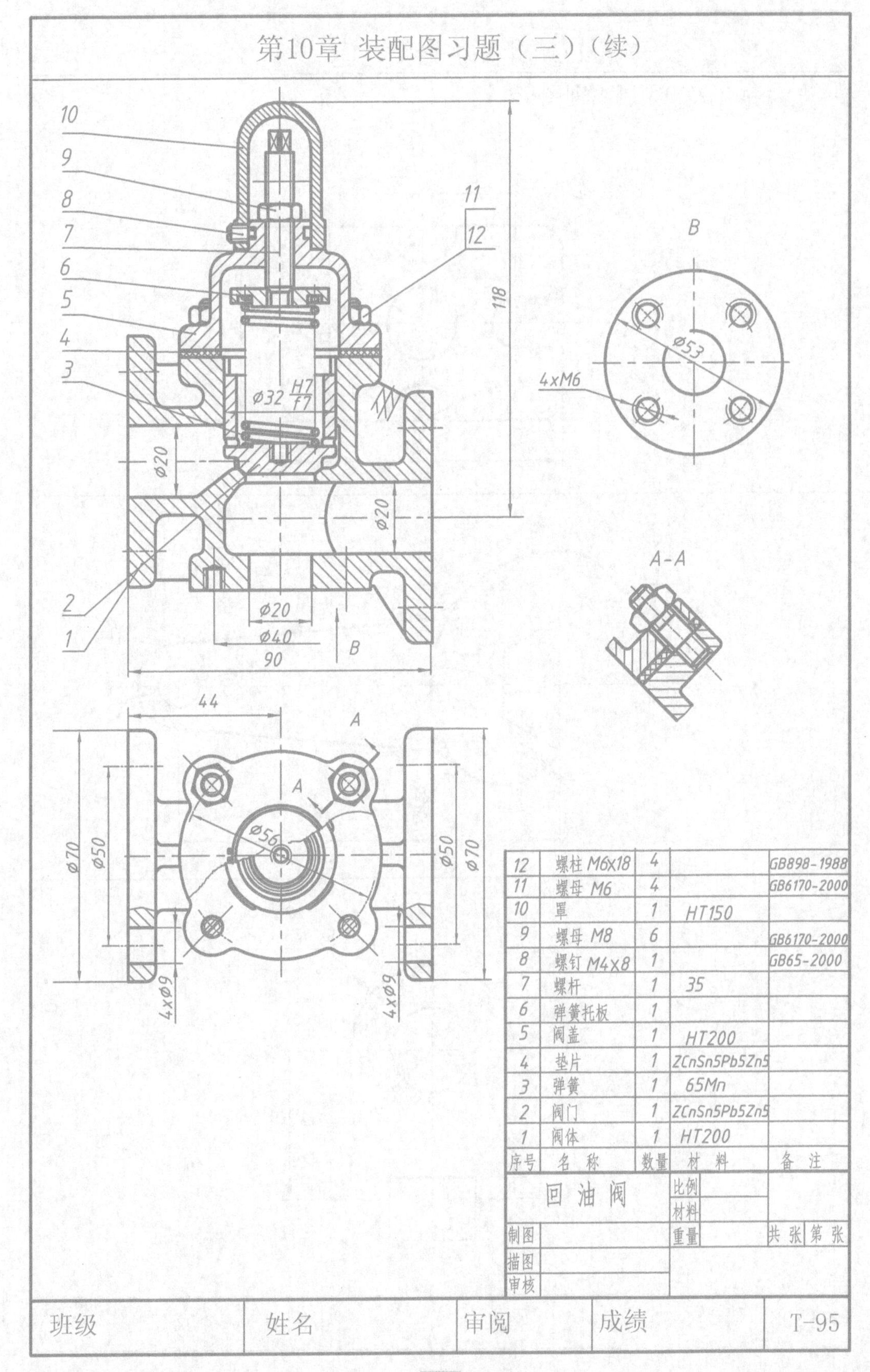

序号	名　称	数量	材　料	备　注
12	螺柱 M6x18	4		GB898-1988
11	螺母 M6	4		GB6170-2000
10	罩	1	HT150	
9	螺母 M8	6		GB6170-2000
8	螺钉 M4x8	1		GB65-2000
7	螺杆	1	35	
6	弹簧托板	1		
5	阀盖	1	HT200	
4	垫片	1	ZCnSn5Pb5Zn5	
3	弹簧	1	65Mn	
2	阀门	1	ZCnSn5Pb5Zn5	
1	阀体	1	HT200	

回油阀		比例		
		材料		
制图		重量		共　张　第　张
描图				
审核				

班级	姓名	审阅	成绩	T-95

第11章 计算机绘图习题（一）

用AutoCAD绘制下列图形。

(1)

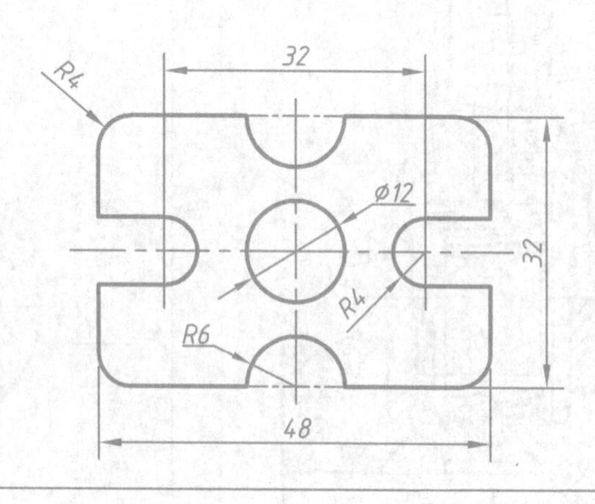

(2)

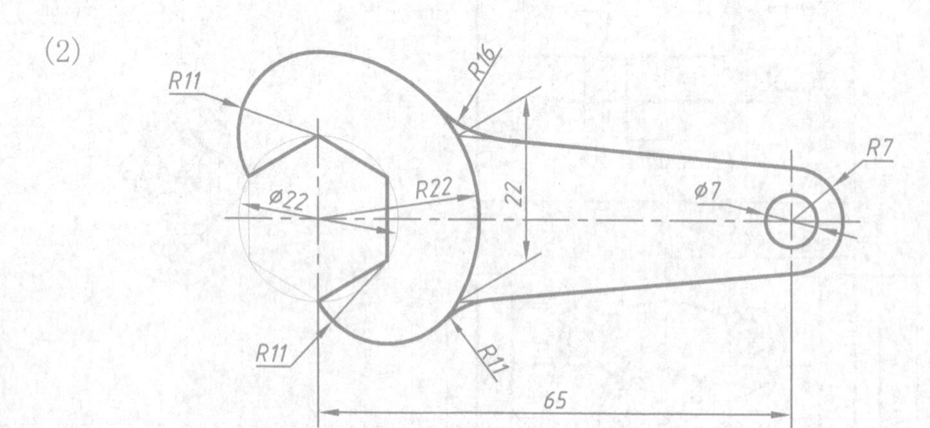

(3)

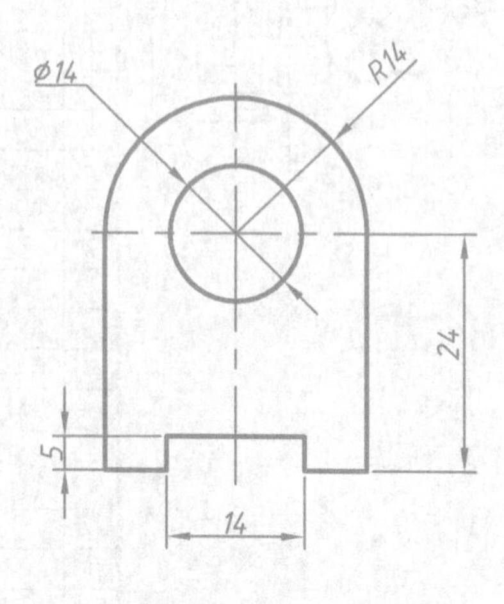

T-96	班级	姓名	审阅	成绩

第11章 计算机绘图习题（二）

用AutoCAD绘制下列图形。

Ø32

Ø18

30

10

Ø60

3×Ø8

Ø46

班级	姓名	审阅	成绩	T-97

第11章 计算机绘图习题（三）

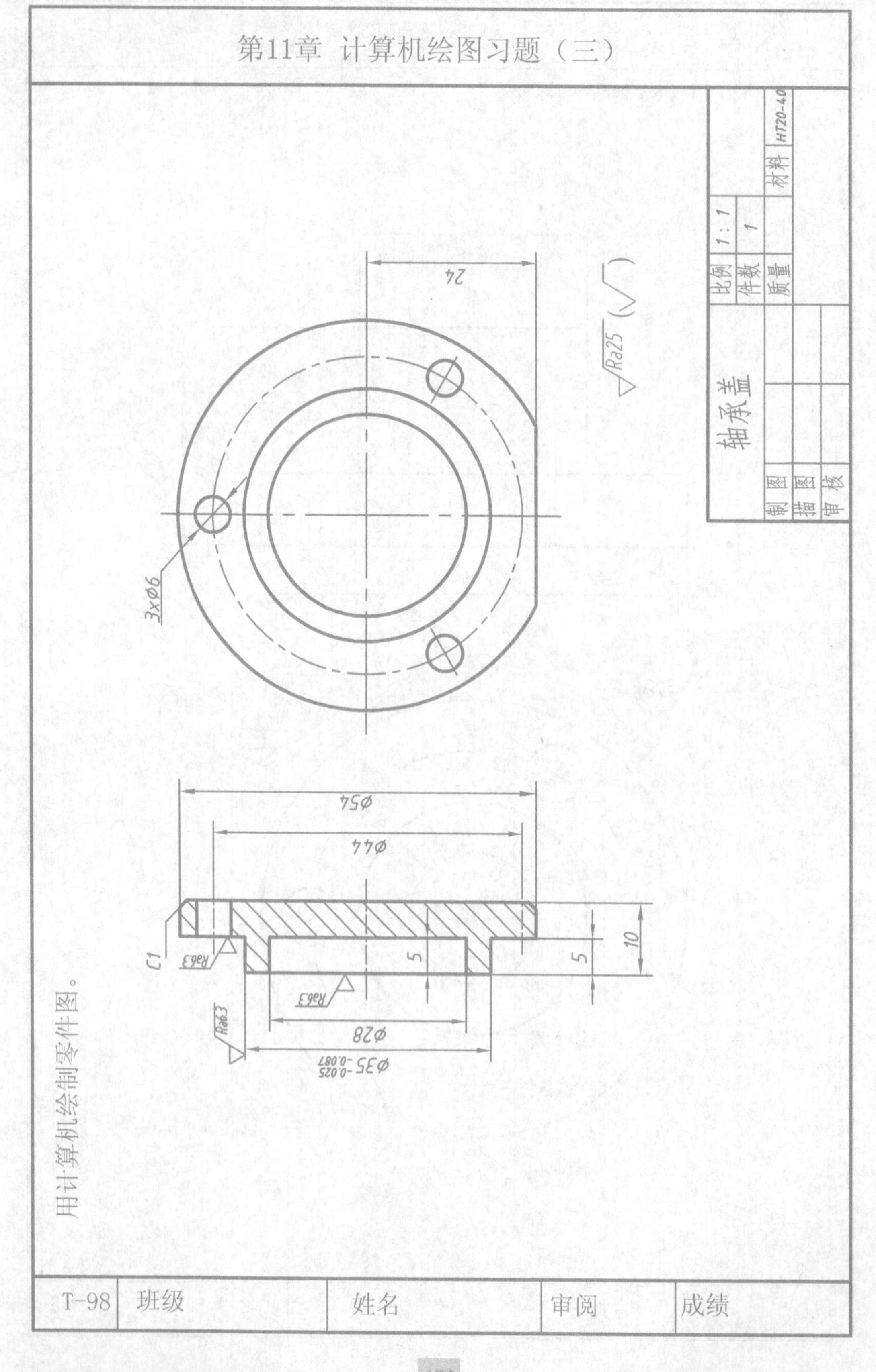

T-98	班级	姓名	审阅	成绩

第三部分　习题解答

为了让学生能在练习之后及时地得到正误判定，及时地得到订正，逐步培养学生正确的解题思路，提高教学效果，同时也帮助学生在课后很好地复习，发挥学生学习工程制图的积极性与主动性，特编写习题解答部分。

习题解答的编排顺序与“第二部分　实践性习题”的顺序同步，学生必须在经过独立思考并做完习题后，才能在进行正误检查时参考习题解答。

第7章 机械图样的画法习题（一）解答

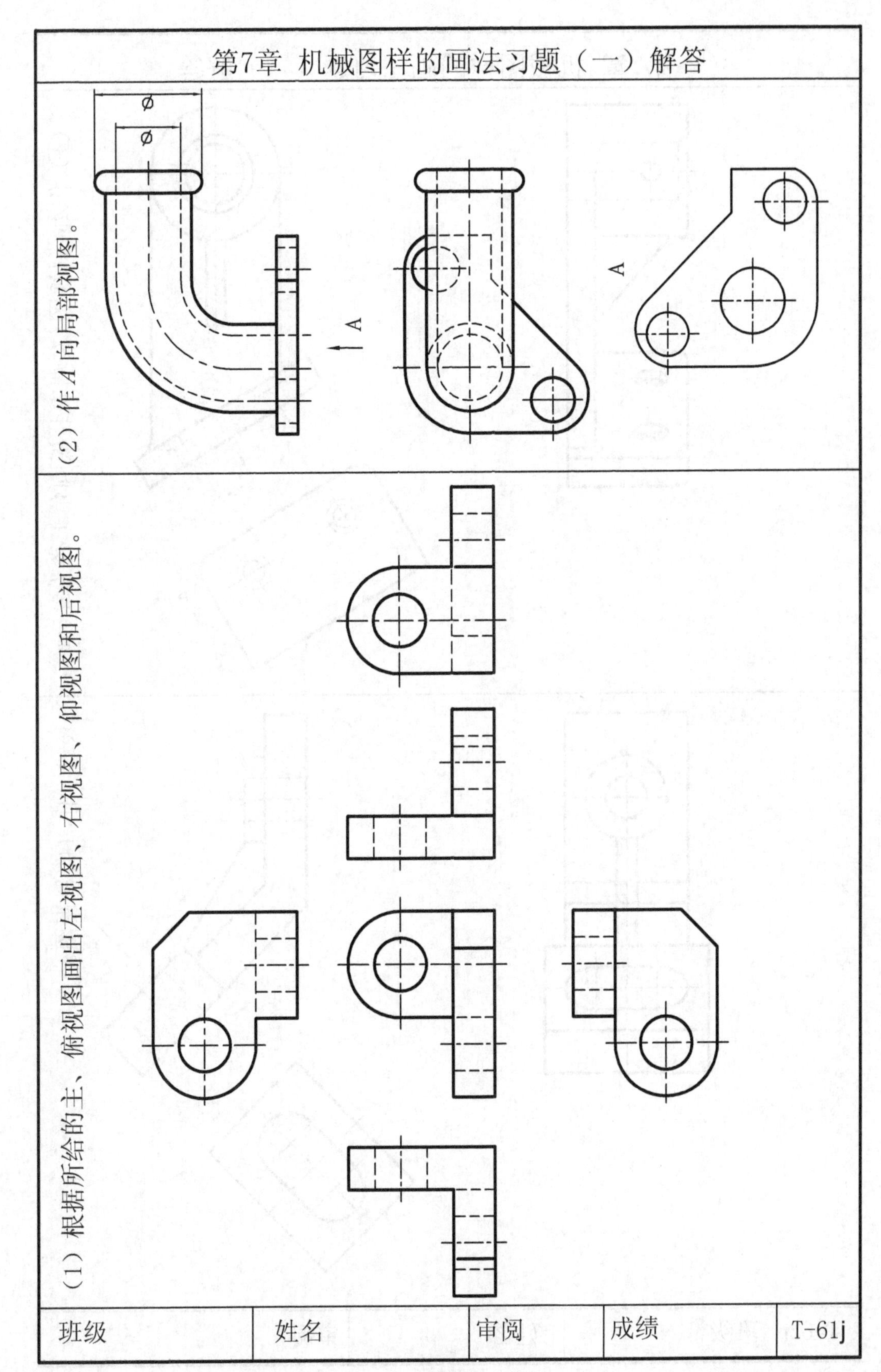

班级	姓名	审阅	成绩	T-61j

第7章 机械图样的画法习题（二）解答

（1）作A向斜视图（右端安装板圆角半径为2.5mm）。

（2）作A向斜视图。

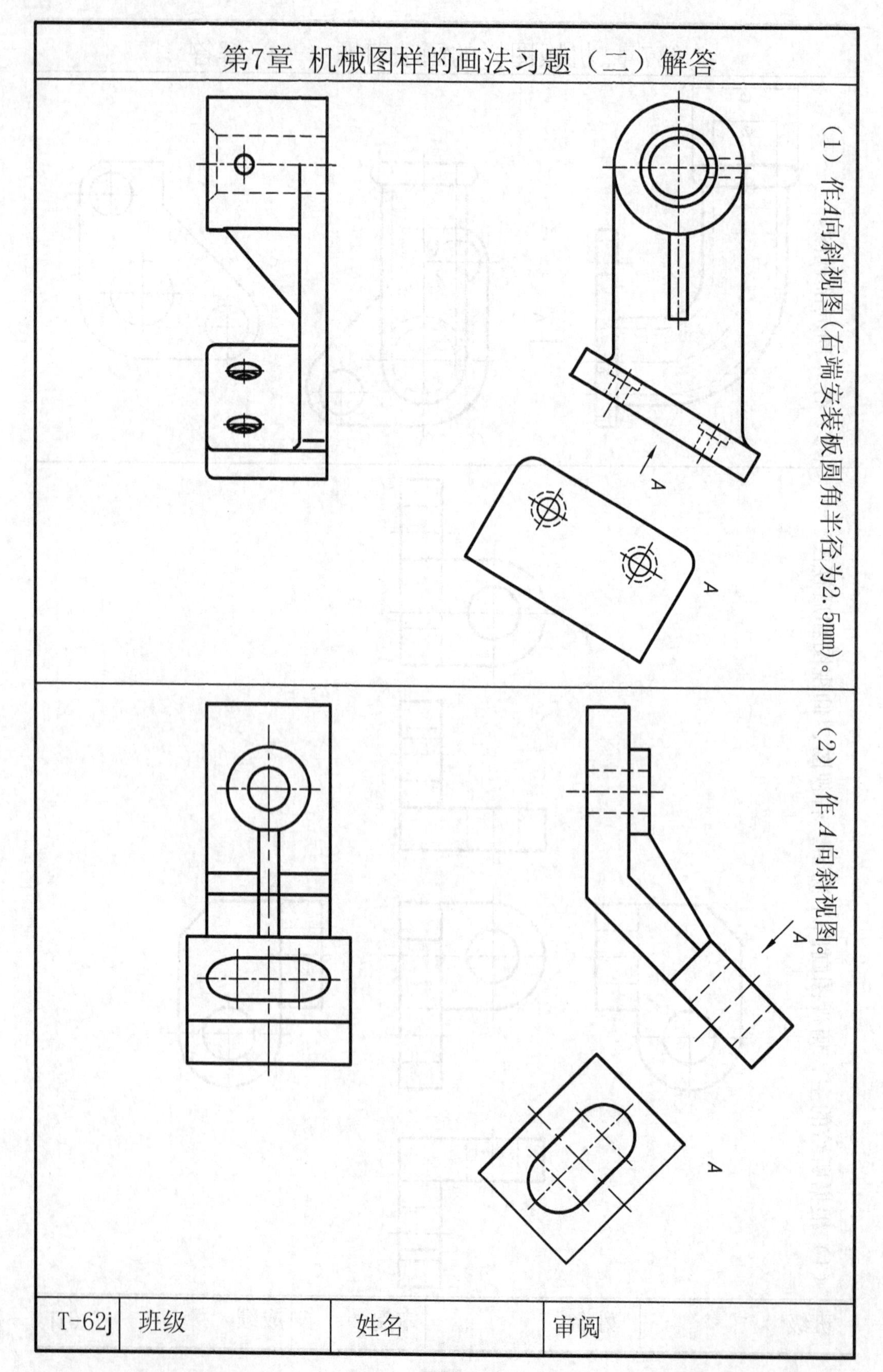

T-62j	班级	姓名	审阅

第7章 机械图样的画法习题（三）解答

2. 校核各剖视图（漏画的图线要补画；不应有的图线打"×"）。

（1）

（2）

（3）

φ16

φ8

（4）

（5）

（6）

□8

□16

1. 根据轴测图和俯视图，将主视图画成全剖视图。

5

8

班级	姓名	审阅	成绩	T-63j

第7章 机械图样的画法习题（四）解答

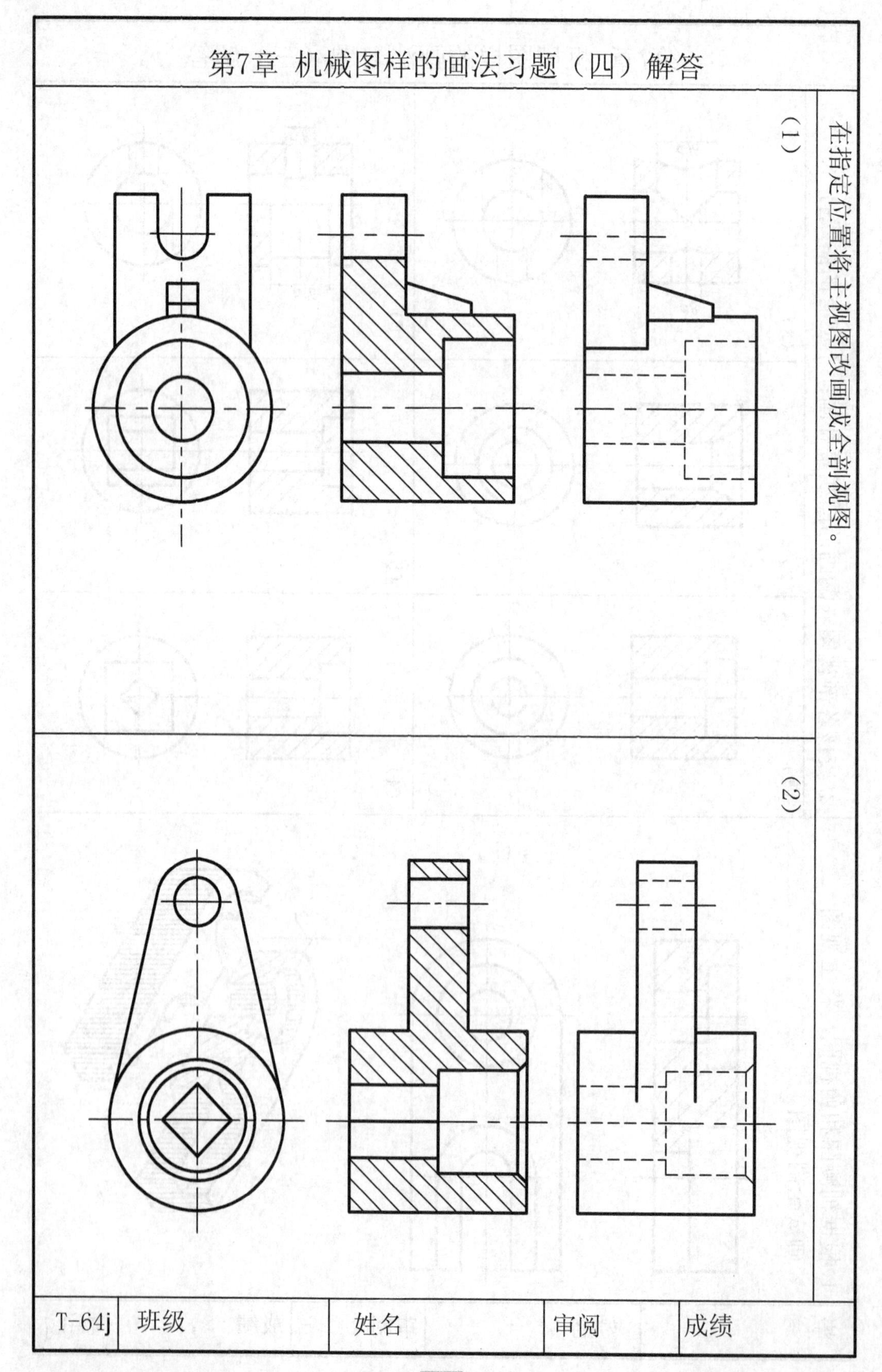

第7章 机械图样的画法习题（五）解答

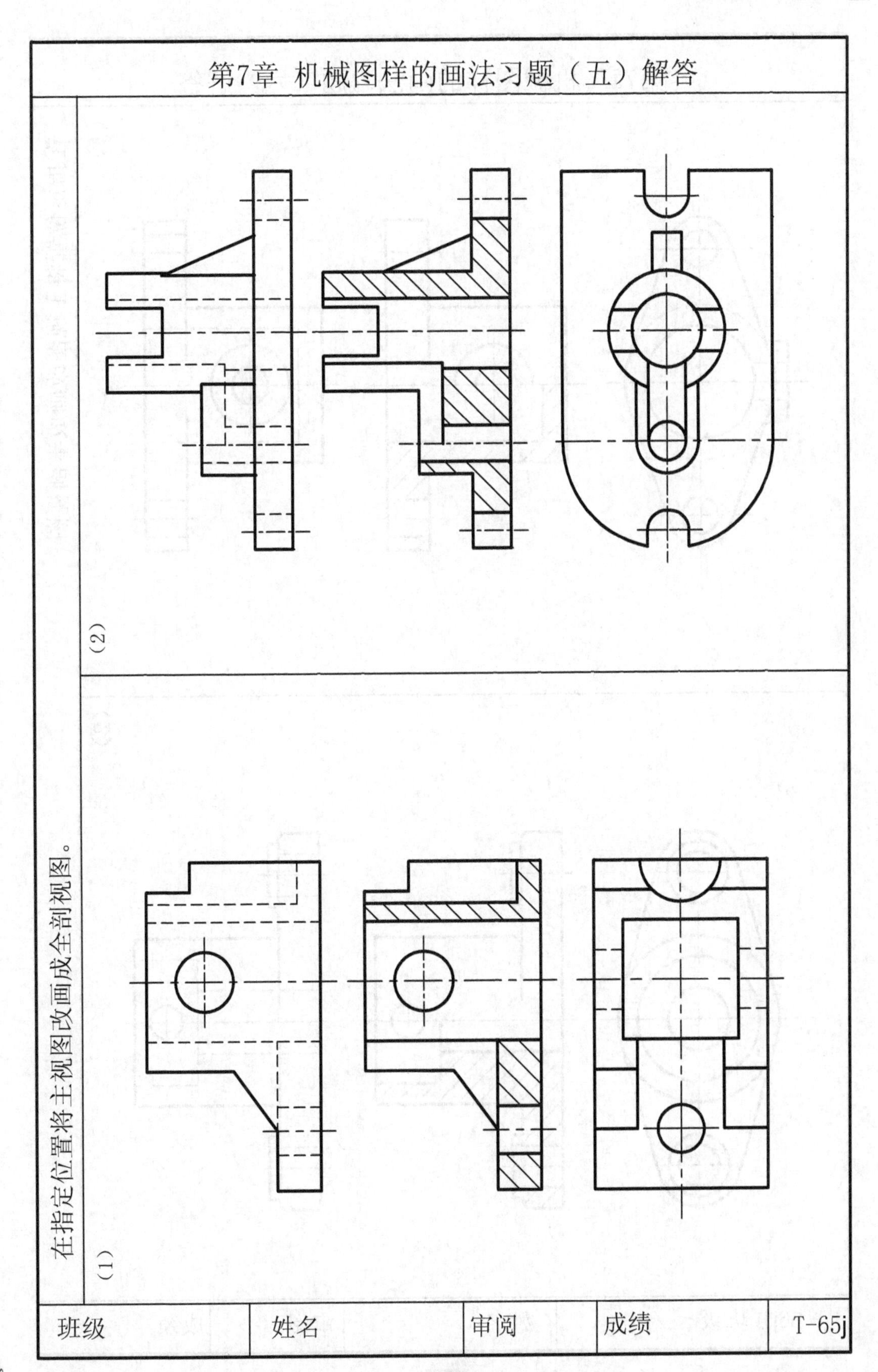

第7章 机械图样的画法习题（六）解答

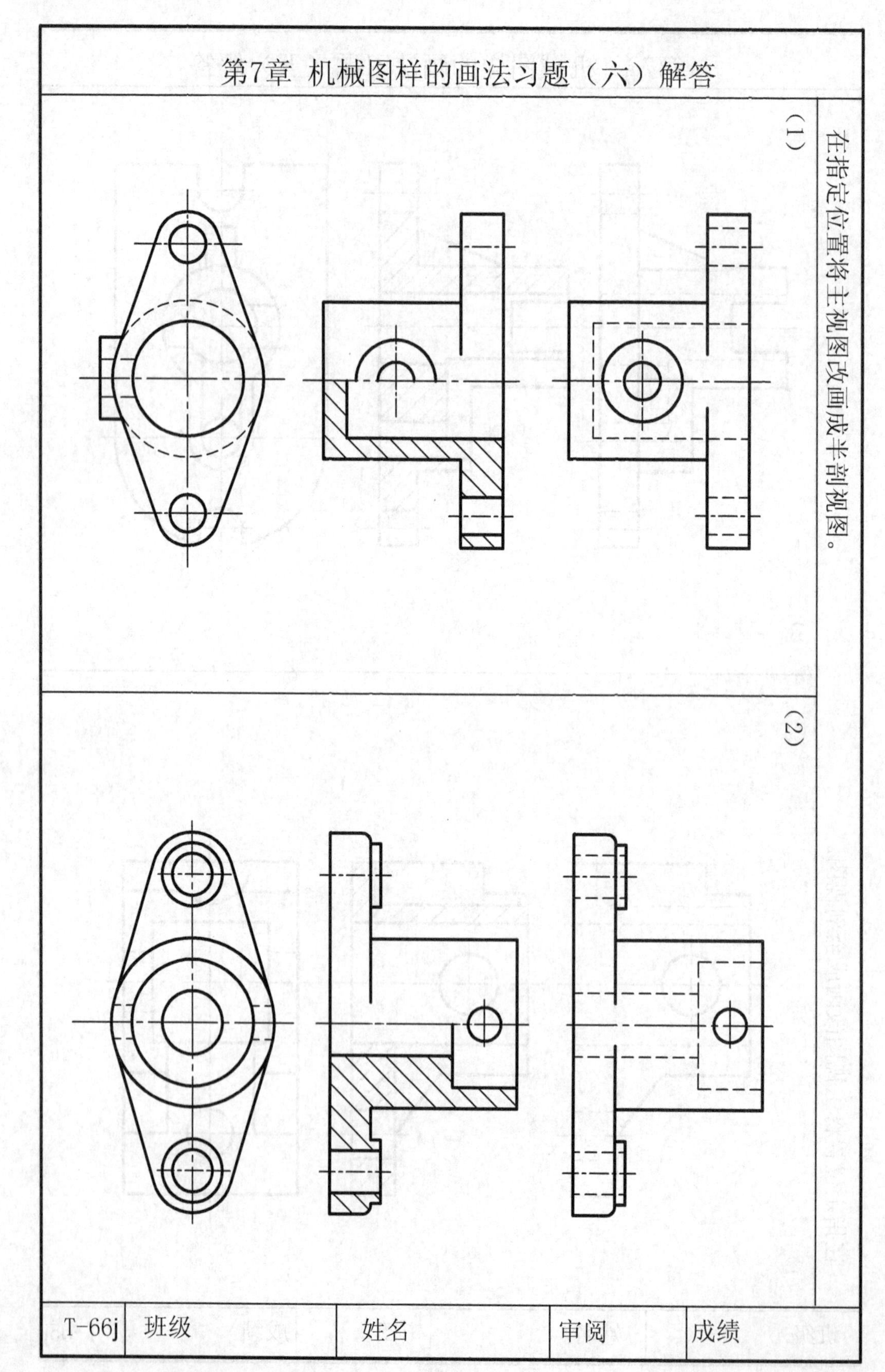

第7章　机械图样的画法习题（七）解答

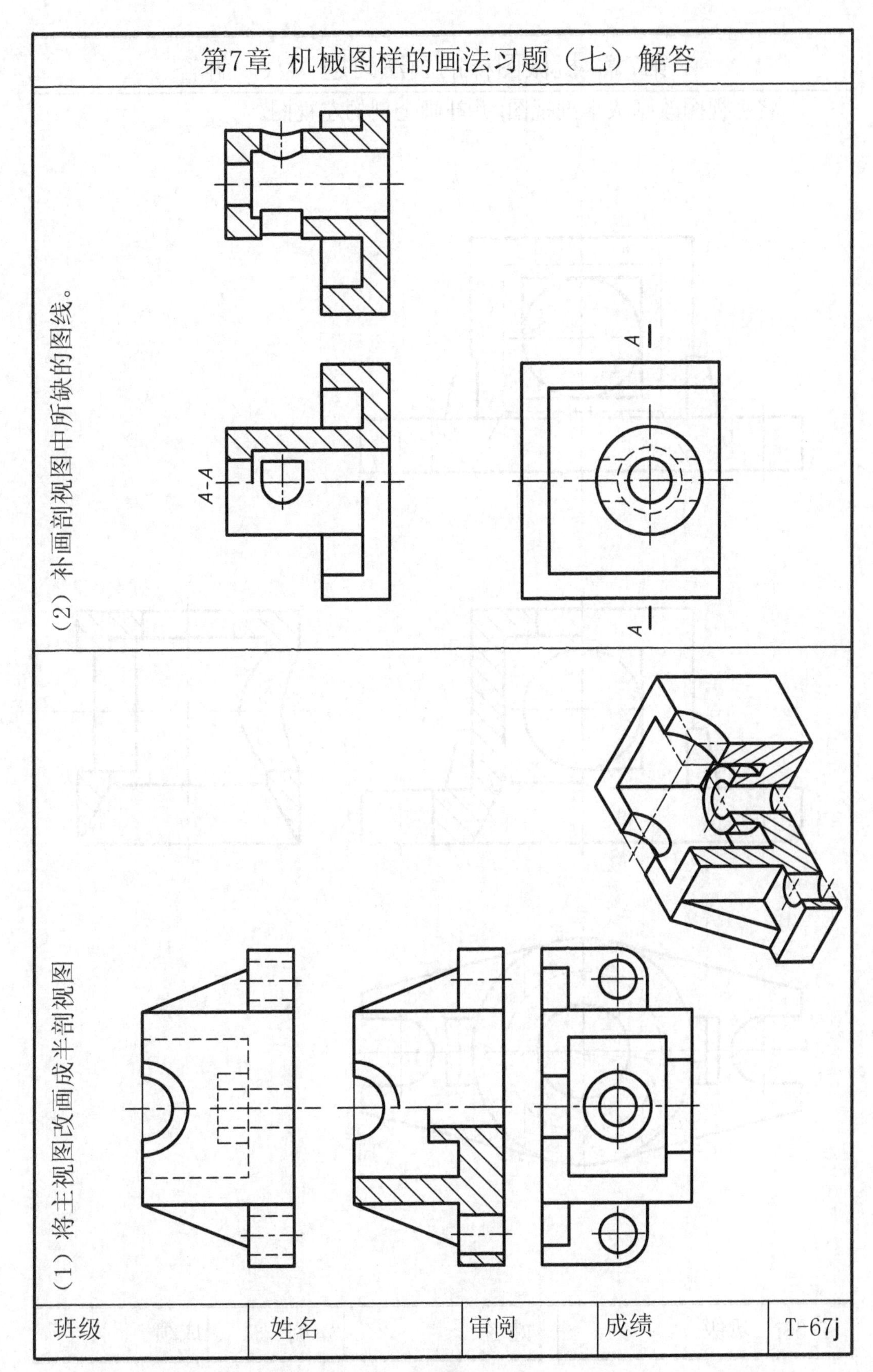

班级	姓名	审阅	成绩	T-67j

第7章 机械图样的画法习题（八）解答

将主视图改画成半剖视图,并补画全剖的左视图。

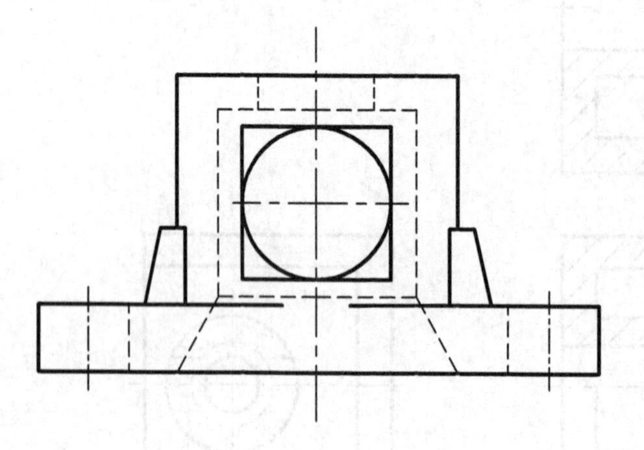

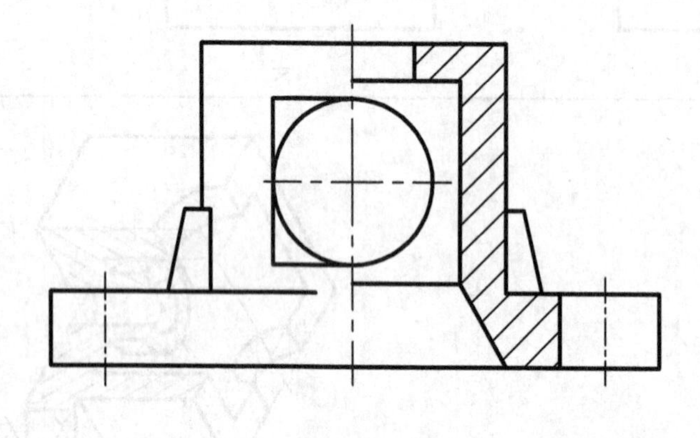

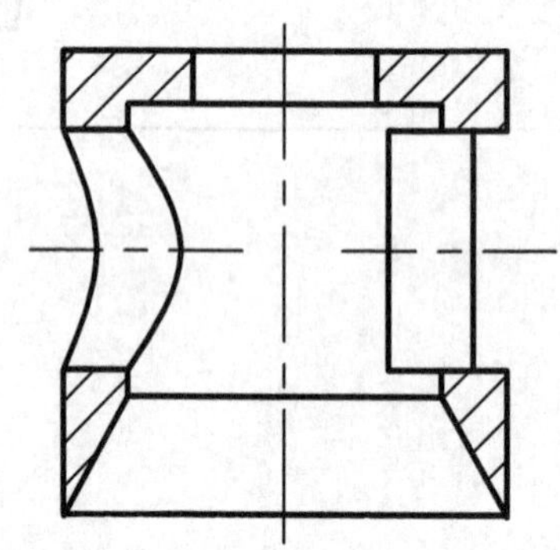

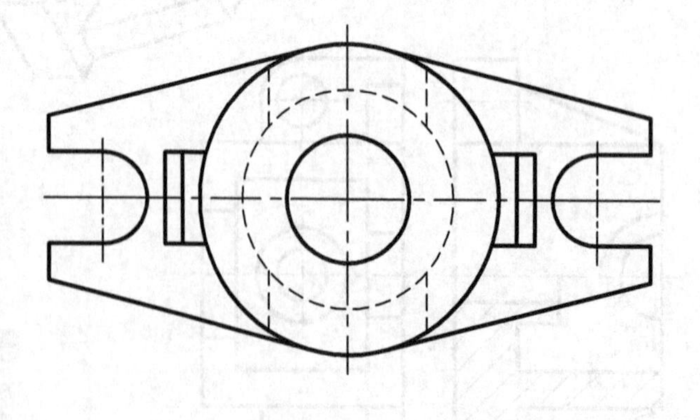

T-68j	班级	姓名	审阅	成绩

第7章 机械图样的画法习题（九）解答

将主视图改画成全剖视图，并补画半剖的左视图。

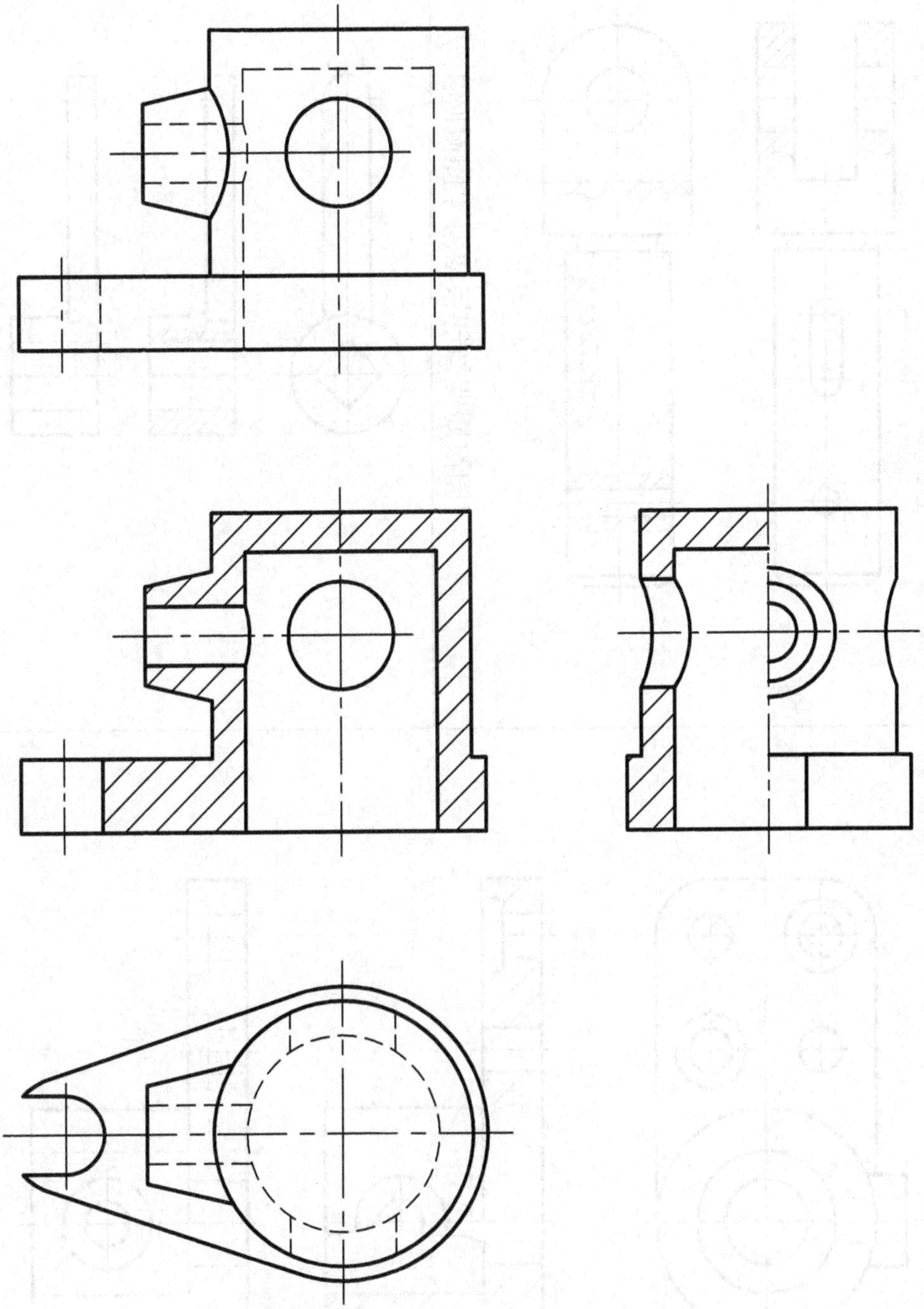

班级	姓名	审阅	成绩	T-69j

第7章 机械图样的画法习题（十）解答

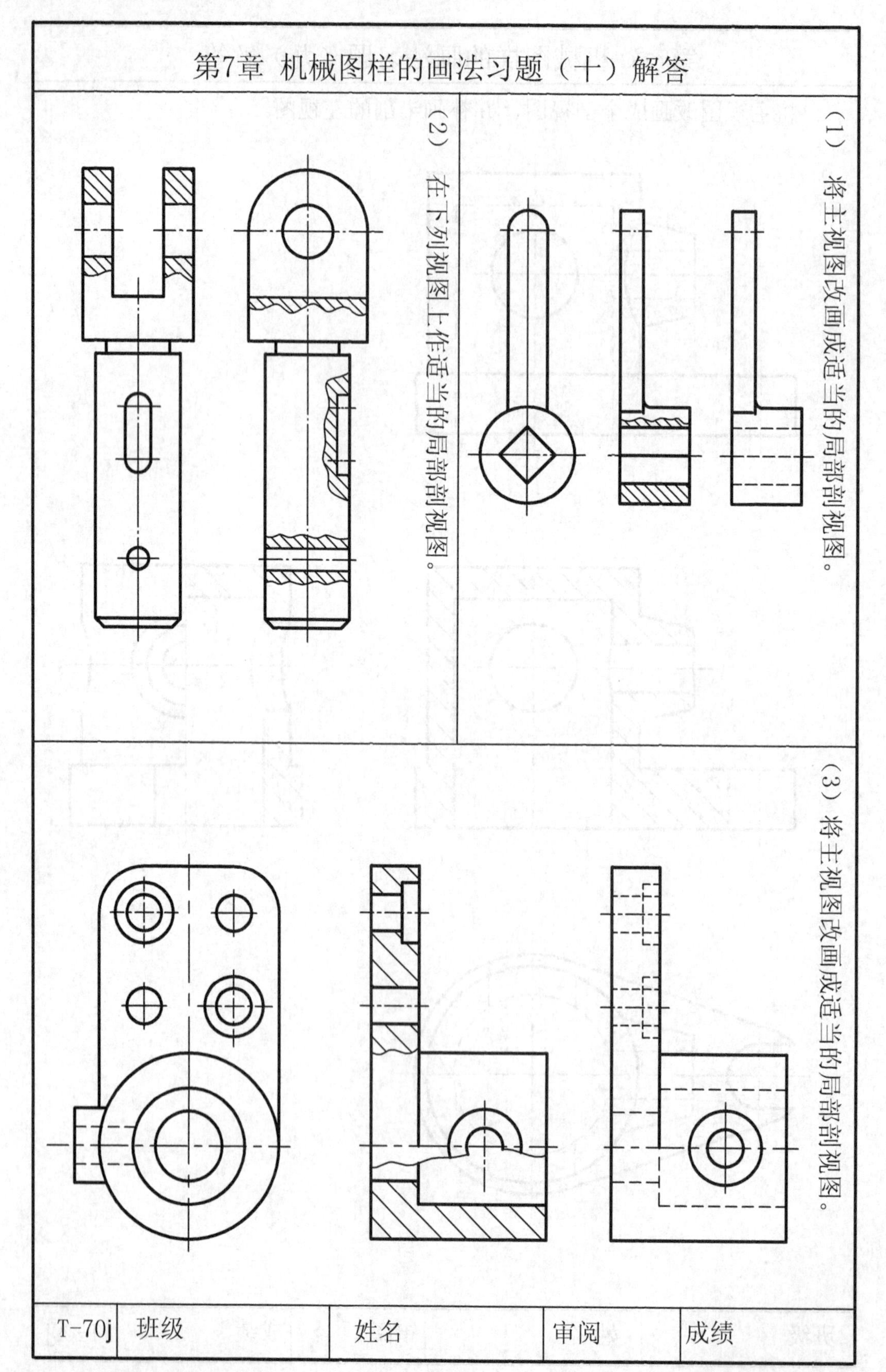

T-70j	班级	姓名	审阅	成绩

第7章　机械图样的画法习题（十一）解答

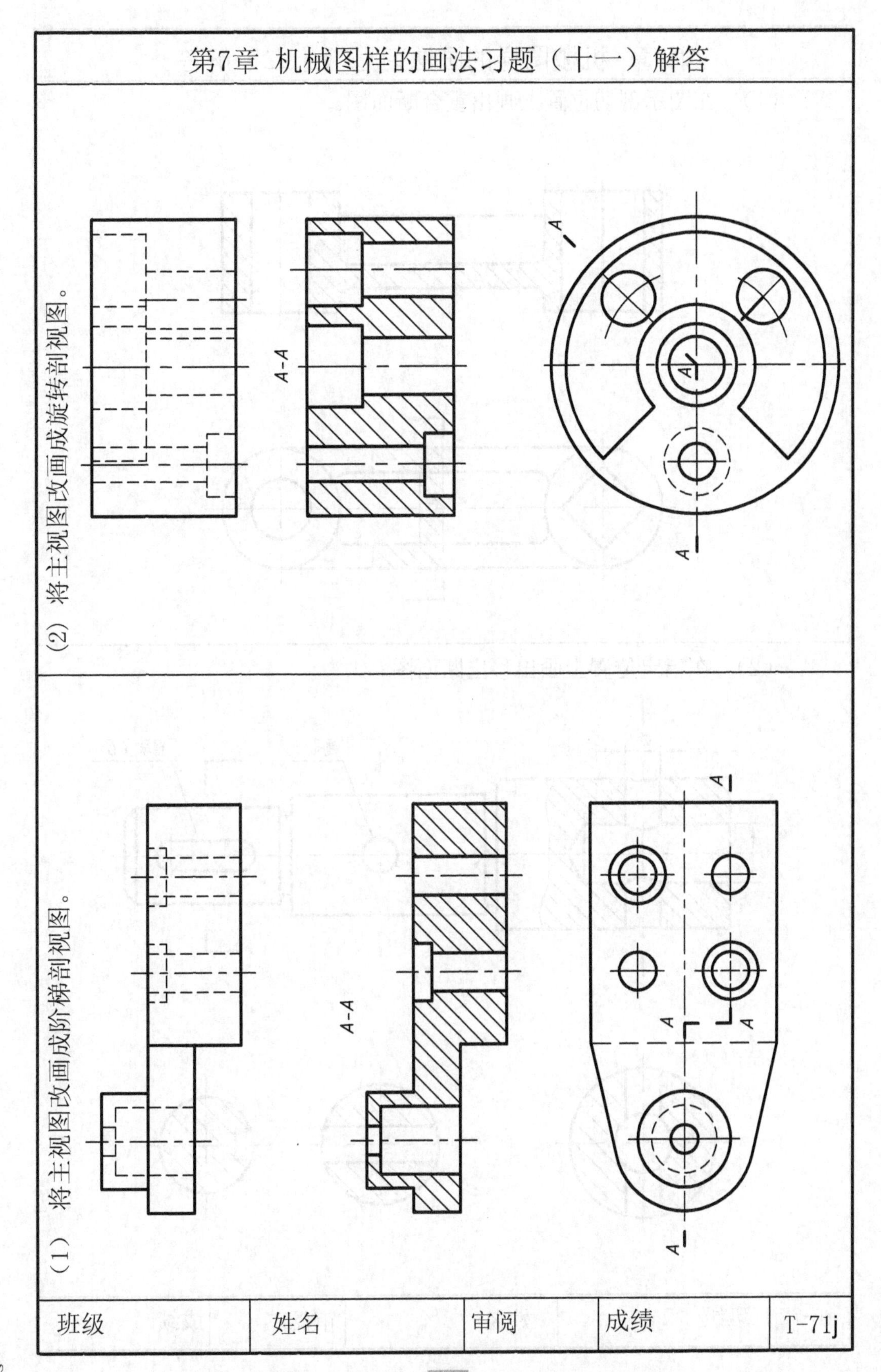

班级	姓名	审阅	成绩	T-71j

第7章 机械图样的画法习题（十二）解答

（1） 在图示剖切位置上画出重合断面图。

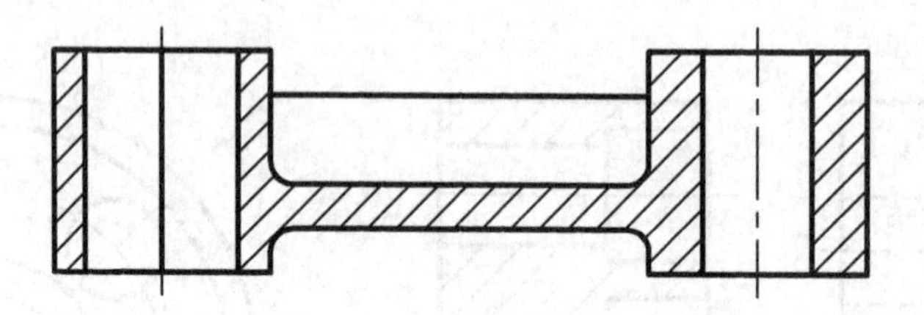

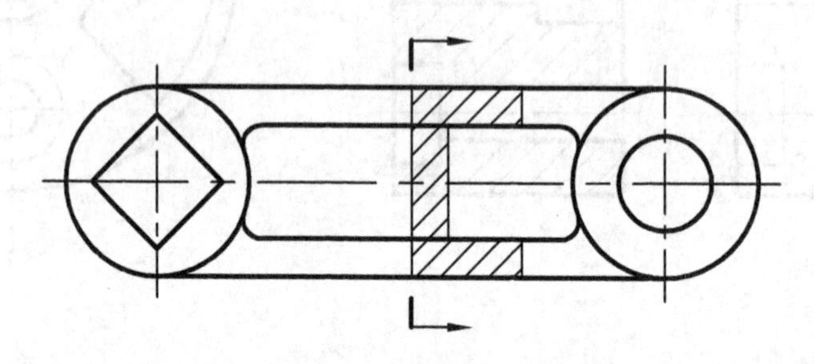

（2） 在指定位置上画出移出断面图。

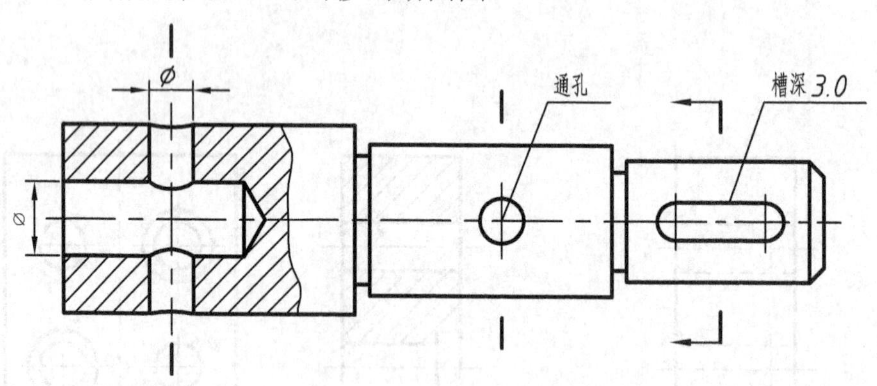

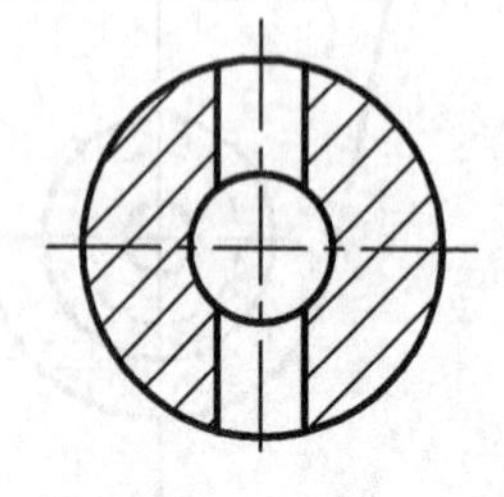

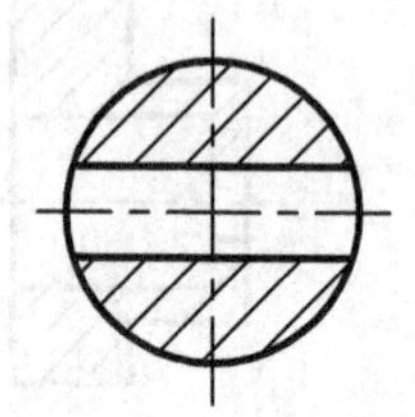

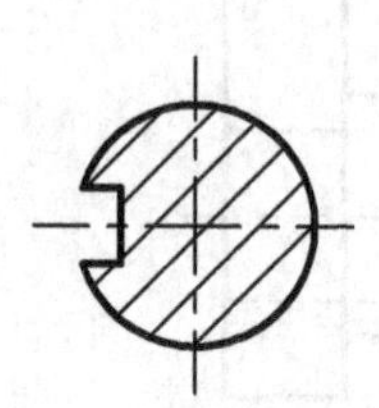

T-72j	班级	姓名	审阅	成绩

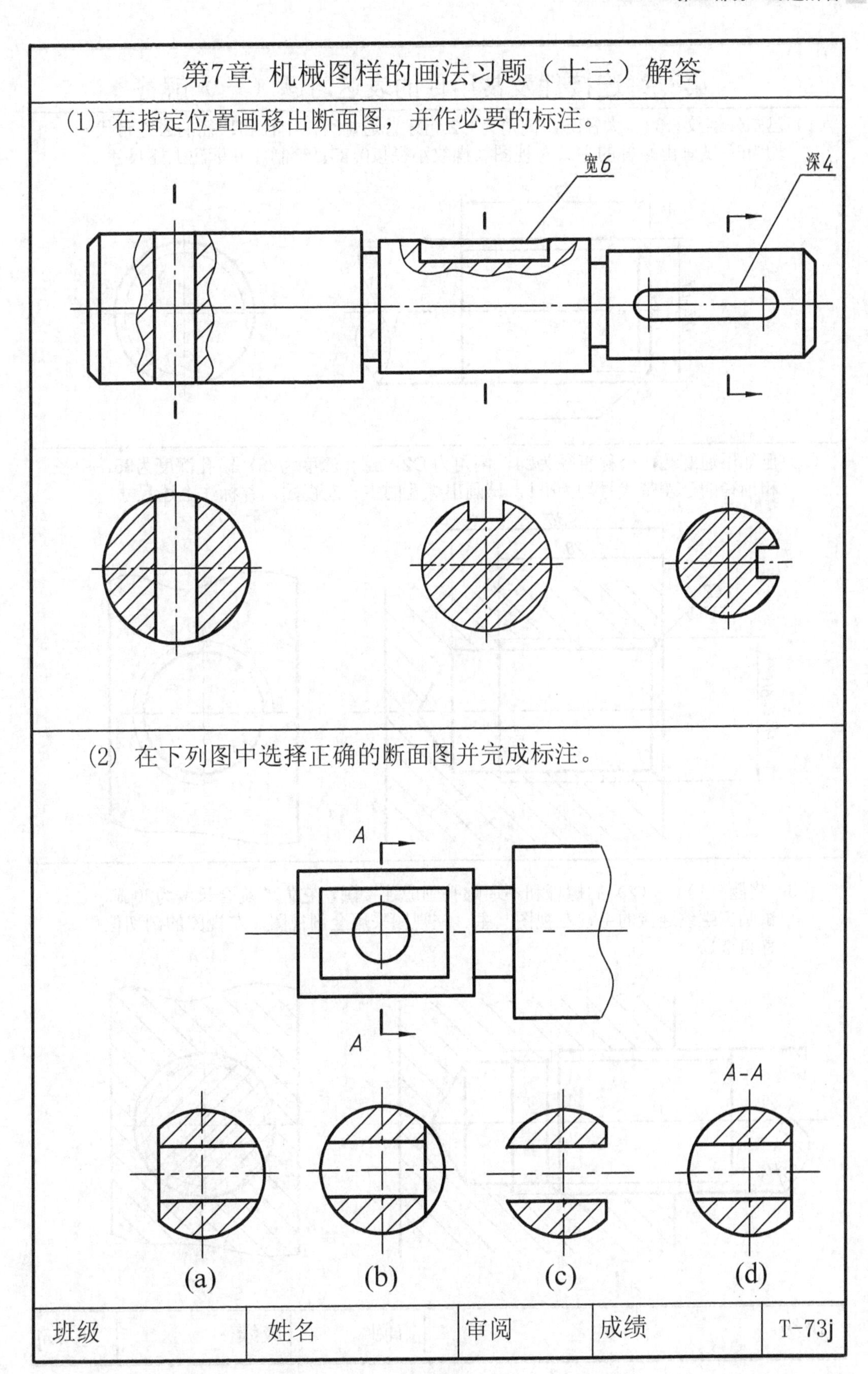

第7章 机械图样的画法习题（十三）解答
(1) 在指定位置画移出断面图，并作必要的标注。
宽6
深4
(2) 在下列图中选择正确的断面图并完成标注。
A
A
A-A
(a)
(b)
(c)
(d)
班级
姓名
审阅
成绩
T-73j

第8章 连接件及常用件的表达习题（一）解答

（1）已知外螺纹长32，大径24，倒角为C2,粗牙普通螺纹，中径和顶径的公差带代号均为6f,试画出螺杆的主、左视图（螺纹小径按0.85d绘制),并标注上述尺寸。

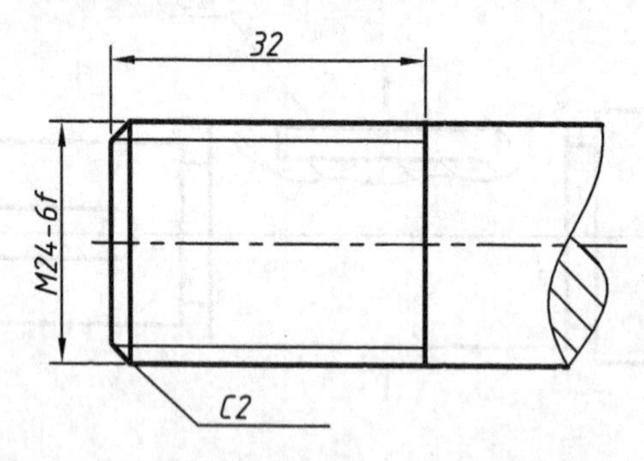

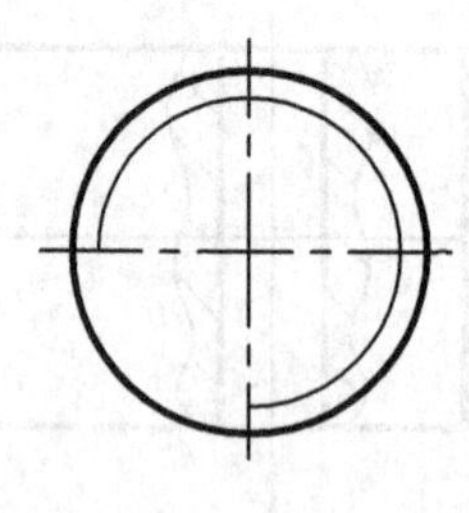

（2）已知不通螺孔，公称直径为24，倒角为C2，螺孔深度为28，钻孔深度为36，中径和顶径的公差带代号均为6H，试画出螺孔的主、左视图，并标注上述尺寸。

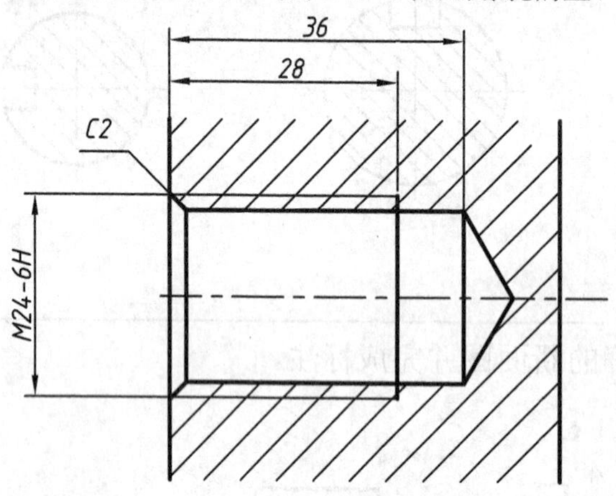

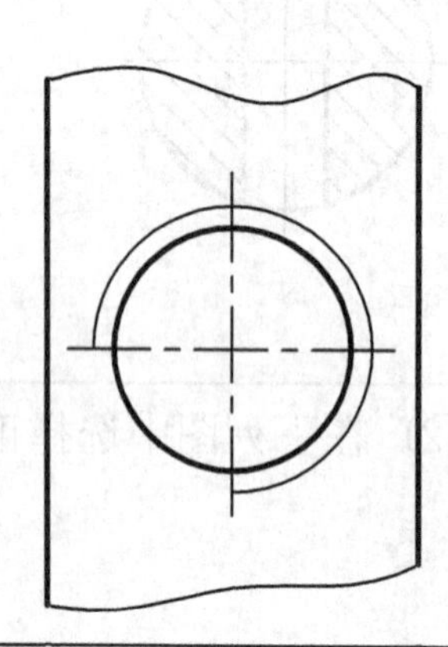

（3）将题（1）、（2）的螺杆和不通螺孔画成连接图，它们的旋合长度为20mm。试画出螺纹连接的主、左视图（主、左视图采用全剖视图，左视图的剖切位置自选）。

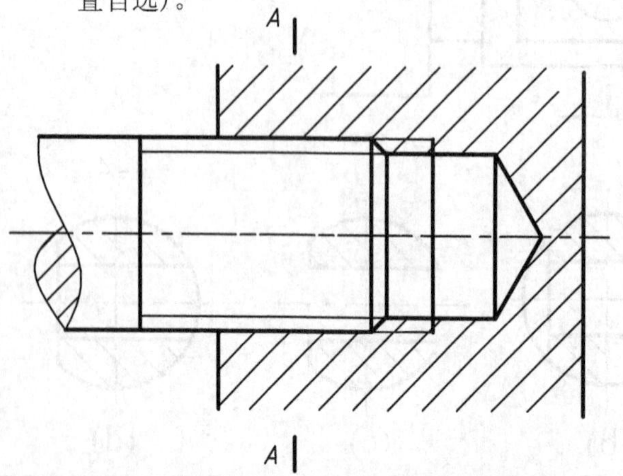

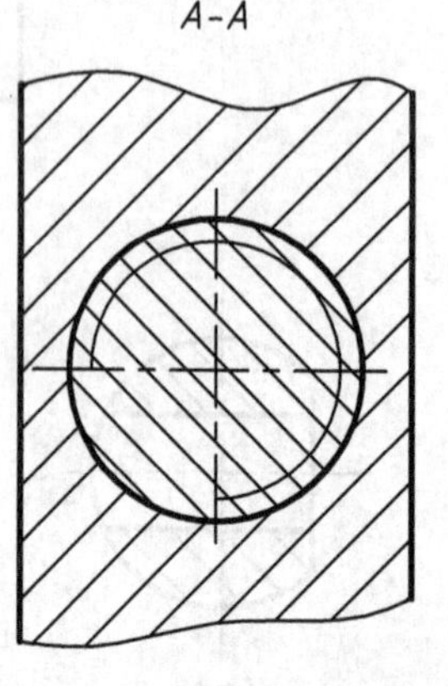

班级	姓名	审阅	成绩	T-75j

第8章　连接件及常用件的表达习题（二）解答

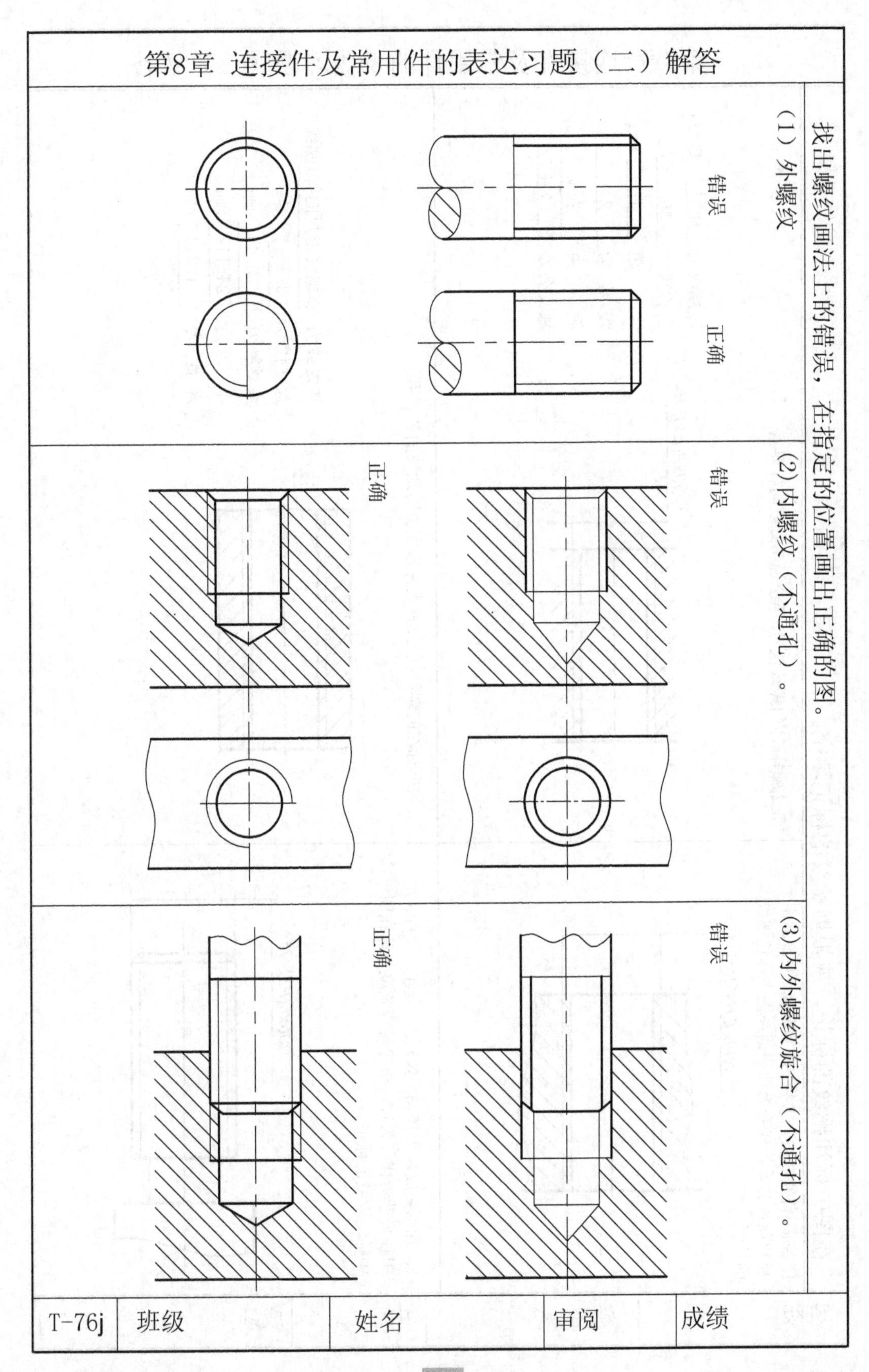

T-76j	班级	姓名	审阅	成绩

第8章 连接件及常用件的表达习题（三）解答

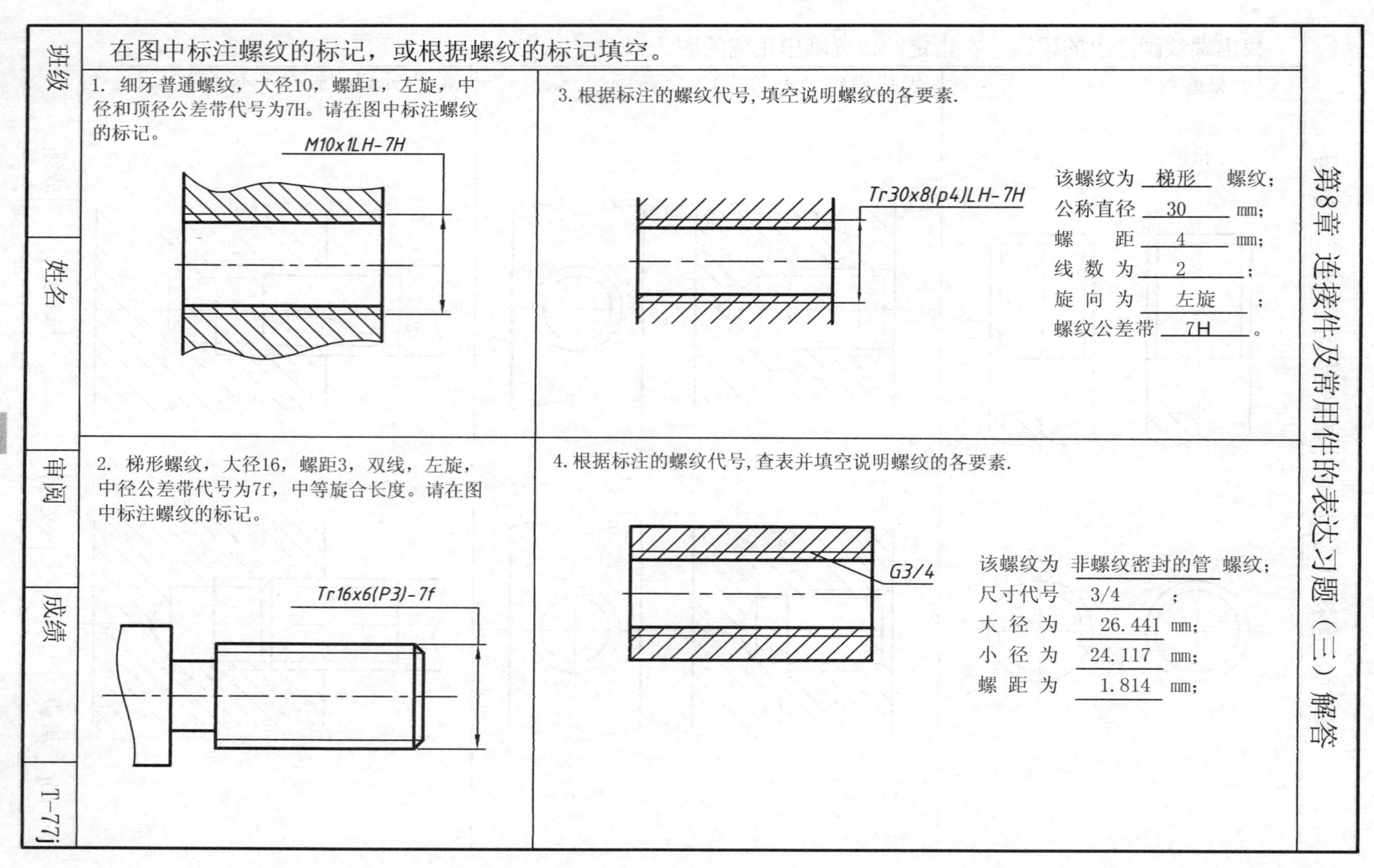

在图中标注螺纹的标记，或根据螺纹的标记填空。

1. 细牙普通螺纹，大径10，螺距1，左旋，中径和顶径公差带代号为7H。请在图中标注螺纹的标记。

2. 梯形螺纹，大径16，螺距3，双线，左旋，中径公差带代号为7f，中等旋合长度。请在图中标注螺纹的标记。

3. 根据标注的螺纹代号，填空说明螺纹的各要素.

该螺纹为 梯形 螺纹；
公称直径 30 mm；
螺　距 4 mm；
线数为 2 ；
旋向为 左旋 ；
螺纹公差带 7H 。

4. 根据标注的螺纹代号，查表并填空说明螺纹的各要素.

该螺纹为 非螺纹密封的管 螺纹；
尺寸代号 3/4 ；
大径为 26.441 mm；
小径为 24.117 mm；
螺距为 1.814 mm；

班级	姓名	审阅	成绩	T-77j

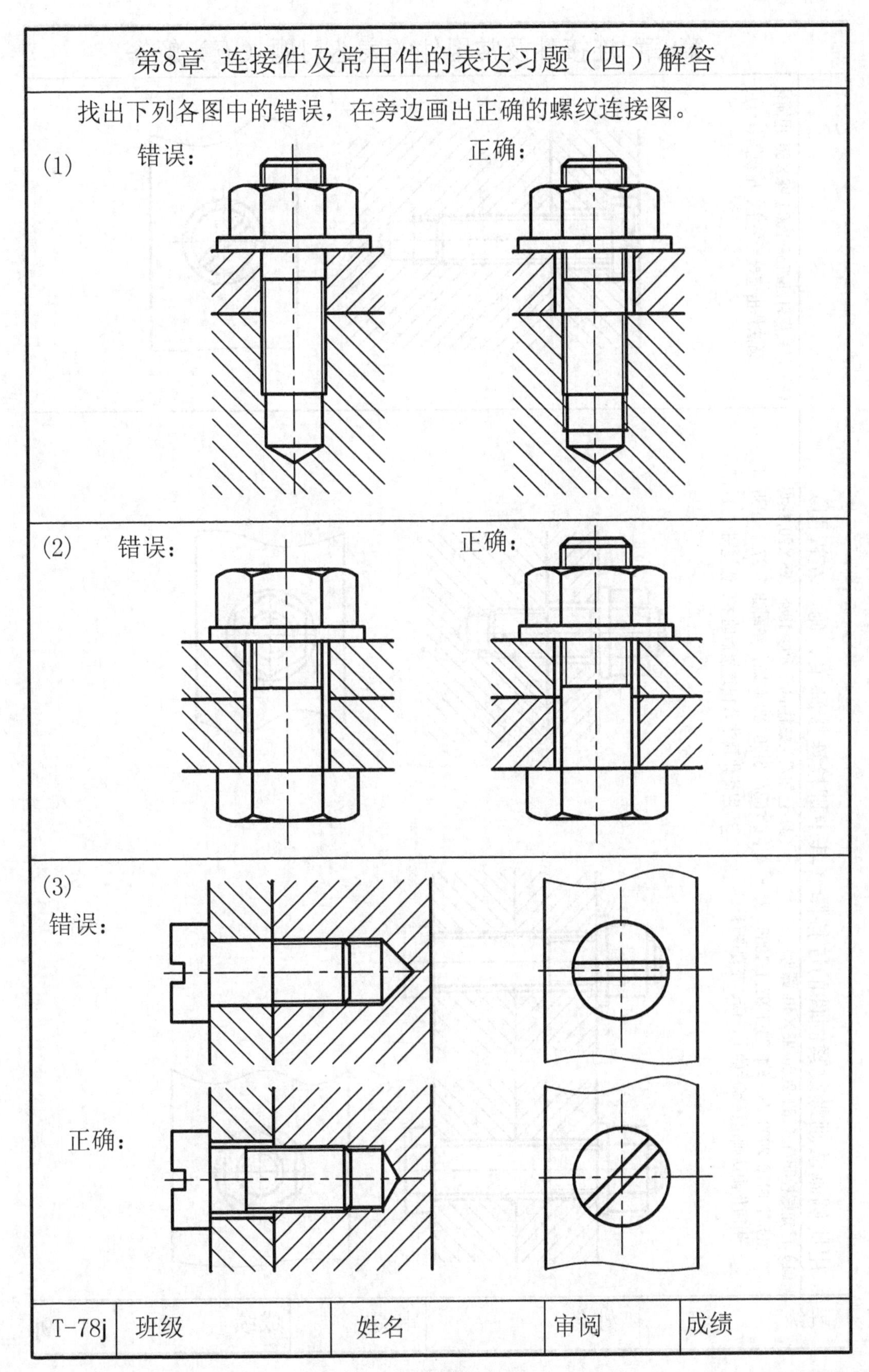
第8章 连接件及常用件的表达习题（四）解答
找出下列各图中的错误，在旁边画出正确的螺纹连接图。
(1)
错误：
正确：
(2)
错误：
正确：
(3)
错误：
正确：
T-78j
班级
姓名
审阅
成绩

第8章 连接件及常用件的表达习题（五）解答

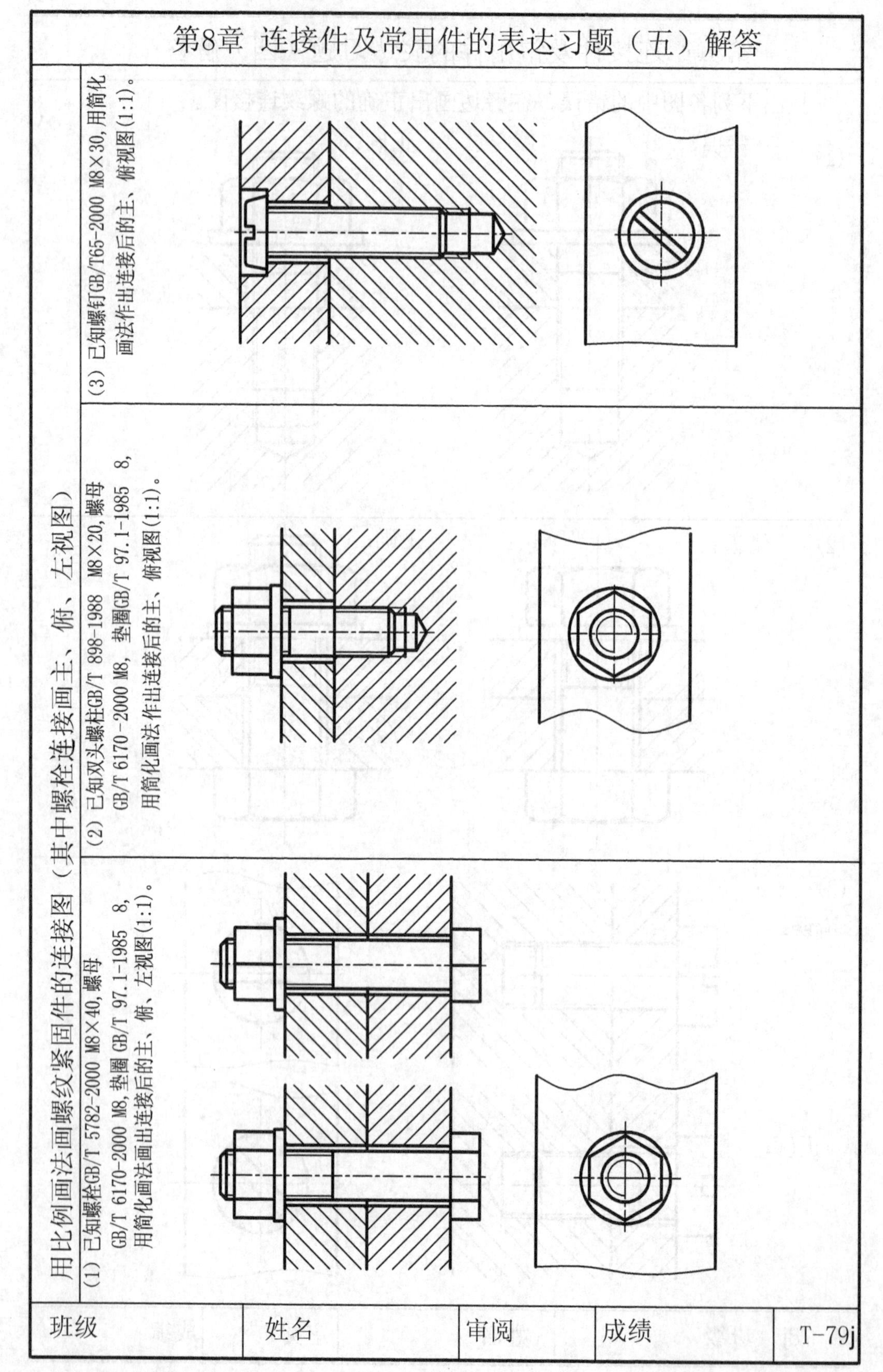

第8章　连接件及常用件的表达习题（六）解答

已知齿轮和轴用A型普通平键连接，孔轴直径为22mm，键的长度为20mm，查表确定键和键槽的尺寸，写出键的规定标记，用1：1在指定位置画全或补出各视图。

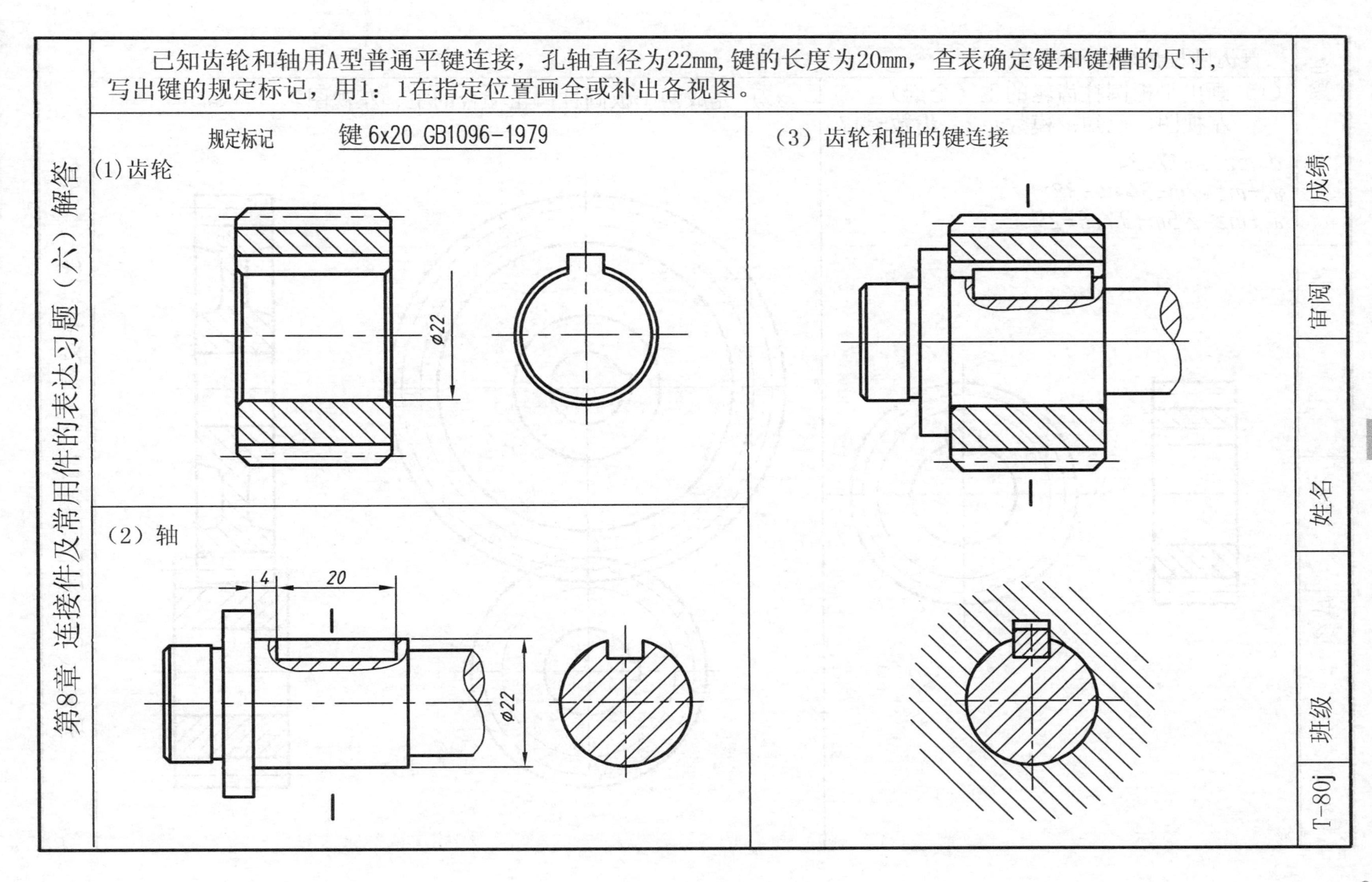

T-80j	班级	姓名	审阅	成绩

第8章 连接件及常用件的表达习题（七）解答

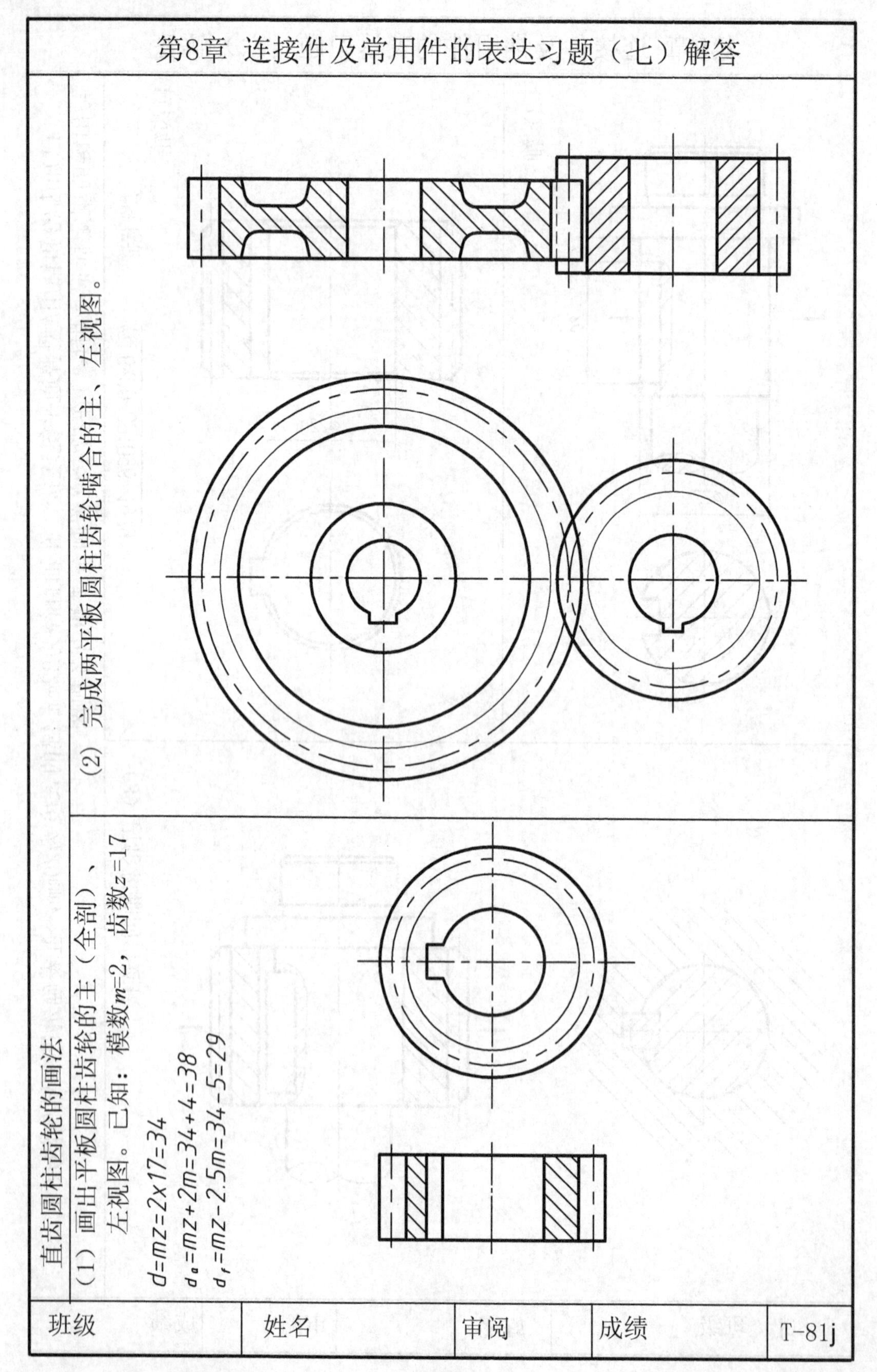

班级	姓名	审阅	成绩	T-81j

第8章 连接件及常用件的表达习题（八）解答

找出（1）图中键连接和齿轮画法中的错误，将正确的画法补画在（2）图中，齿轮尺寸直接在（1）图中取。

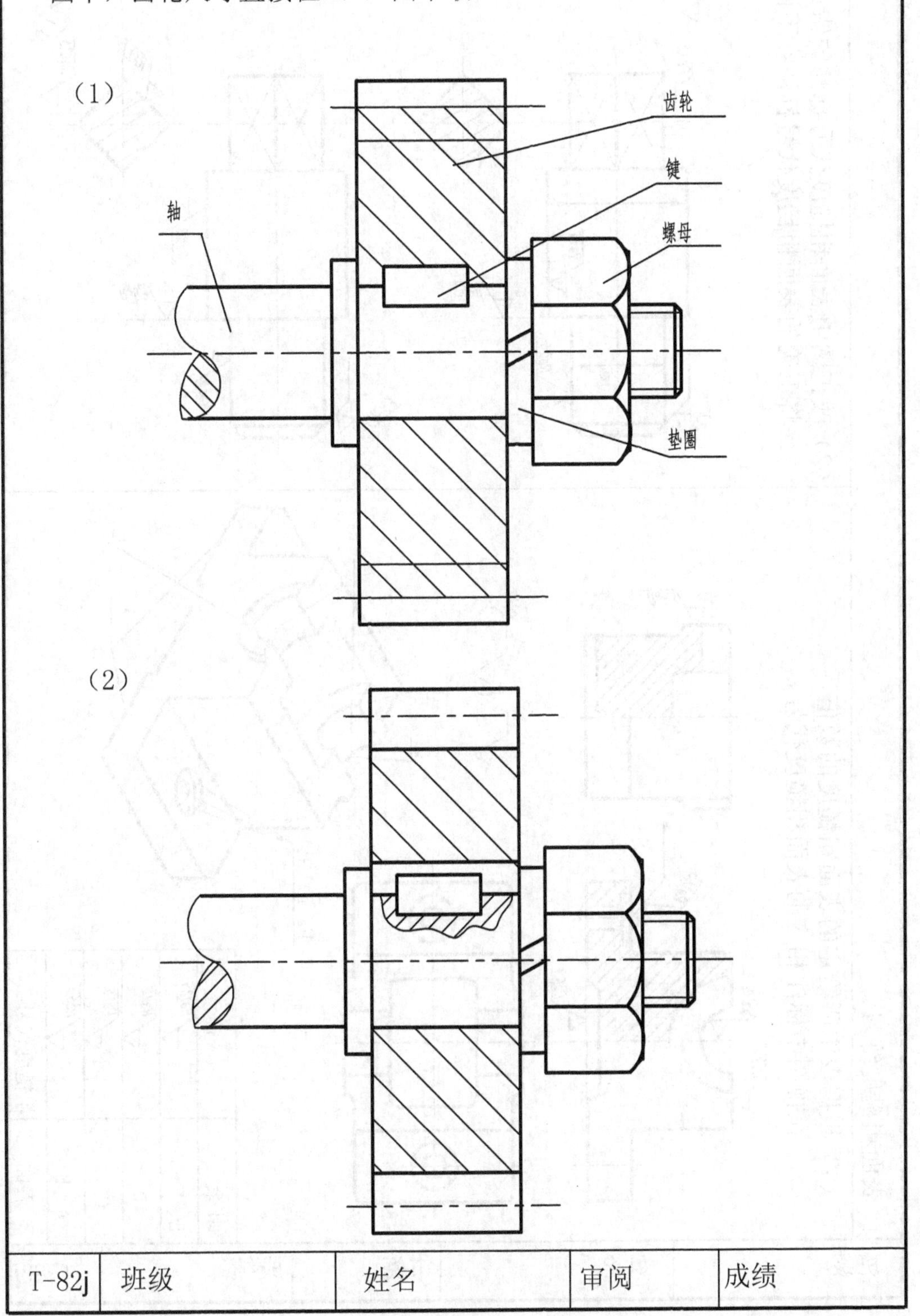

T-82j	班级	姓名	审阅	成绩

第9章 零件图习题（一）解答

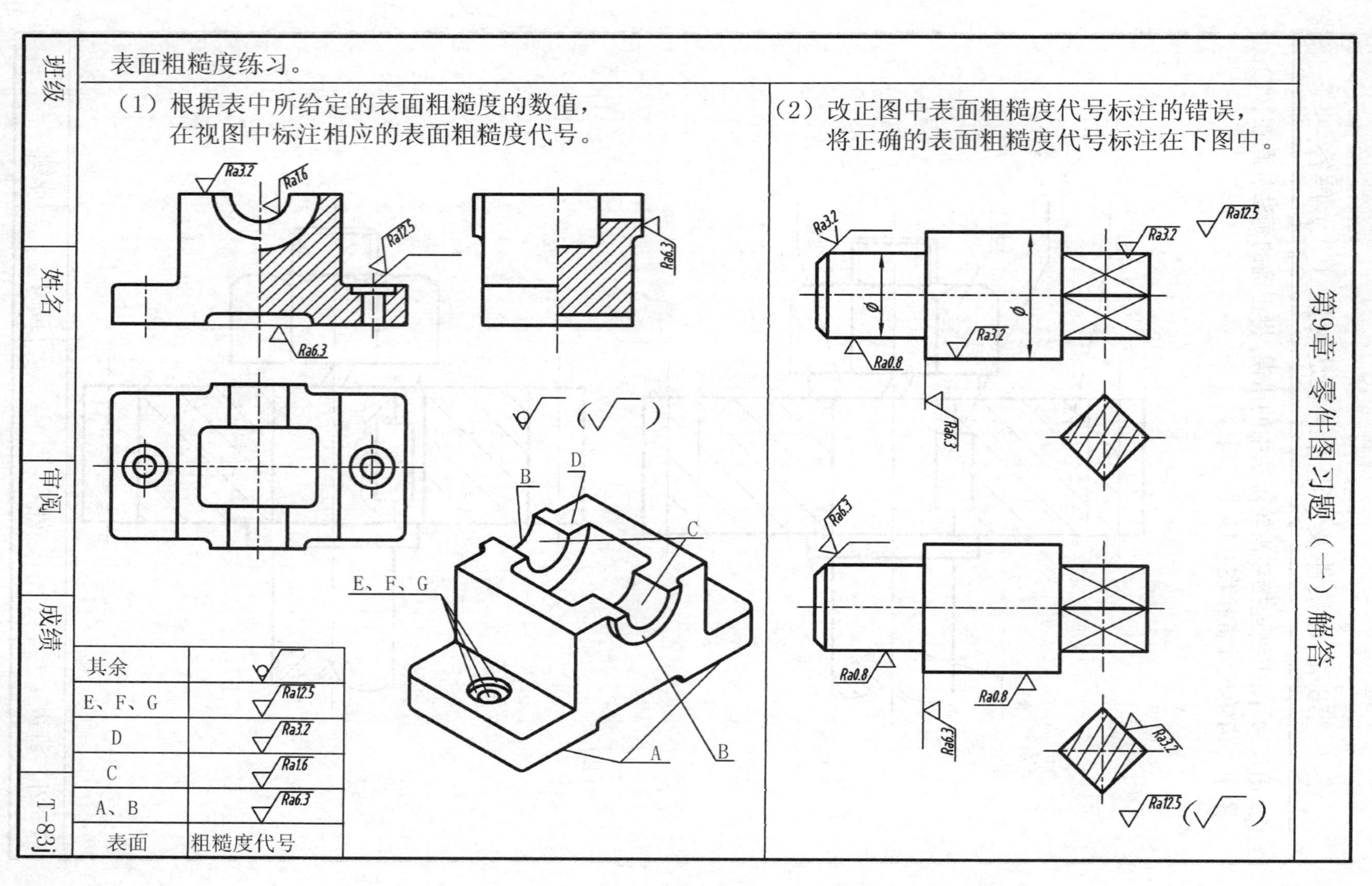

表面	粗糙度代号
其余	∅
E、F、G	Ra12.5
D	Ra3.2
C	Ra1.6
A、B	Ra6.3

第9章　零件图习题（二）解答

已知某组件中零件间的配合尺寸如图所示，填空并标注尺寸。

（1）试说明配合尺寸 $\varnothing 20\frac{H8}{f7}$ 的含义。

(a) $\varnothing$20表示 配合的基本尺寸 。

(b) f 表示 轴的基本偏差代号 。

(c) 此配合是 基孔 制 间隙 配合。

(d) 7表示 7 表示轴的公差等级代号。

（2）根据装配图中所注的配合尺寸，分别在相应的零件图上注出基本尺寸和偏差数值。

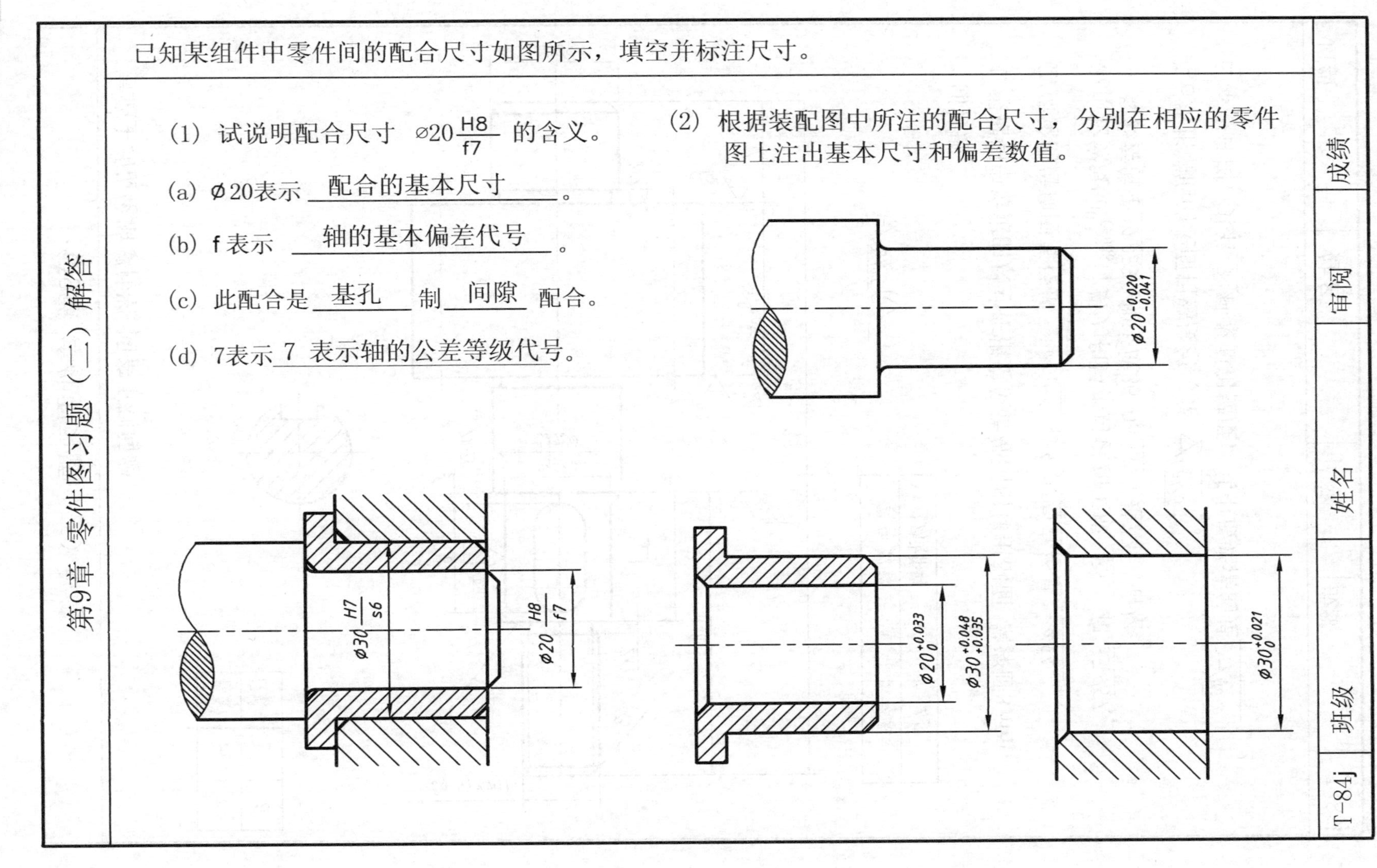

T-84j	班级	姓名	审阅	成绩

第9章 零件图习题（三）解答

看懂主动齿轮轴零件图，回答下列问题。

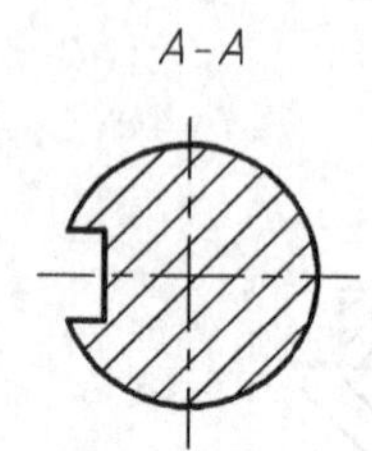

模数	m	3
齿数	z	18

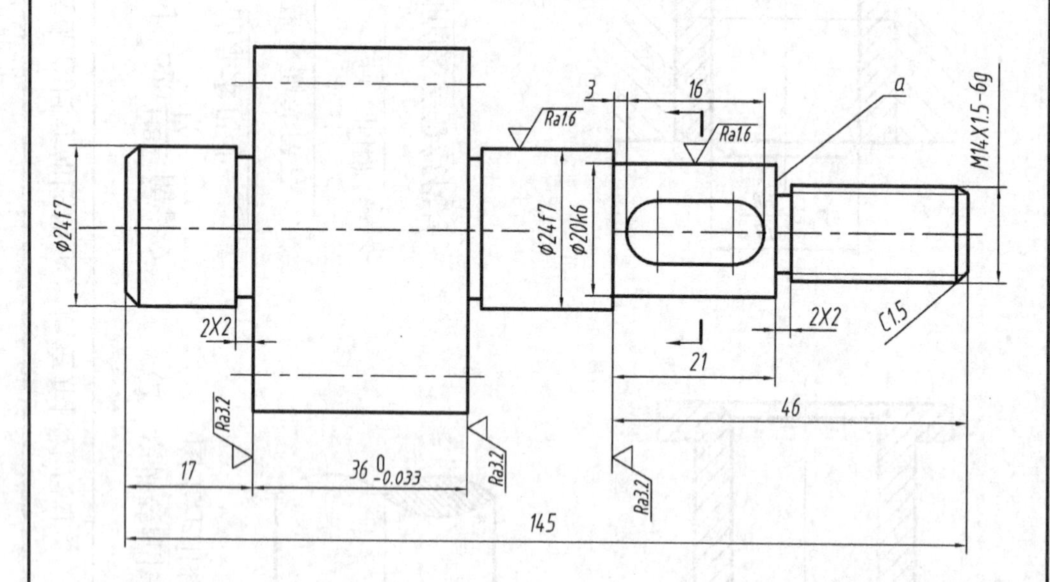

Ra12.5 (√)

零件名称	材料
主动齿轮轴	45

问答题：

1. 根据图中给定的尺寸在指定位置处画出移出剖面，槽深画3mm。
2. 齿轮的齿顶圆直径是 Ø60 ，分度圆直径是 Ø54 。
3. 齿轮宽度$36^{0}_{-0.033}$，最大和最小可以加工成 36 和 35.967，其公差值是 0.033，加工成36.05 不 （是/不）合格。
4. a所指端面的表面粗糙度符号是 Ra12.5 。
5. 本零件图，共有 3 种表面粗糙度，其中最光洁的是 Ra1.6 。

班级	姓名	审阅	成绩	T-85j

第9章　零件图习题（四）解答

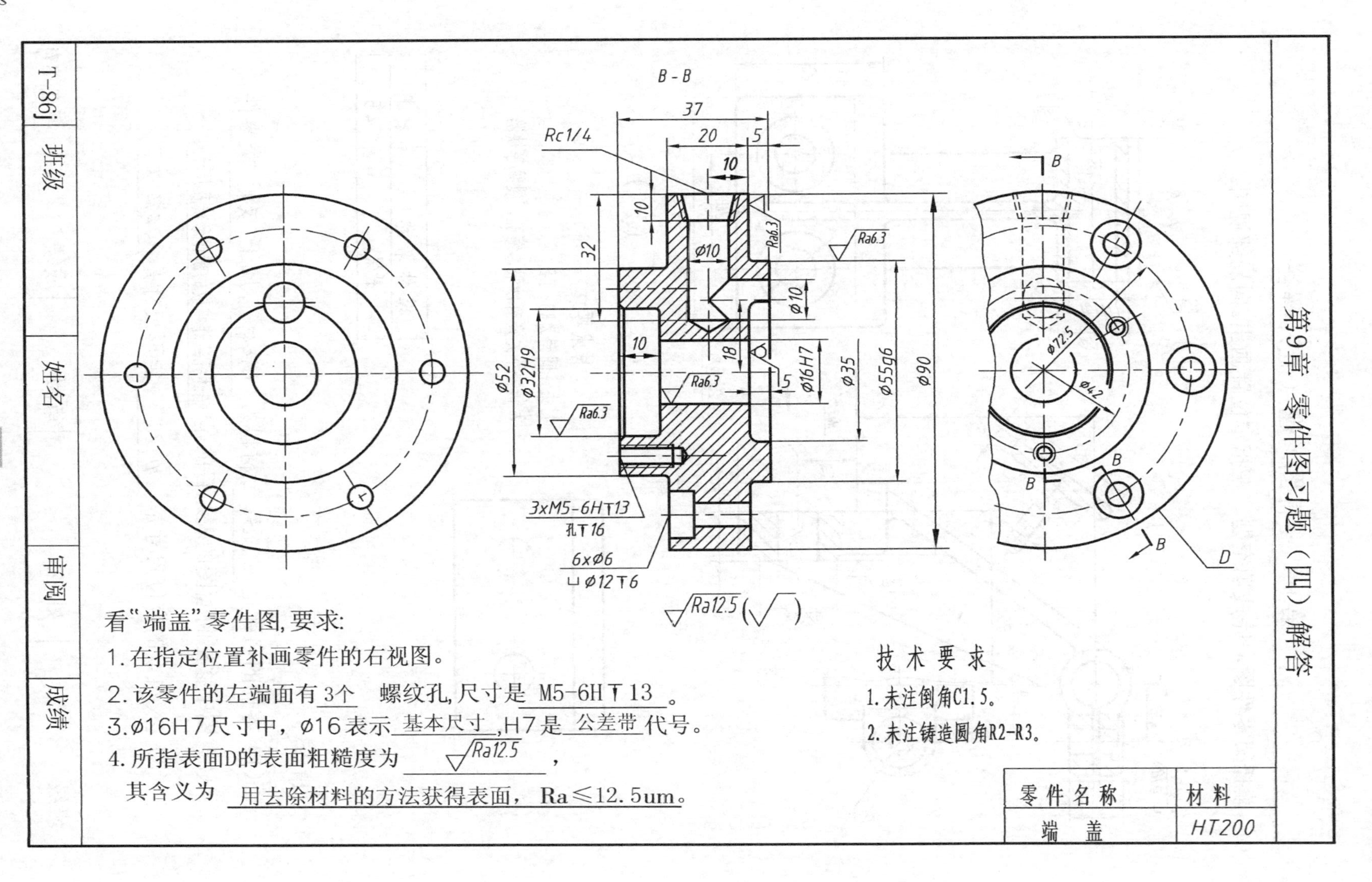

看"端盖"零件图,要求:

1. 在指定位置补画零件的右视图。
2. 该零件的左端面有 3个 螺纹孔,尺寸是 M5-6H↧13 。
3. ϕ16H7尺寸中，ϕ16表示 基本尺寸 ,H7是 公差带 代号。
4. 所指表面D的表面粗糙度为 √Ra12.5 ，

其含义为　用去除材料的方法获得表面，Ra≤12.5um。

技术要求

1. 未注倒角C1.5。
2. 未注铸造圆角R2-R3。

零件名称	材料
端盖	HT200

T-86j	班级	姓名	审阅	成绩

第9章 零件图习题（五）解答

读托架零件图，完成填空题，在指定位置画出C向局部视图。

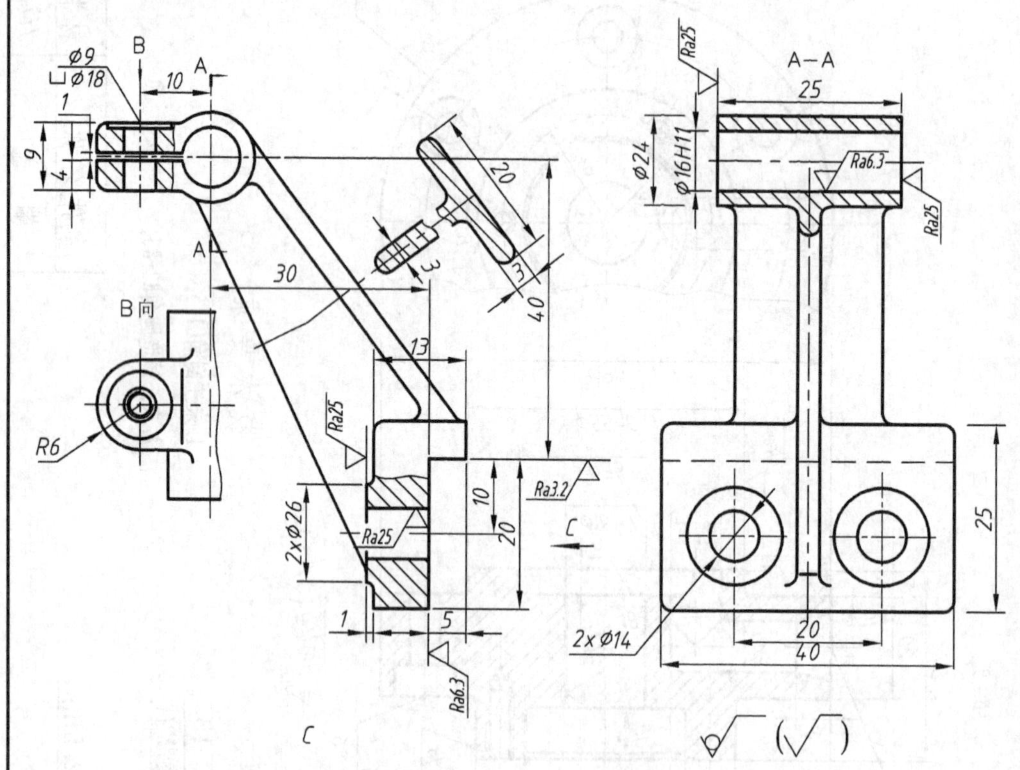

C

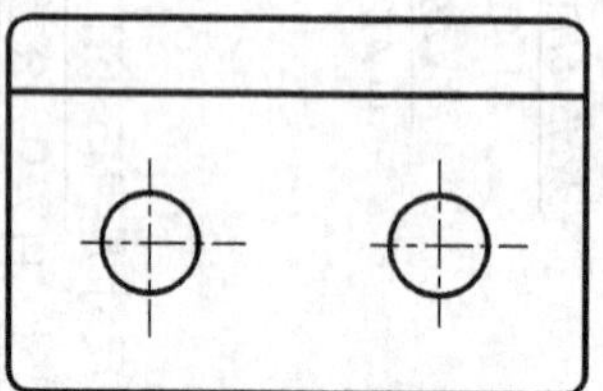

技术要求

1. 未注圆角为R3~R5。
2. 铸件不允许有砂眼、缩孔、裂纹等缺陷。

零件名称	材料
托架	45

填空题：

（1）零件的名称是 托架 ，材料为 45号钢 ，属于 叉架 类零件。

（2）图中移出断面图的表达目的是 描述托架连接板的断面形状及尺寸 。

（3）2×⌀14 的定位尺寸是 10，20 ，定形尺寸是 ⌀14 。

班级	姓名	审阅	成绩	T-87j

第9章 零件图习题（六）解答

看懂"阀体"零件图，并回答下列问题。

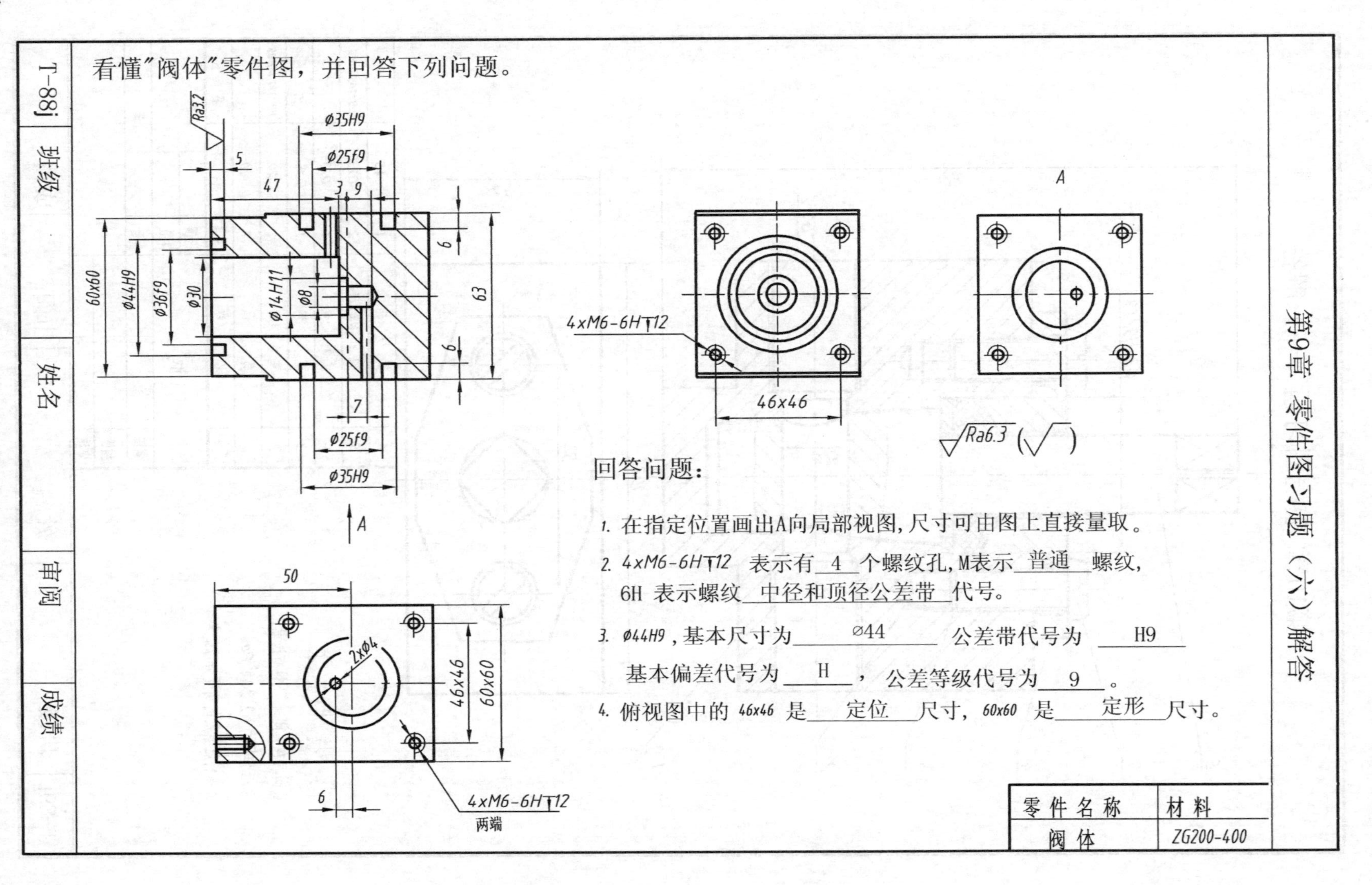

回答问题：

1. 在指定位置画出A向局部视图，尺寸可由图上直接量取。
2. 4xM6-6H↧12 表示有 4 个螺纹孔，M表示 普通 螺纹，6H 表示螺纹 中径和顶径公差带 代号。
3. φ44H9，基本尺寸为 ⌀44 公差带代号为 H9，基本偏差代号为 H，公差等级代号为 9。
4. 俯视图中的 46x46 是 定位 尺寸，60x60 是 定形 尺寸。

零件名称	材料
阀体	ZG200-400

T-88j	班级	姓名	审阅	成绩

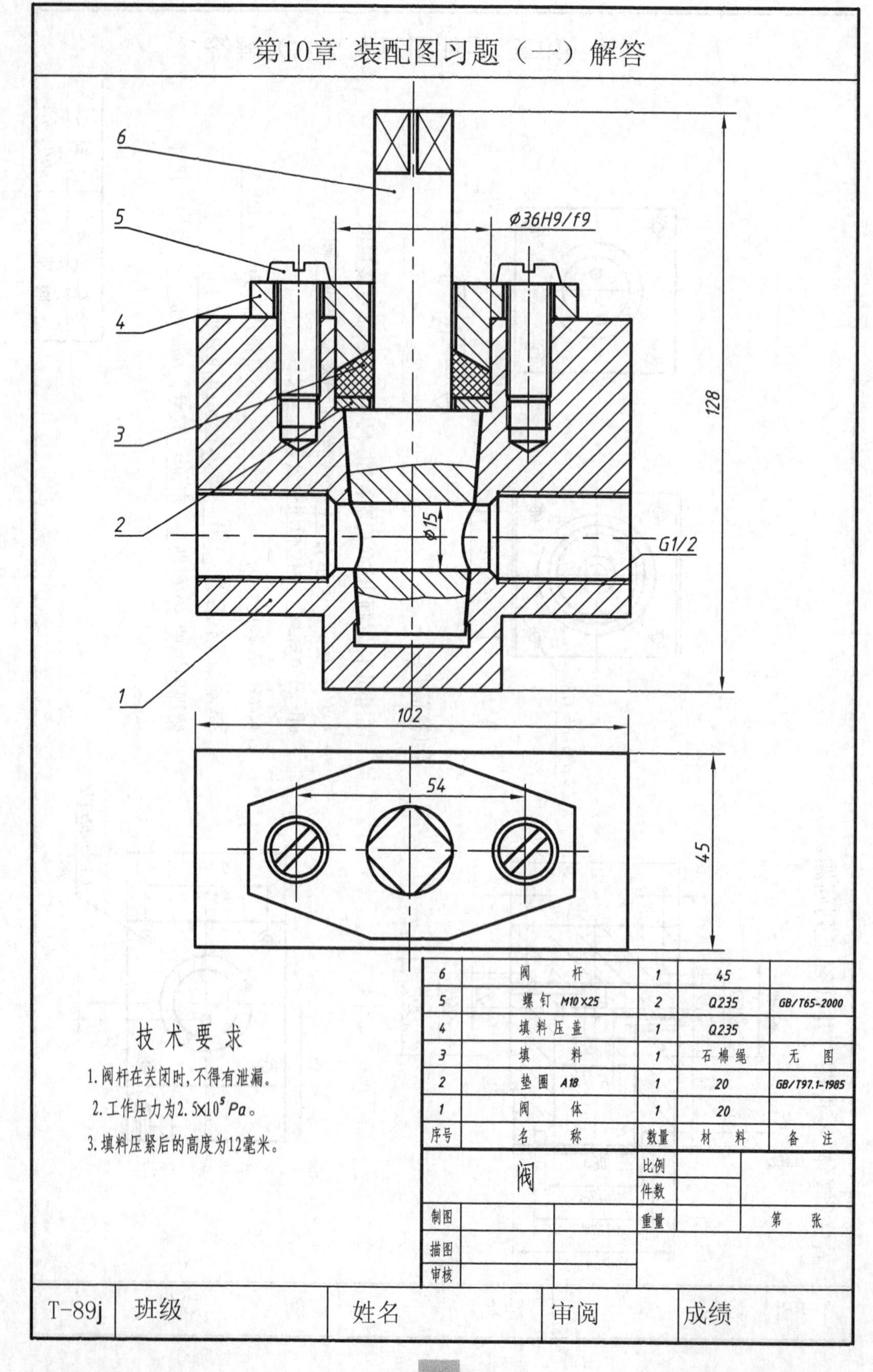

技术要求

1. 阀杆在关闭时，不得有泄漏。
2. 工作压力为$2.5\times10^{5}Pa$。
3. 填料压紧后的高度为12毫米。

6	阀杆	1	45	
5	螺钉 M10×25	2	Q235	GB/T65-2000
4	填料压盖	1	Q235	
3	填料	1	石棉绳	无图
2	垫圈 A18	1	20	GB/T97.1-1985
1	阀体	1	20	
序号	名称	数量	材料	备注

阀	比例		
	件数		
制图	重量		第 张
描图			
审核			

T-89j	班级	姓名	审阅	成绩

第10章 装配图习题（二）解答

看旋塞阀装配图，并回答下列问题。

1. 从该装配图的何处可知该部件的大致用途。

   答：<u>从标题栏的部件名称处。</u>

2. 8号零件垫片起<u> 密封 </u>作用.

3. 2号零件与3号零件采用何种连接？

   答：<u> 螺柱连接。 </u>

4. $\varnothing 22\frac{H11}{c11}$ 属于<u> 基孔 制 </u> <u> 间隙 </u>配合

5. 从该装配图可知该部件现在的状态是<u> 开 </u>(开/关)。

6. 拆画填料压盖3的零件图，尺寸取装配图中量取的2：1，尺寸标注及表面粗糙度标注省略。

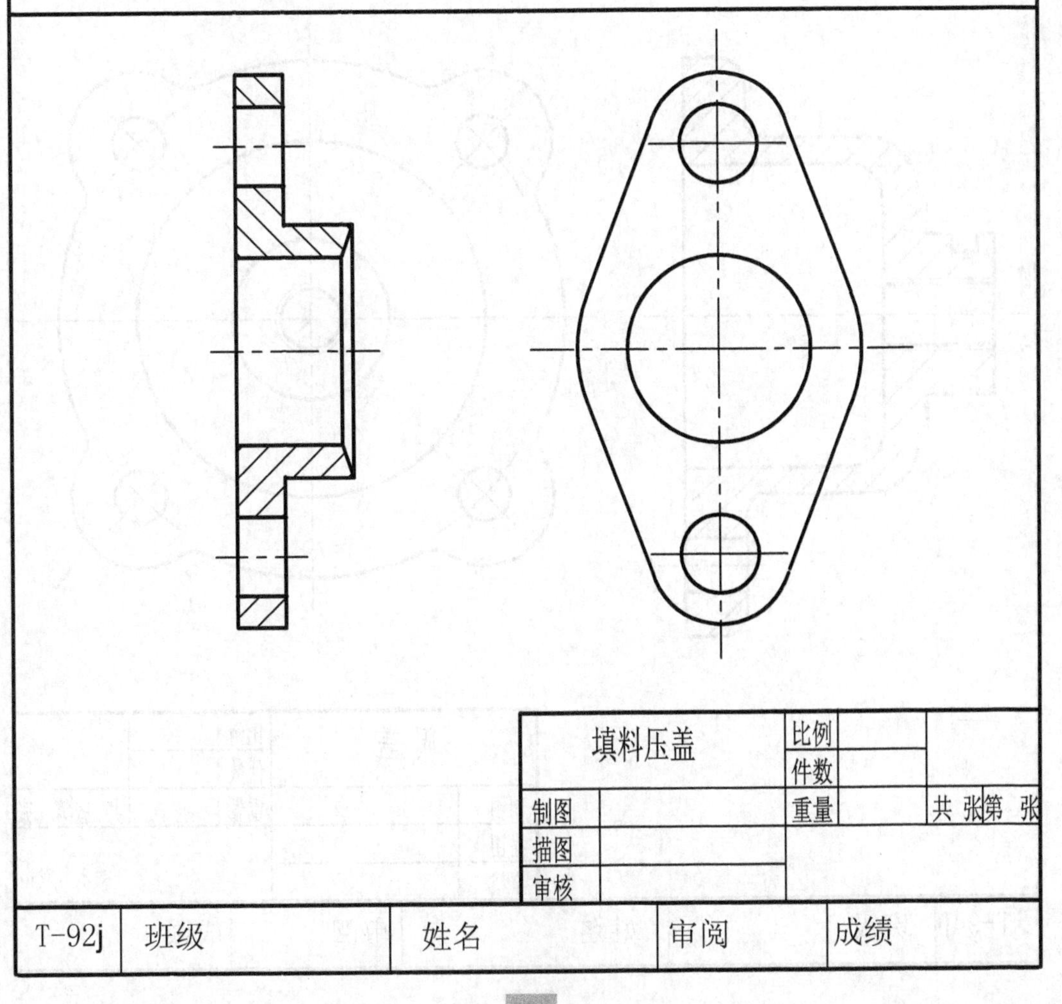

第10章　装配图习题（三）解答

看回油阀装配图，并回答下列问题。

1. 该部件由 12 种零件组成，其中标准件 4 种。

2. 下列尺寸属于装配图中的哪类尺寸.

(1) ø32H7/f7 是 装配 尺寸　　(2) 4-M6 是 安装 尺寸

(3) 90 是 外形 尺寸　　(4) ø50 是 安装 尺寸

3. ø32H7/f7 是属于 基孔 制 间隙配合。

4. 拆画阀盖5的零件图，尺寸取装配图中量取的2：1，尺寸标注及表面粗糙度标注省略。

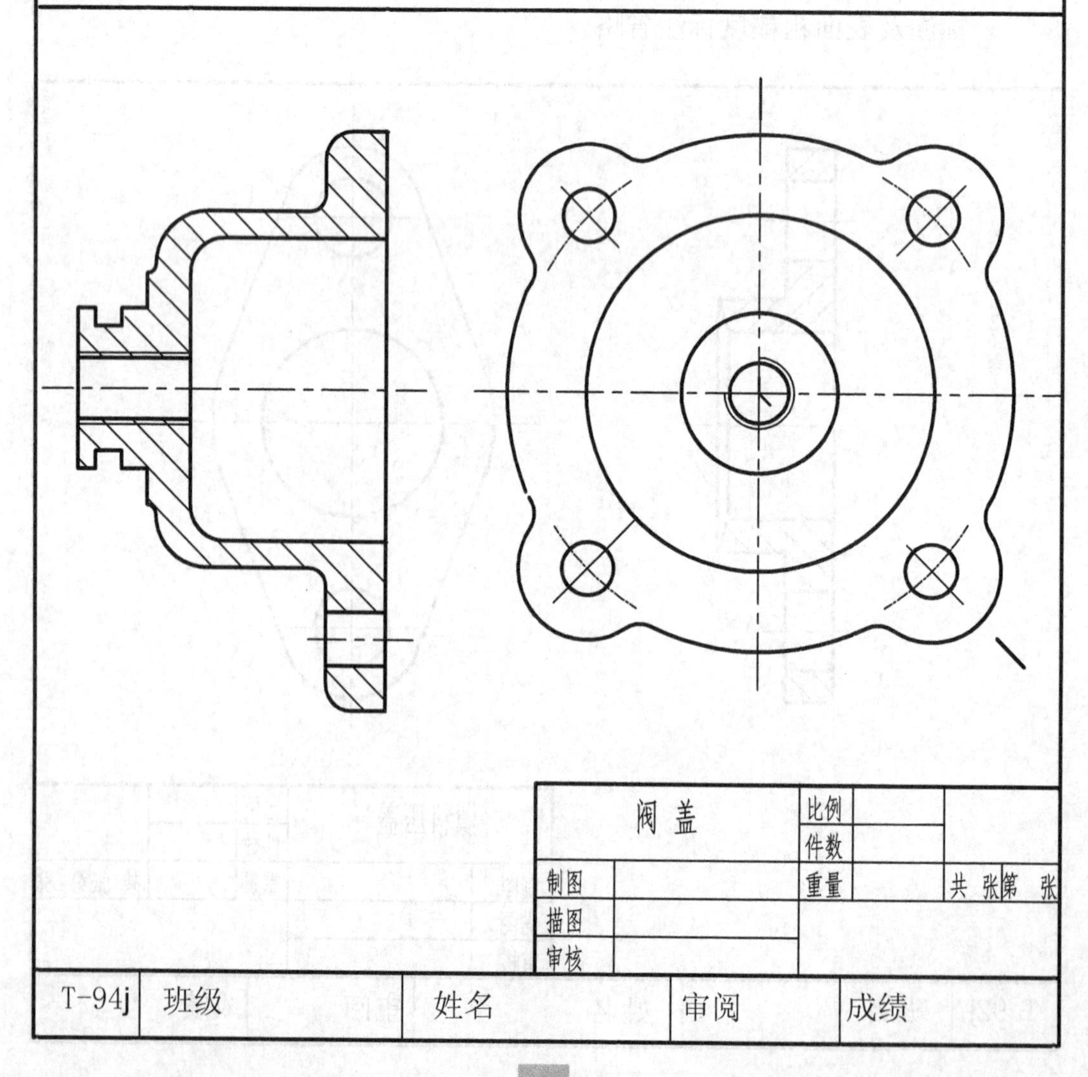

附

一、极限与配合

表 1　常用及优先用途轴的极限偏差(尺寸至

基本尺寸/mm		常用及优先公差												
		a	b		c			d				e		
大于	至	11	11	12	9	10	⑩	8	⑨	10	11	7	8	9
—	3	−270 −330	−140 −200	−140 −240	−60 −85	−60 −100	−60 −120	−20 −34	−20 −45	−20 −60	−20 −30	−14 −24	−14 −28	−14 −30
3	6	−270 −345	−140 −215	−140 −260	−70 −100	−70 −118	−70 −145	−30 −48	−30 −60	−30 −78	−80 −105	−20 −32	−20 −38	−20 −50
6	10	−280 −370	−150 −240	−150 −300	−80 −116	−80 −138	−80 −170	−40 −62	−40 −76	−40 −98	−40 −130	−25 −40	−25 −47	−25 −61
10	14	−290 −400	−150 −260	−150 −330	−95 −138	−95 −165	−95 −205	−50 −77	−50 −93	−50 −120	−50 −160	−32 −50	−32 −59	−32 −75
14	18													
18	24	−300 −430	−160 −290	−160 −370	−110 −162	−110 −194	−110 −240	−65 −98	−65 −117	−65 −149	−65 −195	−40 −61	−40 −73	−40 −92
24	30													
30	40	−310 −470	−170 −330	−170 −420	−120 −182	−120 −220	−120 −280	−80 −119	−80 −142	−80 −180	−80 −240	−50 −75	−50 −189	−50 −112
40	50	−320 −480	−180 −340	−180 −430	−130 −193	−130 −230	−130 −290							
50	65	−340 −530	−190 −380	−190 −490	−140 −214	−140 −260	−140 −330	−100 −146	−100 −174	−100 −220	−100 −290	−60 −90	−60 −106	−60 −134
65	80	−360 −550	−200 −390	−200 −500	−150 −224	−150 −270	−150 −340							
80	100	−380 −600	−220 −440	−220 −570	−170 −257	−170 −310	−170 −390	−120 −174	−120 −207	−120 −260	−120 −340	−72 −107	−72 −126	−72 −159
100	120	−410 −630	−240 −460	−240 −590	−180 −267	−180 −320	−180 −400							
120	140	−460 −710	−260 −510	−260 −660	−200 −300	−200 −360	−200 −450	−145 −208	−145 −245	−145 −305	−145 −395	−85 −125	−85 −148	−85 −185
140	160	−520 −770	−280 −530	−280 −680	−210 −310	−210 −370	−210 −460							
160	180	−580 −830	−310 −560	−310 −710	−230 −330	−230 −390	−230 −480							
180	200	−660 −950	−340 −630	−340 −800	−240 −355	−240 −425	−240 −530	−170 −242	−170 −285	−170 −355	−170 −460	−100 −146	−100 −172	−100 −215
200	225	−740 −1 030	−380 −670	−380 −840	−260 −375	−260 −445	−260 −550							
225	250	−820 −1 110	−420 −710	−420 −880	−280 −395	−280 −465	−280 −570							
250	280	−920 −1 240	−480 −800	−480 −1 000	−300 −430	−300 −510	−300 −620	−190 −271	−190 −320	−190 −400	−190 −510	−110 −162	−110 −191	−110 −240
280	315	−1 050 −1 370	−540 −860	−540 −1 060	−330 −460	−330 −540	−330 −650							
315	355	−1 200 −1 560	−600 −960	−600 −1 170	−360 −500	−360 −590	−360 −720	−210 −299	−210 −350	−210 −440	−210 −570	−125 −182	−125 −214	−125 −265
355	400	−1 350 −1 710	−680 −1 040	−680 −1 250	−400 −540	−400 −630	−400 −760							
400	450	−1 500 −1 900	−760 −1 160	−760 −1 390	−440 −595	−440 −690	−440 −840	−230 −327	−230 −385	−230 −480	−230 −630	−135 −198	−135 −232	−135 −200
450	500	−1 650 −2 050	−840 −1 240	−840 −1 470	−480 −630	−480 −730	−480 −880							

500 mm) μm(1/1 000 mm)

带(带圈者为优先公差带)

f					g			h							
5	6	⑦	8	9	5	⑥	7	5	⑥	⑦	8	⑨	10		12
−6 −10	−6 −12	−6 −16	−6 −20	−6 −31	−2 −6	−2 −8	−2 −12	0 −4	0 −6	0 −10	0 −14	0 −25	0 −40	0 −60	0 −100
−10 −15	−10 −18	−10 −22	−10 −28	−10 −40	−4 −9	−4 −12	−4 −16	0 −5	0 −8	0 −12	0 −18	0 −30	0 −48	0 −75	0 −120
−13 −19	−13 −22	−13 −28	−13 −35	−13 −49	−5 −11	−5 −14	−5 −20	0 −6	0 −9	0 −15	0 −22	0 −36	0 −58	0 −90	0 −150
−16 −24	−16 −27	−16 −34	−16 −43	−16 −59	−6 −14	−6 −17	−6 −24	0 −8	0 −11	0 −18	0 −27	0 −43	0 −70	0 −110	0 −180
−20 −29	−20 −33	−20 −41	−20 −53	−20 −72	−7 −16	−7 −20	−7 −28	0 −9	0 −13	0 −21	0 −33	0 −52	0 −84	0 −130	0 −210
−25 −36	−25 −41	−25 −50	−25 −64	−25 −87	−9 −20	−9 −25	−9 −34	0 −11	0 −16	0 −25	0 −39	0 −62	0 −100	0 −160	0 −250
−30 −43	−30 −49	−30 −60	−30 −76	−30 −104	−10 −23	−10 −29	−10 −40	0 −13	0 −19	0 −30	0 −46	0 −74	0 −120	0 −190	0 −300
−36 −51	−36 −58	−36 −71	−36 −90	−36 −123	−12 −27	−12 −34	−12 −47	0 −15	0 −22	0 −35	0 −54	0 −87	0 −140	0 −220	0 −350
−43 −61	−43 −68	−43 −83	−43 −106	−43 −143	−14 −32	−14 −39	−14 −54	0 −18	0 −25	0 −40	0 −63	0 −100	0 −160	0 −250	0 −400
−50 −70	−50 −79	−50 −96	−50 −122	−50 −165	−15 −35	−15 −44	−15 −61	0 −20	0 −29	0 −46	0 −72	0 −115	0 −185	0 −290	0 −460
−56 −79	−56 −88	−56 −108	−56 −137	−56 −186	−17 −40	−17 −49	−17 −69	0 −23	0 −32	0 −52	0 −81	0 −130	0 −210	0 −320	0 −520
−62 −87	−62 −98	−62 −119	−62 −151	−62 −202	−18 −43	−18 −54	−18 −75	0 −25	0 −36	0 −57	0 −89	0 −140	0 −230	0 −360	0 −570
−68 −95	−68 −108	−68 −131	−68 −165	−68 −223	−20 −47	−20 −60	−20 −83	0 −27	0 −40	0 −63	0 −97	0 −155	0 −250	0 −400	0 −630

表 1　常用及优先用途轴的极限偏差(尺寸至

基本尺寸/mm		常用及优先公差带														
		js			k			m			n			p		
大于	至	5	6	7	5	⑥	7	5	6	7	5	⑥	7	5	⑥	7
—	3	+9	±3	±5	+4 0	+6 0	+10 0	+6 +2	+8 +2	+12 +2	+8 +4	+10 +4	+14 +4	+10 +6	+12 +6	+16 +6
3	6	±2.5	±4	±6	+6 +1	+9 +1	+13 +1	+9 +4	+12 +4	+16 +4	+13 +8	+16 +8	+20 +8	+17 +12	+20 +12	+24 +12
6	10	±3	±4.5	±7	+7 +1	+10 +	+16 +1	+12 +6	+15 +6	+21 +6	+16 +10	+19 +10	+25 +10	+21 +15	+24 +15	+30 +15
10 14	14 18	±4	±5.5	±9	+9 +1	+12 +1	+19 +1	+15 +7	+18 +7	+25 +7	+20 +12	+23 +12	+30 +12	+26 +18	+29 +18	+36 +18
18 24	24 30	±4.5	±6.5	±10	+11 +2	+15 +2	+23 +2	+17 +8	+21 +8	+29 +8	+24 +15	+28 +15	+36 +15	+31 +22	+35 +22	+43 +22
30 40	40 50	±5.5	±8	±12	+13 +2	+18 +2	+27 +2	+20 +9	+25 +9	+34 +9	+28 +17	+33 +17	+42 +17	+37 +26	+42 +26	+51 +26
50 65	65 80	±6.5	±9.5	±15	+15 +2	+21 +2	+32 +2	+24 +11	+30 +11	+41 +11	+33 +20	+39 +20	+50 +20	+45 +32	+51 +32	+62 +32
80 100	100 120	±7.5	±11	±17	+18 +3	+25 +3	+38 +3	+28 +13	+35 +13	+48 +13	+38 +23	+45 +23	+58 +23	+52 +37	+59 +37	+72 +37
120 140 160	140 160 180	±9	±12.5	±20	+21 +3	+28 +3	+43 +3	+33 +15	+40 +15	+55 +15	+45 +27	+52 +27	+67 +27	+61 +43	+68 +43	+83 +43
180 200 225	200 225 250	±10	±14.5	±23	+21 +3	+28 +3	+43 +3	+33 +15	+40 +15	+55 +15	+45 +27	+52 +27	+67 +27	+61 +43	+68 +43	+83 +43
250 280	280 315	±11.5	±16	±26	+24 +4	+33 +4	+50 +4	+37 +17	+46 +17	+63 +17	+51 +31	+60 +31	+77 +31	+70 +50	+79 +50	+96 +50
315 355	355 400	±12.5	±18	±28	+29 +4	+40 +4	+61 +4	+46 +21	+57 +21	+78 +21	+62 +37	+73 +37	+94 +37	+87 +62	+98 +62	+119 +62
400 450	450 500	±13.5	±20	±31	+32 +5	+45 +5	+68 +5	+50 +23	+63 +23	+86 +23	+67 +40	+80 +40	+103 +40	+95 +68	+108 +68	+131 +68

500 mm)续表 μm(1/1 000 mm)

(带圈者为优先公差带)

r			s			t			u		v	x	y	z
5	6	7	5	⑥	7	5	6	7	⑥	7	6	6	6	6
+14 +10	+16 +10	+20 +10	+18 +14	+20 +14	+24 +14	—	—	—	+24 +18	+28 +18	—	+26 +20	—	+32 +26
+20 +15	+23 +15	+27 +15	+24 +19	+27 +19	+31 +19	—	—	—	+31 +23	+35 +23	—	+36 +28	—	+43 +35
+25 +19	+28 +19	+34 +19	+29 +23	+32 +23	+38 +23	—	—	—	+37 +28	+43 +28	—	+43 +34	—	+51 +42
+31 +23	+34 +23	+41 +23	+36 +28	+39 +28	+46 +28	—	—	—	+44 +33	+55 +33	—	+51 +40	—	+61 +50
						—	—	—			+50 +39	+56 +45	—	+71 +60
+37 +28	+41 +28	+49 +28	+44 +35	+48 +35	+56 +35	—	—	—	+54 +41	+62 +41	+60 +47	+67 +54	+76 +63	+86 +73
						+50 +41	+54 +41	+62 +41	+61 +48	+69 +48	+68 +55	+77 +64	+88 +75	+101 +88
+45 +34	+50 +34	+59 +34	+54 +43	+59 +43	+68 +43	+59 +48	+64 +48	+73 +48	+76 +60	+85 +60	+84 +68	+96 +80	+110 +94	+128 +112
						+65 +54	+70 +54	+79 +54	+86 +70	+95 +70	+97 +81	+113 +97	+130 +114	+152 +136
+54 +41	+60 +41	+71 +41	+66 +53	+72 +53	+83 +53	+79 +66	+85 +66	+96 +66	+106 +87	+117 +87	+121 +102	+141 +122	+163 +144	+191 +172
+56 +43	+62 +43	+73 +43	+72 +59	+78 +59	+89 +59	+88 +75	+94 +75	+105 +75	+121 +102	+132 +102	+139 +120	+165 +146	+193 +174	+229 +210
+66 +51	+73 +51	+86 +51	+86 +71	+93 +71	+106 +71	+106 +91	+113 +91	+126 +91	+146 +124	+159 +124	+168 +146	+200 +178	+236 +214	+280 +258
+69 +54	+76 +54	+89 +54	+94 +79	+101 +79	+114 +79	+119 +104	+126 +104	+139 +104	+166 +144	+179 +144	+194 +172	+232 +210	+276 +254	+332 +310
+81 +63	+88 +63	+103 +63	+110 +92	+117 +92	+132 +92	+140 +122	+147 +122	+162 +122	+195 +170	+210 +170	+227 +202	+273 +248	+325 +300	+390 +365
+83 +65	+90 +65	+105 +65	+118 +100	+125 +100	+140 +100	+152 +134	+159 +134	+174 +134	+215 +190	+230 +190	+253 +228	+305 +280	+365 +340	+440 +415
+86 +68	+93 +68	+108 +68	+126 +108	+133 +108	+148 +108	+164 +146	+171 +146	+186 +146	+235 +210	+250 +210	+227 +252	+335 +310	+405 +380	+490 +465
+97 +77	+106 +77	+123 +77	+142 +122	+151 +122	+168 +122	+186 +166	+195 +166	+212 +166	+265 +236	+282 +236	+313 +284	+379 +350	+454 +425	+549 +520
+100 +80	+109 +80	+126 +80	+150 +130	+159 +130	+176 +130	+200 +180	+209 +180	+226 +180	+287 +258	+304 +258	+339 +310	+414 +385	+499 +470	+604 +575
+104 +84	+113 +84	+130 +84	+160 +140	+169 +140	+186 +140	+216 +196	+225 +196	+242 +196	+313 +284	+330 +284	+369 +340	+454 +425	+549 +520	+669 +640
+117 +94	+126 +94	+146 +94	+181 +158	+190 +158	+210 +158	+241 +218	+250 +218	+270 +218	+347 +315	+367 +315	+417 +385	+507 +475	+612 +580	+742 +710
+121 +98	+130 +98	+150 +98	+193 +170	+202 +170	+222 +170	+263 +240	+272 +240	+292 +240	+382 +350	+402 +350	+457 +425	+557 +525	+682 +650	+822 +790
+133 +108	+144 +108	+165 +108	+215 +190	+226 +190	+247 +190	+293 +268	+304 +268	+325 +268	+426 +390	+447 +390	+511 +475	+626 +590	+766 +730	+936 +900
+139 +114	+150 +114	+171 +114	+233 +208	+244 +208	+265 +208	+319 +294	+330 +294	+351 +294	+471 +435	+492 +435	+566 +530	+696 +660	+856 +820	+1 036 +1 000
+153 +126	+166 +126	+189 +126	+259 +232	+272 +232	+295 +232	+357 +330	+370 +330	+393 +330	+530 +490	+553 +490	+635 +595	+780 +740	+960 +920	+1 140 +1 100
+159 +132	+172 +132	+195 +132	+279 +252	+292 +252	+315 +252	+387 +360	+400 +360	+423 +360	+580 +540	+603 +540	+700 +660	+860 +820	+1 040 +1 000	+1 290 +1 250

表 2　常用及优先用途孔的极限偏差(尺寸至

基本尺寸/mm		常用及优先公差带																			
		A	B		C	D				E		F				G		H			
大于	至	11	11	12	11	8	⑨	10	11	8	9	6	7	⑧	9	6	⑦	6	⑦	⑧	⑨
—	3	+330 +270	+200 +140	+240 +140	+120 +60	+34 +20	+45 +20	+60 +20	+80 +20	+28 +14	+39 +14	+12 +6	+16 +6	+20 +6	+31 +6	+8 +2	+12 +2	+6 0	+10 0	+14 0	+25 0
3	6	+345 +270	+215 +140	+260 +140	+145 +70	+48 +30	+60 +30	+78 +30	+105 +30	+38 +20	+50 +20	+18 +10	+22 +10	+28 +10	+40 +10	+12 +4	+16 +4	+8 0	+12 0	+18 0	+30 0
6	10	+370 +280	+240 +150	+300 +150	+170 +80	+62 +40	+76 +40	+98 +40	+130 +40	+47 +25	+61 +25	+22 +13	+28 +13	+35 +13	+49 +13	+14 +5	+20 +5	+9 0	+15 0	+22 0	+36 0
10	14	+400 +290	+260 +150	+330 +150	+205 +95	+77 +50	+93 +50	+120 +50	+160 +50	+59 +32	+75 +32	+27 +16	+34 +16	+43 +16	+59 +16	+17 +6	+24 +6	+11 0	+18 0	+27 0	+43 0
14	18																				
18	24	+430 +300	+290 +160	+370 +160	+240 +110	+98 +65	+117 +65	+149 +65	+195 +65	+73 +40	+92 +40	+33 +20	+41 +20	+53 +20	+72 +20	+20 +7	+28 +7	+13 0	+21 0	+33 0	+52 0
24	30																				
30	40	+470 +310	+330 +170	+420 +170	+280 +120	+119 +80	+142 +80	+180 +80	+240 +80	+89 +50	+112 +50	+41 +25	+50 +25	+64 +25	+87 +25	+25 +9	+34 +9	+16 0	+25 0	+39 0	+62 0
40	50	+480 +320	+340 +180	+430 +180	+290 +130																
50	65	+530 +340	+380 +190	+490 +190	+330 +150	+146 +100	+170 +100	+220 +100	+290 +100	+106 +60	+134 +60	+49 +30	+60 +30	+76 +30	+104 +30	+29 +10	+40 +10	+19 0	+30 0	+46 0	+74 0
65	80	+550 +360	+390 +200	+500 +200	+340 +150																
80	100	+600 +380	+400 +220	+570 +220	+390 +170	+174 +120	+207 +120	+260 +120	+340 +120	+126 +72	+159 +72	+58 +36	+71 +36	+90 +36	+123 +36	+34 +12	+47 +12	+22 0	+35 0	+54 0	+87 0
100	120	+630 +410	+460 +240	+590 +240	+400 +180																
120	140	+710 +460	+510 +260	+660 +260	+450 +200	+208 +145	+245 +145	+305 +145	+395 +145	+148 +85	+185 +85	+68 +43	+83 +43	+106 +43	+143 +43	+39 +14	+54 +14	+25 0	+40 0	+63 0	+100 0
140	160	+770 +520	+530 +280	+680 +280	+460 +210																
160	180	+830 +580	+560 +310	+710 +310	+480 +230																
180	200	+950 +660	+630 +340	+800 +340	+530 +240	+242 +170	+285 +170	+355 +170	+460 +170	+172 +100	+215 +100	+79 +50	+96 +50	+122 +50	+165 +50	+44 +15	+61 +15	+29 0	+46 0	+72 0	+115 0
200	225	+1 030 +740	+670 +380	+840 +380	+550 +260																
225	250	+1 110 +820	+710 +420	+880 +420	+570 +280																
250	280	+1 240 +920	+800 +480	+1 000 +480	+620 +300	+271 +190	+320 +190	+400 +190	+510 +190	+191 +110	+240 +110	+88 +56	+108 +56	+137 +56	+186 +56	+49 +17	+69 +17	+32 0	+52 0	+81 0	+130 0
280	315	+1 370 +1 050	+860 +540	+1 060 +540	+650 +330																
315	355	+1 560 +1 200	+960 +600	+1 170 +600	+720 +360	+299 +210	+350 +210	+440 +210	+570 +210	+214 +125	+265 +125	+98 +62	+119 +62	+151 +62	+202 +62	+54 +18	+75 +18	+36 0	+57 0	+89 0	+140 0
355	400	+1 710 +1 350	+1 040 +680	+1 250 +680	+760 +400																
400	450	+1 900 +1 500	+1 160 +760	+1 390 +760	+840 +440	+327 +230	+385 +230	+480 +230	+630 +230	+232 +135	+290 +135	+108 +68	+131 +68	+165 +68	+223 +68	+6 +20	+83 +20	+40 0	+63 0	+97 0	+155 0
450	500	+2 050 +1 650	+1 240 +840	+1 470 +840	+880 +480																

500 mm） μm(1/1 000mm)

（带圈者为优先公差带）

			JS			K			M			N			P		R		S		T		U
10	11	12	6	7	8	6	⑦	8	6	7	8	6	⑦	8	6	⑦	6	7	6	⑦	6	7	⑦
+40 0	+60 0	+100 0	±3	±5	±7	0 −6	0 −10	0 −14	−2 −8	−2 −12	−2 −16	−4 −10	−4 −14	−4 −18	−6 −12	−6 −16	−10 −16	−10 −20	−14 −20	−14 −24	−20	—	−18 −28
+48 0	+75 0	+120 0	±4	±6	±9	+2 −6	+3 −9	+5 −13	−1 −9	0 −12	+2 −16	−5 −13	−4 −16	−9 −20	−9 −17	−8 −20	−12 −20	−11 −23	−16 −24	−15 −27	—	—	−19 −31
+58 0	+90 0	+150 0	±4.5	±7	±11	+2 −7	+5 −10	+6 −16	−3 −12	0 −15	+1 −21	−7 −16	−4 −19	−3 −25	−12 −21	−9 −24	−16 −25	−13 −28	−20 −29	−17 −32	−34	—	−22 −37
+70 0	+110 0	+180 0	±5.5	±9	±13	+2 −9	+6 −12	+8 −19	−4 −15	0 −18	+2 −25	−9 −20	−5 −23	−3 −30	−15 −26	−11 −29	−20 −31	−16 −34	−25 −35	−21 −39	—	—	−26 −44
+84 0	+130 0	+210 0	±6.5	±10	±16	+2 −11	+6 −15	+10 −23	−4 −17	0 −21	+4 −29	−11 −24	−7 −28	−3 −36	−18 −31	−14 −35	−24 −37	−20 −41	−31 −44	−27 −48	—	—	−33 −54
																					−37 −50	−33 −54	−40 −61
+100 0	+160 0	+250 0	±8	±12	±19	+3 −13	+7 −18	+12 −27	−4 −20	0 −25	+5 −34	−12 −28	−8 −33	−3 −42	−21 −37	−17 −42	−29 −45	−25 −50	−38 −54	−34 −59	−43 −59	−39 −64	−51 −76
																					−49 −65	−45 −70	−61 −86
+120 0	+190 0	+300 0	±9.5	±15	±23	+4 −15	+9 −21	+14 −32	−5 −24	0 −30	+5 −41	−14 −33	−9 −39	−4 −50	−26 −45	−21 −51	−35 −54	−30 −60	−47 −66	−42 −72	−60 −79	−55 −85	−76 −106
																	−37 −56	−32 −62	−53 −72	−48 −78	−69 −88	−64 −94	−91 −121
+140 0	+220 0	+350 0	±11	±17	±27	+4 −18	+10 −25	+16 −38	−6 −28	0 −35	+6 −48	−16 −38	−10 −45	−4 −58	−30 −52	−24 −59	−44 −66	−38 −73	−64 −86	−58 −93	−84 −106	−78 −113	−111 −146
																	−47 −69	−41 −76	−72 −94	−66 −101	−97 −119	−91 −126	−131 −166
+160 0	+250 0	+400 0	±12.5	±20	±31	+4 −21	+12 −28	+20 −43	−8 −33	0 −40	+8 −55	−20 −45	−12 −52	−4 −67	−36 −61	−28 −68	−56 −81	−48 −88	−85 −110	−77 −117	−115 −140	−107 −147	−155 −195
																	−58 −83	−50 −90	−93 −118	−85 −125	−127 −152	−119 −159	−175 −215
																	−61 −86	−53 −93	−101 −126	−93 −133	−139 −164	−131 −171	−195 −235
+185 0	+290 0	+460 0	±14.5	±23	±36	+5 −24	+13 −33	+22 −50	−8 −37	0 −46	+9 −63	−22 −51	−14 −60	−5 −77	−41 −70	−33 −79	−68 −97	−60 −106	−113 −142	−105 −151	−157 −186	−149 −195	−219 −265
																	−71 −100	−68 −109	−121 −150	−113 −159	−171 −200	−163 −209	−241 −287
																	−75 −104	−67 −113	−131 −160	−123 −169	−187 −216	−179 −225	−267 −313
+210 0	+320 0	+520 0	±16	±26	±40	+5 −27	+16 −36	+25 −56	−9 −41	0 −52	+9 −72	−25 −57	−14 −66	−5 −86	−47 −79	−36 −88	−85 −117	−74 −126	−149 −181	−138 −190	−209 −241	−198 −250	−295 −347
																	−89 −121	−78 −130	−161 −193	−150 −202	−231 −263	−220 −272	−330 −382
+230 0	+360 0	+570 0	±18	±28	±44	+7 −29	+17 −40	+28 −61	−10 −46	0 −57	+11 −78	−26 −62	−16 −73	−5 −94	−51 −87	−41 −98	−97 −133	−87 −144	−179 −215	−169 −226	−257 −293	−247 −304	−369 −426
																	−103 −139	−93 −150	−197 −233	−187 −244	−283 −319	−273 −330	−414 −471
+250 0	+400 0	+630 0	±20	±31	±48	+8 −32	+18 −45	+29 −68	−10 −50	0 −63	+11 −86	−27 −67	−17 −80	−6 −103	−55 −95	−45 −108	−166 −153	−103 −166	−219 −259	−209 −272	−317 −357	−307 −370	−467 −530
																	−119 −159	−109 −172	−239 −279	−229 −292	−347 −387	−337 −400	−517 −580

二、螺纹

表 3　普通螺纹公称直径与螺距（摘自 GB/T 193—2003）

mm

公称直径 D、d 第一系列	公称直径 D、d 第二系列	螺距 P 粗牙	螺距 P 细牙	粗牙小径 D_1、d_1
3		0.5	0.35	2.459
	3.5	(0.6)		2.850
4		0.7	0.5	3.242
	4.5	(0.75)		3.688
5		0.8		4.134
6		1	0.75	4.917
8		1.25	1,0.75	6.647
10		1.5	1.25,1,0.75	8.376
12		1.75	1.5,1.25,1	10.106
	14	2	1.5,(1.25),1,(0.75),(0.5)	11.835
16		2	1.5,1,(0.75),(0.5)	13.835
	18	2.5	2,1.5,1,(0.75),(0.5)	15.294
20		2.5		17.294

公称直径 D、d 第一系列	公称直径 D、d 第二系列	螺距 P 粗牙	螺距 P 细牙	粗牙小径 D_1、d_1
	22	2.5	2,1.5,1	19.294
24		3	2,1.5,1	20.752
	27	3	2,1.5,1,(0.75)	23.752
30		3.5	(3),2,1.5,1,(0.75)	26.211
	33	3.5	(3),2,1.5,(1)(0.75)	29.211
36		4	3,2,1.5,(1)	31.670
	39	4		34.670
42		4.5	(4),3,2,1.5,(1)	37.129
	45	4.5		40.129
48		5		42.587
	52	5		46.587
56		5.5	4,3,2,1.5,(1)	50.046

表 4　非螺纹密封的管螺纹（摘自 GB/T 7307—2001）

mm

尺寸代号	每 25.4 mm 内的牙数 n	螺　距 P	基本直径 大径 D、d	基本直径 小径 D_1、d_1
1/8	28	0.907	9.728	8.566
1/4	19	1.337	13.157	11.445
3/8	19	1.337	16.662	14.950
1/2	14	1.814	20.955	18.631
3/4	14	1.814	26.441	24.117
1	11	2.309	33.249	30.291
2	11	2.309	59.614	56.656
3	11	2.309	87.884	84.926

三、螺栓

六角头螺栓——C 极(GB/T 5780—2000)

六角头螺栓——A 和 B 级(GB/T 5782—2000)

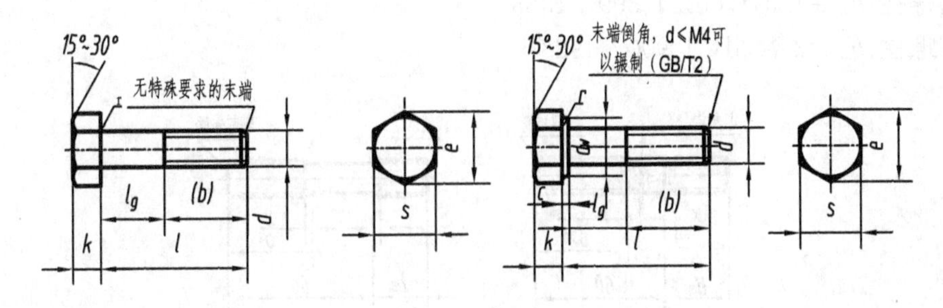

标记示例

螺纹规格 d=M12，公称长度 l=80，性能等级为 8.8 级，表面氧化，A 级的六角头螺栓：

螺栓 GB/T 5782—2000—M12×80

表 5　六角头螺栓(C 级摘自 GB/T 5280—2000，A、B 级摘自 GB/T 5782—2000)尺寸

mm

螺纹规格 d		M3	M4	M5	M6	M8	M10	M12	M16	M20	M24	M30	M36	M42
b 参考	l≤125	12	14	16	18	22	26	30	38	46	54	66	—	—
	125<l≤200	18	20	22	24	28	32	36	44	52	60	72	84	96
	l>200	31	33	35	37	41	45	49	57	65	73	85	97	109
C		0.4	0.4	0.5	0.5	0.6	0.6	0.6	0.8	0.8	0.8	0.8	0.8	0.8
d_w	产品等级 A	4.57	5.88	6.88	8.88	11.63	14.63	16.63	22.49	28.19	33.61	—	—	—
	产品等级 B、C	4.45	5.74	6.74	8.74	11.47	14.47	16.47	22	27.7	33.25	42.75	51.11	59.95
e	产品等级 A	6.01	7.66	8.79	11.05	14.38	17.77	20.03	26.73	33.53	39.98	—	—	—
	产品等级 B、C	5.88	7.50	8.63	10.89	14.20	17.59	19.85	26.17	32.95	39.55	50.85	60.79	72.02
k	公称	2	2.8	3.5	4	5.3	6.4	7.5	10	12.5	15	18.7	22.5	26
r		0.1	0.2	0.2	0.25	0.4	0.4	0.6	0.6	0.8	0.8	1	1	1.2
s	公称	5.5	7	8	10	13	16	18	24	30	36	46	55	65
l(商品规格范围)		20～30	25～40	25～50	30～60	40～80	45～100	50～120	65～160	80～200	90～240	110～300	140～360	160～440
l系列		12,16,20,25,30,35,40,45,50,55,60,65,70,80,90,100,120,130,140,150,160,180,200,220,240,260,280,300,320,340,360,380,400,420,440,460,480,500												

四、双头螺柱

双头螺柱:$b_m=1\,d$(GB/T 897—1988)

双头螺柱:$b_m=1.25\,d$(GB/T 898—1988)

双头螺柱:$b_m=1.5\,d$(GB/T 899—1988)

双头螺柱:$b_m=2\,d$(GB/T 900—1988)

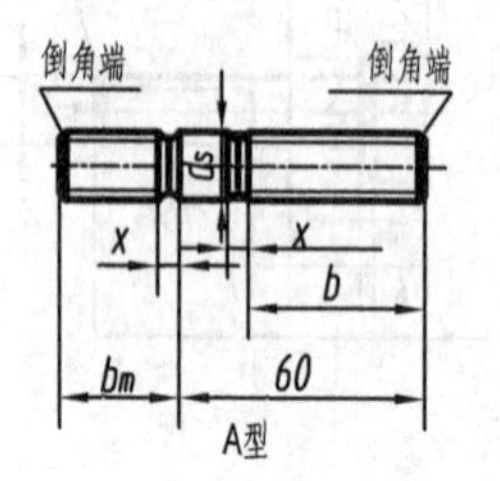

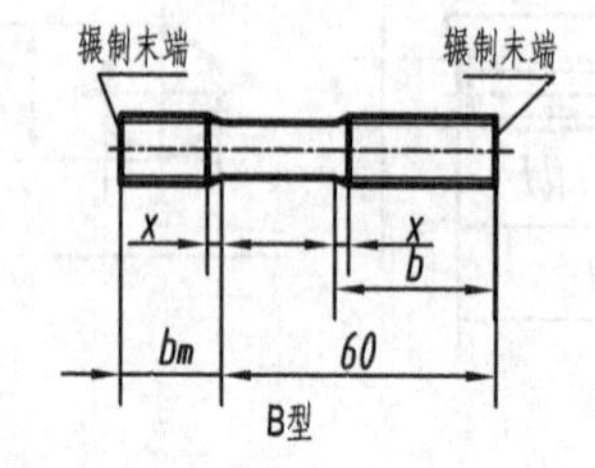

标记示例

两端均为粗牙普通螺纹,$d=10$,公称长度 $l=50$,性能等级为 4.8 级,B 型,$b_m=1\,d$ 的双头螺柱:

螺柱 GB/T 897—2000—M10×50

表 6 双头螺柱尺寸 mm

螺纹规格		M5	M6	M8	M10	M12	M16	M20	M24	M30	M36
b_m(公称)	GB/T 897	5	6	8	10	12	16	20	24	30	36
	GB/T 898	6	8	10	12	15	20	25	30	38	45
	GB/T 899	8	10	12	15	18	24	30	36	45	54
	GB/T 900	10	12	16	20	24	32	40	48	60	72
$\frac{l}{b}$		16~22/10 25~50/16	20~22/10 25~30/14 32~75/18	20~22/12 25~30/16 32~90/22	25~28/14 30~38/16 40~120/26 130/32	25~30/16 32~40/20 45~120/30 130~180/36	30~38/20 40~55/30 60~120/38 130~200/44	35~40/25 45~65/35 70~120/46 130~200/52	45~50/30 55~75/45 80~120/54 130~200/60	60~65/40 70~90/50 95~120/60 130~200/72 210~250/85	65~75/45 80~110/60 120/78 130~200/84 210~300/91
l 系列		16,(18),20,(22),25,(28),30,(32),35,(38),40,45,50,(55),60,(65),70,(75),80,(85),90,(95),100,110,120,130,140,150,10,170,180,190,200,210,220,230,240,250,260,280,300									

五、螺钉

(1) 开槽圆柱头螺钉(GB/T 65—2000)

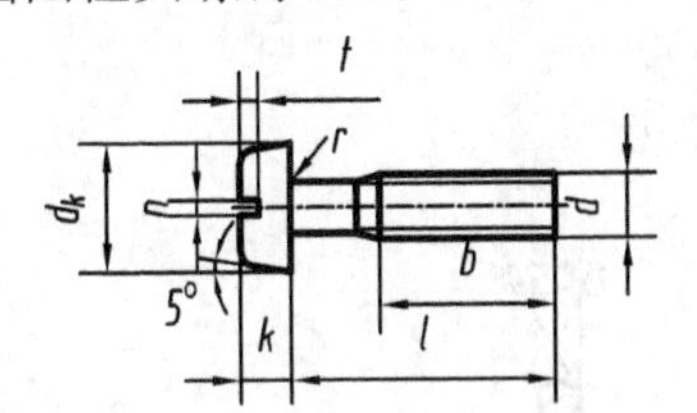

(2) 开槽沉头螺钉(GB/T 68—2000)

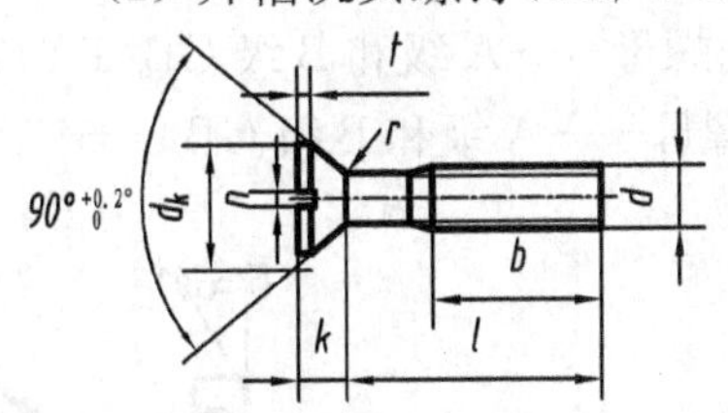

标记示例

螺纹规格 d=M5,公称长度 l=20,性能等级为 4.8 级,不经表面处理,A 级的开槽圆柱头螺钉:

螺钉 GB/T 65—2000—M5×20

螺纹规格 d=M5,公称长度 l=20,性能等级为 4.8 级,不经表面处理,A 级的开槽沉头螺钉:

螺钉 GB/T 68—2000—M5×20

表 7 开槽圆柱头螺钉(GB/T 65—2000)尺寸 mm

螺纹规格 d	M4	M5	M6	M8	M10
P(螺距)	0.7	0.8	1	1.25	1.5
b	38	38	38	38	38
d_k	7	8.5	10	13	16
k	2.6	3.3	3.9	5	6
n	1.2	1.2	1.6	2	2.5
r	0.2	0.2	0.25	0.4	0.4
t	1.1	1.3	1.6	2	2.4
公称长度 l	5~40	6~50	8~60	10~80	12~80
l 系列	5,6,8,10,12,(14),16,20,25,30,35,40,45,50,(55),60,(65),70,(75),80				

注:1. 括号里的规格尽可能不要采用。

2. 公称长度≤40 mm 的螺钉,制出全螺纹。

表 8 开槽沉头螺钉(GB/T 68—2000)尺寸 mm

螺纹规格 d	M1.6	M2	M2.5	M3	M4	M5	M6	M8	M10
P(螺距)	0.35	0.4	0.45	0.5	0.7	0.8	1	1.25	1.5
b	25	25	25	25	38	38	38	38	38
d_k	3.6	4.4	5.5	6.3	9.4	10.4	12.6	17.3	20
k	1	1.2	1.5	1.65	2.7	2.7	3.3	4.65	5
n	0.4	0.5	0.6	0.8	1.2	1.2	1.6	2	2.5
r	0.4	0.5	0.6	0.8	1	1.3	1.5	2	2.5
t	0.5	0.6	0.75	0.85	1.3	1.4	1.6	2.3	2.6
公称长度 l	2.5~16	3~20	4~25	5~30	6~40	8~50	8~60	10~80	12~80
l 系列	2.5,3,4,5,6,8,10,12,(14),16,20,25,30,35,40,45,50,(55),60,(65),70,(75),80								

注:1. 括号里的规格尽可能不要采用。

2. M1.6~M3 的螺钉,在公称长度 30 mm 以内的制出全螺纹;M4~M10 公称长度≤45 mm 的螺钉,制出全螺纹。

六、螺母

1 型六角螺母——C 级 GB/T 41—2000

1 型六角螺母——A 级和 B 级 GB/T 6170—2000

六角薄螺母——A 级和 B 级 GB/T 6172.1—2000

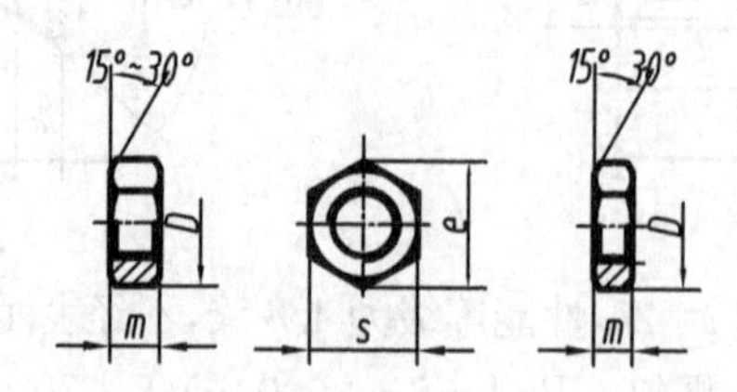

标记示例

螺纹规格 D=M12,性能等级为 5 级,不经表面处理,C 级的 1 型六角螺母:

螺母 GB/T 41—2000—M12

螺纹规格 D=M12,性能等级为 04 级,不经表面处理,A 级的六角薄螺母:

螺母 GB/T 6172.1—2000—M12

表 9 螺母尺寸

mm

螺纹规格 D		M3	M4	M5	M6	M8	M10	M12	M16	M20	M24	M30	M36	M42
e	GB/T 41			8.63	10.89	14.20	17.59	19.85	26.17	32.95	39.55	50.85	60.79	72.02
	GB/T 6170	6.01	7.66	8.79	11.05	14.38	17.77	20.03	26.75	32.95	39.55	50.85	60.79	72.02
	GB/T 6172.1	6.01	7.66	8.79	11.05	14.38	17.77	20.03	26.75	32.95	39.55	50.85	60.79	72.02
s	GB/T 41			8	10	13	16	18	24	30	36	46	55	65
	GB/T 6170	5.5	7	8	10	13	16	18	24	30	36	46	55	65
	GB/T 6172.1	5.5	7	8	10	13	16	18	24	30	36	46	55	65
m	GB/T 41			5.6	6.1	7.9	9.5	12.2	15.9	18.7	22.3	26.4	31.5	34.9
	GB/T 6170	2.4	3.2	4.7	5.2	6.8	8.4	10.8	14.8	18	21.5	25.6	31	34
	GB/T 6172.1	1.8	2.2	2.7	3.2	4	5	6	8	10	12	15	18	21

注:A 级用于 $D \leqslant 16$ mm,B 级用于 $D > 16$ mm。

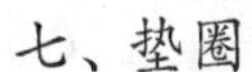

七、垫圈

小垫圈——A 级（GB/T 848—1985）　　平垫圈——A 级（GB/T 97.1—1985）　　平垫圈　倒角型——A 级（GB/T 97.2—1985）

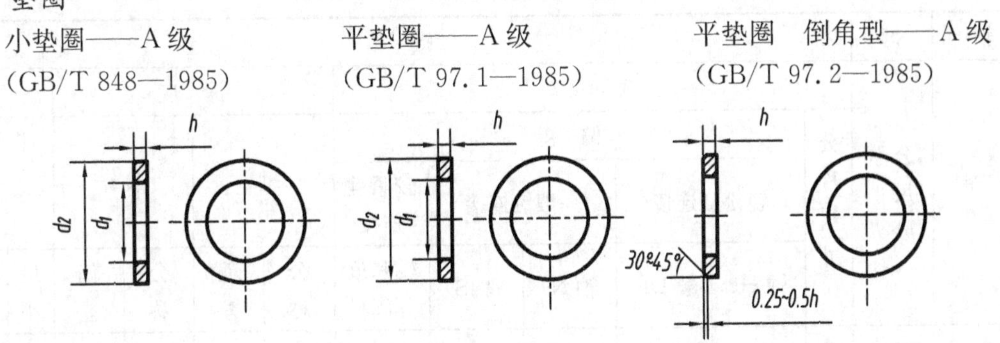

标记示例

标准系列，规格 8，性能等级为 140 HV 级，不经表面处理的平垫圈：

垫圈 GB/T 97.1—1985—8—140 HV

表 10　垫圈尺寸　　mm

公称尺寸（螺纹大径 d）		1.6	2	2.5	3	4	5	6	8	10	12	14	16	20	24	30	36
d_1	GB/T 848	1.7	2.2	2.7	3.2	4.3	5.3	6.4	8.4	10.5	13	15	17	21	25	31	37
	GB/T 97.1	1.7	2.2	2.7	3.2	4.3	5.3	6.4	8.4	10.5	13	15	17	21	25	31	37
	GB/T 97.2						5.3	6.4	8.4	10.5	13	15	17	21	25	31	37
d_2	GB/T 848	3.5	4.5	5	6	8	9	11	15	18	20	24	28	34	39	50	60
	GB/T 97.1	4	5	6	7	9	10	12	16	20	24	28	30	37	44	56	66
	GB/T 97.2						10	12	16	20	24	28	30	37	44	56	66
h	GB/T 848	0.3	0.3	0.5	0.5	0.5	1	1.6	1.6	1.6	2	2.5	2.5	3	4	4	5
	GB/T 97.1	0.3	0.3	0.5	0.5	0.8	1	1.6	1.6	2	2.5	2.5	3	3	4	4	5
	GB/T 97.2						1	1.6	1.6	2	2.5	2.5	3	3	4	4	5

八、键

(1) 平键和键槽的部面尺寸（摘自 GB/T 1095—1979）

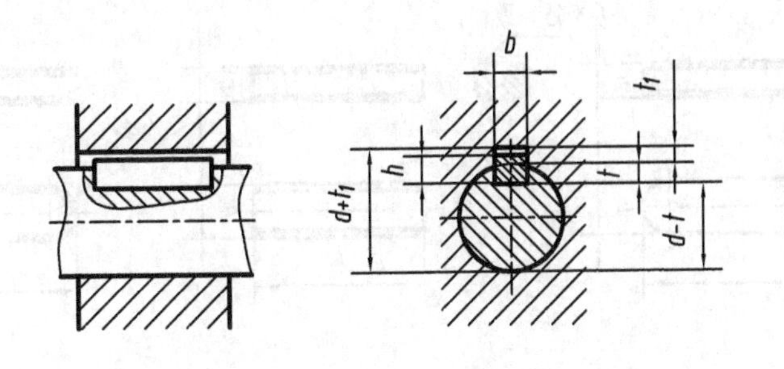

表 11　键尺寸(摘自 GB/T 1095—1979)

mm

轴	键	键槽											
		宽度 b						深度				半径 r	
		公称尺寸 b	偏差					轴 t		毂 t_1			
公称直径 d	公称尺寸 $b\times h$		轻松键连接		一般键连接		较紧键连接						
			轴 H9	毂 D10	轴 N9	毂 JS9	轴和毂 P9	公称	偏差	公称	偏差	最小	最大
自 6～8	2×2	2	+0.025 0	+0.060 +0.020	−0.004 −0.029	±0.0125	−0.006 0.031	1.2	+0.2 0	1	+0.1 0	0.08	0.16
>8～10	3×3	3						1.8		1.4			
>10～12	4×4	4	+0.030 0	+0.078 +0.030	0 −0.030	±0.015	−0.012 −0.042	2.5		1.8			
>12～17	5×5	5						3.0		2.3		0.16	0.25
>17～22	6×6	6						3.5		2.8			
>22～30	8×7	8	+0.036 0	+0.098 +0.040	0 −0.036	±0.018	−0.015 −0.051	4.0	+0.2 0	3.3	+0.2 0		
>30～38	10×8	10						5.0		3.3		0.25	0.40
>38～44	12×8	12	+0.043 0	+0.120 +0.050	0 −0.043	±0.0215	−0.018 −0.061	5.0		3.3			
>44～50	14×9	14						5.5		3.8			
>50～58	16×10	16						6.0		4.3			
>58～65	18×11	18						7.0		4.4			
>65～75	20×12	20	+0.052 0	+0.149 +0.065	0 −0.052	±0.026	−0.022 −0.074	7.5		4.9		0.40	0.60
>75～85	22×14	22						9.0		5.4			

(2) 普通平键的型式尺寸(摘自 GB/T 1096—1979)

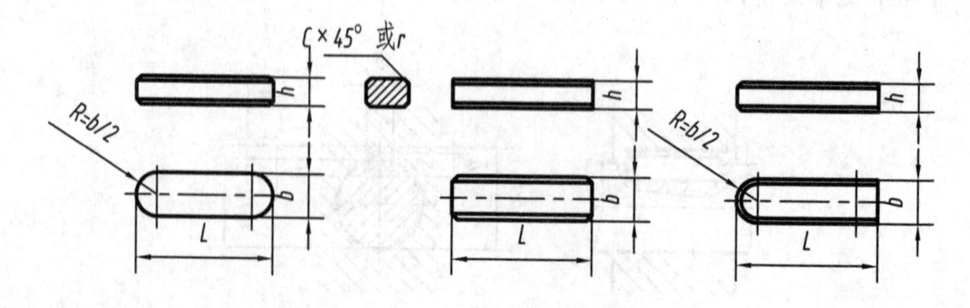

标记示例

圆头普通平键(A 型),b=18 mm,h=11 mm,L=100 mm:键 18×100,GB/T 1096—1979

方头普通平键(B 型),b = 18 mm,h = 11 mm,L = 100 mm:键 B18 × 100,GB/T 1096—1979

单圆头普通平键(C 型), $b=18$ mm, $h=11$ mm, $L=100$ mm: 键 C18 × 100, GB/T 1096—1979

表 12 键尺寸(摘自 GB/T 1096—1979) mm

b	2	3	4	5	6	8	10	12	14	16	18
h	2	3	4	5	6	7	8	8	9	10	11
C 或 r	0.16～0.25			0.25～0.40			0.40～0.60				
L	6～20	6～36	8～45	10～56	14～70	18～90	22～110	28～140	36～160	45～180	50～200
L 系列	6,8,10,12,14,16,18,20,22,25,28,32,36,40,45,50,56,63,70,80,90,100,110,125,140,160,180,200,220,250,280										

参考文献

[1] 杨惠英,王玉坤主编.机械制图[M].北京:清华大学出版社,2002.
[2] 王兰美主编.机械制图[M].北京:高等教育出版社,2004.
[3] 杨惠英,王玉坤主编.机械制图习题集[M].北京:清华大学出版社,2002.
[4] 黄丽等主编.工程制图习题课教程[M].北京:科学出版社,2006.
[5] 周瑞屏,赵志海主编.工程制图基础[M].哈尔滨:哈尔滨工业大学出版社,1997.
[6] 马秀兰,王树盛主编.工程制图基础习题集[M].哈尔滨:哈尔滨工业大学出版社,1997.
[7] 孙开元等主编.机械制图新标准解读及画法示例[M].北京:化学工业出版社,2006.
[8] 杨巧绒等主编.AutoCAD工程制图[M].北京:北京大学出版社,2006.
[9] 王兰美主编.机械制图习题集[M].北京:高等教育出版社,2004.
[10] 赵安国主编.机械制图基础[M].重庆:重庆大学出版社,1993.
[11] 赵安国主编.机械制图基础习题集[M].重庆:重庆大学出版社,1993.
[12] 杨裕根,诸世敏主编.现代工程图学[M].北京:北京邮电大学出版社,2005.
[13] 杨裕根,诸世敏主编.现代工程图学习题集[M].北京:北京邮电大学出版社,2005.
[14] 左晓明编.工程制图习题解答[M].北京:机械工业出版社,2007.
[15] 肖立峰编.工程制图与计算机绘图学习指导与提高[M].北京:北京航空航天大学出版社,2002.